R

COURS

DE

CHYMIE.

TOME PREMIER.

COURS
DE
CHYMIE,
POUR
SERVIR D'INTRODUCTION
à cette Science.

Par NICOLAS LE FEVRE, Professeur Royal de Chymie, & Membre de la Société Royale de Londres.

CINQUIEME EDITION,

Revûe, corrigée & augmentée d'un grand nombre d'Opérations, & enrichie de Figures.

Par M. DU MONSTIER, Apoticaire de la Marine & des Vaisseaux du Roi; Membre de la Société Royale de Londres & de celle de Berlin.

TOME PREMIER.

A PARIS,

Chez JEAN-NOEL LELOUP, Quay des Augustins, à la descente du Pont Saint Michel, à Saint Jean Chrysostome.

M. DCC. LI.

PREFACE

DE L'EDITEUR

Des Chymies de le Fevre & de Glaser.

SI l'on avoit la Médecine des fimples, telle que l'ont euë les premiers hommes, ou que l'ont la plûpart des animaux, on n'auroit recours ni à la Pharmacie, ni à la Chymie ; & le corps humain s'en trouveroit beaucoup mieux. Mais il faut fe foumettre au fort prefent de l'humanité, & chercher à conferver la fanté, lorfqu'on a le bonheur de la poffèder, ou du moins à la rétablir lorfqu'on en eft privé.

Il y a plus de huit cens ans que l'on s'applique à ces deux arts fi utiles à l'homme. D'abord ils furent traités fort imparfaitement. Les Ara bes embarrasserent extrémement la Pharmacie. Et la Chymie pratiquée par les anciens Egyptiens n'étoit pas tournée du côté de la santé ; ils avoient un tout autre objet. Mais depuis on en a fait un usage plus légitime. La pratique & la réflexion, quelquefois même le hazard ont fait naître des découvertes. Par-là tout s'est perfectionné & se perfectionne encore tous les jours.

Les Allemans nous ont devancé dans ce genre de travail : la plûpart de leurs Médecins employés dans les Colléges des mines, occupent auprès de leurs fourneaux la meilleure partie de leur loisir ; & ce qui fait honneur à cette science, est que les Princes même n'en dédaignent pas la connoissance. *Basile Valentin, Paracelse*, & après eux *Dorneus, Diodore Euchyon, Ulstad & Gesner*, s'y sont appliqués avec succès, & ont donné lieu aux autres de suivre les mêmes traces. Et tous jusqu'aux premiers Médecins de leurs Souverains, se font aujourd'hui un devoir d'état de se livrer à cette science, qui est très-louable, quand on sçait la contenir dans de justes bornes.

Ce n'est pas néanmoins que la Pharmacie ne soit bien pratiquée dans toute l'Allemagne par les Apoticaires. On est même étonné, lorsqu'on entre dans leurs magazins de voir l'abondance de leurs préparations, aussi-bien que l'ordre & la propreté qu'ils ont soin d'y maintenir. Cela regarde sur-tout les villes Impériales, où le nombre des Apoticaires est très-limité ; & il faut même y employer un bien considérable pour acquerir chez eux un fond de Pharmacie ; & c'est précisément chez les Allemans que se verifie l'axiome que *l'Apoticaire doit être riche.* Et l'on y trouve des boutiques de Pharmacie, qui montent quelquefois à plus d'un million de livres, ainsi qu'il s'en trouve à Strasbourg, où avec l'Apoticaire du Roi, il ne peut y en avoir que quatre pour toute la ville, quoique grande & très-peuplée.

D'Allemagne la Chymie ne tarda guéres à passer en Italie, où *Fioraventi, Fumanel, Fallope*, & même une illustre virtuose, c'est *Isabelle Cortese*, s'y appliquerent avec succès. Cette science vint presque dans le même tems en France, comme on le voit par le célébre *Fernel* premier Médecin du Roi Henri II. qui en parle dans ses ouvrages. Jean *Liebaut*, Docteur en Médecine de l'Université de Paris écrivit beaucoup plus sur cette science, qu'il ne la pratiqua. On voit cependant qu'il en donne d'assez bons principes dans son Livre de la maison rustique. *Beguin*, qui avoit voyagé dans l'Allemagne & dans toute l'Autriche fut un des premiers, qui parmi nous en écrivit par principes. Son *Tirocinium Chymicum* n'est pas néanmoins sans beaucoup de fautes, que ses Commentateurs, ou Latins ou François, ont été obligés de corriger. Vint ensuite Guillaume *Davissone* Ecossois, retiré en France qui s'y appliqua fort heureusement. Outre la nature qu'il avoit bien étudiée, on trouve en lui un grand fond de raisonnemens ; & quoiqu'il y ait quelques landes dans sa *Pyrotechnie*, on y voit des opérations utiles & singulieres qu'on a négligées depuis. Après ces deux Artistes & presque en même tems que ce dernier, il s'en forma plusieurs autres parmi nous. Je ne parlerai néanmoins que des principaux.

Nicolas *le Fevre* & Christophe *Glaser*, dont je fais paroître ici une édition nouvelle, sont presque les mêmes pour le fond des opérations. Je rapporte néanmoins en quoi ils différent l'un de l'autre. Mais celui qui a le plus brillé pour l'usage ordinaire, a été Nicolas *Lemery*. Ce dernier qui a enseigné cette science à Paris pendant près de quarante ans. Depuis 1672. jusqu'en 1710. sert de guide aux commençans, & peut former un Apoticaire de Province; car ceux de Paris ont des lumieres superieures à celles de cet Artiste. Son cours de Chymie qui est fort méthodique, n'a pas laissé d'avoir

de la réputation ; il a même été traduit soit en latin , soit en quelques-
unes des langues vivantes de l'Eu-
rope. Cependant que de choses nécessaires, utiles & curieuses ne pour-
roit-on point ajoûter à son travail,
qui a besoin même d'être rectifié
dans bien des occasions par une main
habile ? C'est à quoi sans doute l'on
travaille dans la nouvelle édition
que l'on en prépare.

Outre sa Chymie, qui est son
premier ouvrage & qui dans les
trois premieres éditions , ne for-
moit qu'un fort petit Volume in-
douze , nous avons encore de lui
une *Pharmacopée* recueillie de tout
ce qui a paru en ce genre, mais qui
me paroît inferieure à celle de Charas. Il a donné de plus un *Diction-*
naire universel des drogues simples,
assez curieux & plus exact que celui
de Pomet. Un Traité qu'il a publié
sur l'*antimoine* , s'est vû exposé à la
critique de personnes mieux instrui-
tes que lui sur ce minéral. Je n'ai
pas été peu surpris de voir avec quel-

le hardieffe il donne à des malades des préparations d'antimoine, qu'il imagine ou qu'il hazarde pour la premiere fois. L'on fent néanmoins à fa lecture qu'il n'avoit point vû ceux de Bafile Valentin & de Suchten, tous deux Allemans, dont les ouvrages font eftimés des connoiffeurs.

La Chymie de Lemery n'a point empêché des perfonnes habiles de parcourir la même carriere, avec moins d'étendue & de détail à la vérité, mais avec plus de lumieres & de critique. C'eft ce qu'on doit dire de M. de *Saulx* Médecin de l'Hôpital de Verfailles, qui a donné dans fes *Nouvelles découvertes fur la Médecine*, beaucoup d'opérations chymiques également utiles & curieufes. Il n'a pas formé cependant un corps de principes, ce ne font que des opérations particulieres.

M. de *Senac* célébre Médecin attaché à la maifon de Saint-Cyr & à l'Hôpital de Verfailles, a mérité l'approbation des plus favans Artif-

tes & des plus habiles Philosophes
par son nouveau cours de Chymie,
dont on a publié en 1737. une édition nouvelle plus ample que celle
de 1723.

M. *Rothe* Médecin Allemand,
s'est mis pareillement sur les rangs,
& son introduction à la Chymie a
été traduite en notre langue en
1741. & par-là elle a été naturalisée
françoise & se trouve décorée de plusieurs belles préparations. M. *Macguer*, après avoir donné la théorie
de cette science en 1749. en a publié la seconde partie en 1750. qui
contient un grand nombre d'opérations excellentes.

Enfin nous sommes satisfaits sur
l'impatience avec laquelle nous attendions l'ouvrage d'un grand Maître en cet art, & que son profond
sçavoir a porté M. le Chancellier à
choisir pour Censeur royal des livres
de Chymie. Il s'en acquitte avec
beaucoup de discernement, d'exactitude & de diligence. C'est un témoignage que la vérité m'oblige de

lui rendre, avec autant de juftice que de plaifir, pour faire connoître le caractere franc, obligeant & jufte, qui conftitue l'honnête homme & le bon citoyen. On voit bien que c'eft de M. Malouin, Médecin célébre dont je parle ici, des *leçons* duquel j'ai autrefois profité à Paris.

La *Chymie médicinale* que cet habile homme vient de faire paroître, fait voir qu'il n'eft pas moins expert dans la pratique que dans la théorie de cette fcience. Tout y eft marqué au coin d'un grand maître ; toutes les opérations qu'il donne font effentielles, extrémement bien choifies & très-utiles. J'en aurois volontiers tiré quelques articles pour enrichir l'édition que je donne de le Fevre & de Glafer. Mais tout en eft à remarquer, tant pour le choix des opérations que pour la manipulation ; même pour cette manipulation délicate qui caracterife le grand Artifte, qui fçait allier la pratique de la Chymie avec la connoiffance intime & l'expérience de la Médecine.

Mais ce qu'on ne croiroit pas ſi l'impreſſion n'en faiſoit foi, un homme de condition de Bretagne, qui a pris du goût pour cette ſcience, a donné lui-même du nouveau. C'eſt M. le Comte *de la Garaye*, dont la *Chymie hydraulique*, qui parut en 1745. eſt approuvée par les plus habiles Médecins de Paris. Elle fournit un moyen ſimple de tirer les ſels eſſentiels dans les trois regnes des mixtes, par la ſeule trituration avec l'eau commune.

L'Angleterre & la Hollande ne l'ont pas voulu ceder aux François ni aux Allemans. A peine la Chymie eut commencé à être pratiquée par ces deux nations, qu'on l'y a portée auſſi loin qu'elle pouvoit aller. Cette ſcience trouva chez les Anglois vers le milieu du dernier ſiécle le Chevalier *Digbi* Chancellier de la Reine d'Angleterre, femme de l'infortuné Charles I. Et ce Seigneur ne s'y appliqua point ſans ſuccès. Pour occuper ſon loiſir, il avoit donné dans quelques autres parties

de la litterature. Mais le foulage-
ment des malades & peut-être le foin
de fa propre fanté, lui infpirerent
le goût de la Pharmacie & de la Chymie, & nous poffédons aujourd'hui
une partie de fes préparations, im-
primées d'abord en 1669. & réim-
primées en Hollande en 1700. avec
beaucoup d'opérations médiocres,
qui ne font pas du premier Auteur.
On y a joint cependant fon traité
de la poudre de fympathie, remede
qu'il a le premier fait connoître.

Le Chevalier *Boyle* qui vient
après, l'emporta de beaucoup fur le
Chevalier Digbi pour les opérations
chimiques. Il y employa même pendant plus de quarante ans des fommes très-confidérables & y a formé
d'habiles éleves. Les reftes de fon
laboratoire qui font paffé chez Mrs
Godefroy pere & fils, en forme-
roient un fort complet d'un Artifte
moins opulent. Les Œuvres du Chevalier Boyle fourniffent des preuves
d'un grand fond de raifonnement
dans toutes les parties de la Philofo-

phic, auſſi-bien que de ſon aſſidui-
té au travail & d'une ſagacité peu
commune. Toute la ville de Londres
rend encore aujourd'hui un témoignage avantageux de l'ordre & de
la fidélité des préparations de Mrs
Godefroy, qui ont toujours fait gloi-
re de témoigner qu'ils avoient travaillé ſous les yeux & ſous la direction du Chevalier Boyle. Quoique
les Anglois pour l'uſage commun
de leurs Apoticaires ayent traduit
en leur langue le cours de Chymie
de M. Lemeri, ils n'ont pas laiſſé
d'en donner un fort curieux, qui eſt
dû aux ſoins & à l'application de M.
Georges *Wilſon*, imprimé à Londres en 1699.

Après les deux *Vanhelmont* pere
& fils, les Pays-bas, ſurtout la Hollande a produit dans Meſſieurs *Le-
mort*, *Barchuſen* & *Boerhave*, trois
des hommes les plus habiles qu'ils
ayent eus en ce genre. Les deux derniers ſurtout ont donné chacun un
cours de Chymie, Barchuſen en
1718. & M. Boerhave en 1731.

Tous deux, mais principalement
M. Boerhave fait voir la profonde
connoiſſance qu'il avoit dans la Médecine, la Philoſophie & l'hiſtoire
naturelle. Le premier Volume de ſes
élemens de Chymie, eſt ſupérieur à
tout ce qu'on avoit donné juſqu'a-
lors pour la théorie; mais le ſecond
Volume qui contient la pratique de
cette ſcience, ne répond point à l'i-
dée qu'avoit fait naître la premiere
partie. Cependant il a mérité qu'on
le réimprimât parmi nous. Peut-être
le Libraire auroit-il mieux fait d'en
procurer une traduction françoiſe
avec les augmentations néceſſaires
pour perfectionner ce qui regarde les
opérations chymiques. Je paſſe beaucoup d'autres Ecrivains qui ſe ſont
appliqués à éclaircir ſeulement quelques parties de cette ſcience, & je
reviens ſur mes pas pour dire un mot
des deux Artiſtes célébres que je fais
réimprimer aujourd'hui.

Nicolas LE FEVRE qui étoit François, fut élevé dans l'Academie pro-
teſtante de Sedan, ainſi il paroît

qu'il étoit de la religion prétendue réformée. Il étudia la Pharmacie & la Chymie avec tant de soin & de succès, qu'il fut choisi par M. Vallot premier Médecin du feu Roi Louis XIV. pour démonstrateur de Chymie au Jardin Royal des plantes au Fauxbourg saint Victor. Il avoit ici beaucoup de réputation, étoit recherché & travailloit avec avantage. Mais Charles II. Roi de la Grande Bretagne, voulant établir la célébre societé Royale de Londres, forma un laboratoire de Chymie à saint James, l'une de ses maisons royales près de Westminster. Nicolas le Fevre y fut appellé pour en avoir la direction. Il ne crut pas devoir refuser cette marque de distinction de la part d'un grand Roi, qui lui faisoit cet honneur. Se trouvant dans un pays d'opulence, où les particuliers n'épargnent rien pour se maintenir en santé, il eut occasion de faire beaucoup d'expériences. Et travaillant d'ailleurs aux dépens d'un Prince, il fit plus de préparations

singulieres en un an, qu'il n'auroit ofé
en tenter dans toute fa vie, s'il étoit
refté fimple particulier à Paris. C'eft
ce qui lui donna lieu d'augmenter
confidérablement fa Chymie, dont
la premiere édition parut à Paris en
1660. en deux Volumes in-octavo :
deux autres en 1669. & une quatriéme en 1674. Et ce fut vrai fem-
blablement en 1664. qu'il fut appellé à Londres où il fit paroître en
1665. une differtation fous ce titre,
*Difcours fur le grand Cordial du
Sieur Walter Rauleigh*, in-12. Il y
mourut & y avoit connu M. Boyle,
dont le goût étoit décidé pour la
Chymie dans laquelle il a brillé fi
long-tems.

Il ne faut pas regarder le Fevre
comme un chimifte vulgaire, on
doit le confidérer comme un Philo-
fophe naturalifte, qui ne fe contente pas feulement d'extraire des mixtes en fimple praticien, ce qui peut
fervir à la Pharmacie & à la Médecine. Il va plus loin, & pénétre même jufques dans la nature des êtres,

dont il ſçait déveloper toutes les propriétés par un raiſonnement juſte &
ſolide. C'eſt ce qui le diſtingue de
tous ceux qui ont embraſſé la même
profeſſion. On peut dire qu'on lui a
l'obligation d'avoir un des premiers,
réformé, rectifié & mis dans un meilleur ordre toute la Pharmacie, comme on le verra par le paralelle qu'il
fait des anciennes préparations avec
celles qu'il a publiées, & les Apoticaires qui aiment leur réputation
& leur avantage, ne doivent pas ſe
diſpenſer de le ſuivre pied à pied.
Je ſçais qu'on a continué depuis le
Fevre, à perfectionner la Pharmacie
& la Chymie, mais on l'a ſuivi comme lui-même avoit ſuivi Zwelpher
premier Médecin du feu Empereur
Leopold. C'eſt ainſi que l'on arrive
à la perfection, dès que chacun cherche à y contribuer de ſon côté.

Chriſtophe GLASER ne parut qu'a-
près le Fevre. Il a pour lui la clarté
& la préciſion. Quant aux principes
il ne diffère pas de le Fevre, auquel il
paroît avoir ſuccedé dans l'emploi

de démonftrateur de Chymie au Jardin Royal où il fut pareillement appellé par M. Vallot. Je n'ai pas crû
devoir réimprimer toute fa Chymie,
pour ne pas faire des répetitions inutiles. J'ai choifi feulement les préparations omifes par le Fevre , ou
celles en quoi ils différent l'un de
l'autre. Glafer ne poufla point fa carriere auffi honnorablement que l'a-
voit fait Nicolas le Fevre. Il fut im-
pliqué dans l'affaire odieufe de la
Dame de Brinvilliers en 1676. avec
laquelle on trouva qu'il avoit des re-
lations trop intimes pour un honnête
homme. Il ne trempoit à la vérité
dans aucun des forfaits de cette Dame : mais des foupçons toujours dan-
gereux en matiere de poifon , lui
firent fouffrir quelque tems de Baf-
tille. Il en fortit , mais il ne furvê-
quit pas long-tems à cette difgrace ;
& mourut dans le tems qu'il revoioit
en 1678. fon ouvrage pour en donner une édition nouvelle plus com-
plette & plus détaillée que les précédentes. Il en étoit à la troifiéme par-

tie qui regarde les animaux : mais
une main habile, ce fut le célébre M.
Charas, se chargea de conduire l'ouvrage à sa perfection. Par-là le public n'y a rien perdu. Il y a même
inseré un petit Traité de la Thériaque royale que j'employe dans cette
nouvelle édition.

Voyons maintenant ce que j'ai
fait pour perfectionner celle que je
donne de ces deux Auteurs. La Chymie de le Fevre qui faisoit originai-
rement deux Volumes, en forme trois
dans celle-ci, parce que la commo-
dité des Lecteurs exigeoit d'en grossir
un peu le caractére, qui dans les dernieres éditions étoit trop petit pour
une lecture ordinaire. Mais pour
rendre les Volumes égaux & d'une
grosseur raisonnable, chacun d'eux
contient des additions particulieres,
rélatives aux matieres qu'on y a trai-
tées : ces additions placées à la fin de
chaque Volume, sont tirées de tout
ce que nous avons de bons Auteurs
anciens & modernes. Et comme ces
additions ne suffisoient pas pour rem-

plir mon objet , j'y ai joint deux Volumes de fupplémens , favoir le quatriéme & le cinquiéme , tirés tous deux foit d'Ethmuller , foit mê- me des bons auteurs Allemens Ita- liens & François.

Outre les préparations néceffaires & utiles, on en trouve quelques-unes qui font curieufes & qui pourroient peut-être aller plus loin , & deve- nir de quelque conféquence. Quant aux Auteurs François modernes , je les ai fait connoître pour rendre à chacun la juftice qu'ils méritent ; & par-là me la rendre à moi-même. Il eft louable, il eft jufte de faire con- noître ceux à qui on eft redevable de quelques remarques importantes : c'eft un devoir de reconnoiffance.

Je n'ai pas manqué de mettre des Tables toujours néceffaires dans les Livres de détail ; en quoi j'ai fuivi les grands Maîtres qui m'ont préce- dé ; cependant le Fevre & Glafer y avoient manqué.Quand on a lu quel- que Livre que ce foit,une bonne Ta- ble fert de répertoire pour en pouvoir faire usage. C'est l'ame de ces sortes d'ouvrages. Tous les Lecteurs ne sont pas en état ou même manquent du tems nécessaire pour faire des recueils ; & quelquefois on oublie dans ses recueils une matiere qui d'abord semble peu importante, & qui cependant la devient ensuite dans le tems qu'on y pense le moins.

Les différences qui se trouvent entre le Fevre & Glaser, ont été placées à la fin du Tome V. de cette Edition ; où l'on a pareillement mis les modéles des fourneaux inserés dans la Chymie de Glaser, & dont quelques-uns paroissent très-bien imaginés, & sont plus utiles & même beaucoup plus commodes que les fourneaux ordinaires.

AVIS

DE NICOLAS LE FEVRE,

QUoique je fois féparé de la France, par un grand trajet, & que j'aye confacré mes études & mon travail au Roi de la Grande Bretagne mon bienfaiteur, & aux peuples qui rempliffent fes Royaumes : cependant je me fens obligé dans la conjoncture de la feconde Edition du Traité de Chymie que j'ai donné au Public, de faire part à mes compatriotes des remedes que j'ai faits & pratiqués depuis que j'ai quitté Paris. Et comme j'ai connu depuis que je fuis en Angleterre, les divers accidens des maladies fcorbutiques, auffi me fuis-je appliqué à la recherche des remedes fpécifiques, & capables de combattre cette étrange maladie, qui attaque toute notre fubftance, qui altere & change la maffe du fang, & qui caufe des douleurs vagues & fixes, des lassitudes spontanées & les enflûres qu'on attribue en France, aux fluxions & aux rhumatismes. Je communique très-volontiers ce que le travail m'a fait découvrir de nouveau, & ce que j'ai appris par la fréquentation des plus doctes & des plus expérimentés Médecins, qui me font l'honneur de visiter le Laboratoire Royal, & de me recevoir en leur profitable conversation. Il y a des Remedes tirés des végetaux, des animaux & des minéraux, que j'ai placés en leur propre classe, en attendant que je donne de nouvelles remarques & de nouveaux remedes, tant pour ce qui concerne la théorie, que pour ce qui regarde la pratique. Adieu, ami Lecteur, profite de mon travail & m'en sçais quelque gré.

Du Laboratoire Royal au Palais
de S. James à Londres le
1669.

Par votre très-humble & très-acquis
serviteur N. LE FEVRE.

PREFACE
De la troisiéme Edition
DE CHRISTOPHE GLASER.

L'Accueil favorable que le public a fait aux Editions précédentes de ce Livre, m'a fait entreprendre cette troisiéme, où j'ai tâché de m'accommoder entierement au deſſein de l'Auteur ; puiſque la premiere fois qu'il a mis cet ouvrage au jour, il ne l'a fait que dans la penſée d'être utile à tous ceux qui ſe plaiſent à la Chymie, en leur donnant les éclairciſſemens des choſes fort cachées, avec une maniere très-ſimple & très-aiſée de les pratiquer. Dans la ſeconde édition, non-ſeulement il l'a enrichie de quelques figures, & l'augmenta de nouvelles expériences, mais encore il l'accompagna d'une Epître Dedicatoire à Monſieur VALLOT, qui fut élevé à la charge de premier & très-digne Médecin du feu Roi Louis XIV. lorſque par ſes ordres il faiſoit les leçons & préparations publiques de la *Chymie* au Jardin du Roi ; où il a fait voir & ſa ſincerité, auſſi-bien

par son travail que dans ses écrits , & le
desir qu'il avoit de reconnoître l'honneur
qu'il recevoit en satisfaisant à l'intention
de son Bienfaicteur , & à l'inclination naturelle qu'il avoit aux opérations de la
Chymie, en quoi il se faisoit un devoir &
un plaisir de communiquer ses lumieres à
tout le monde. Il étoit d'autant plus esti-
mable , que la méthode qu'il nous a lais-
sée, est claire & facile pour pratiquer toutes les préparations qu'il enseigne dans ce
petit ouvrage , où l'on trouve en peu de
mots la substance entiere de plusieurs
grands Livres. Ceux qui prendront la peine de le lire & de le bien considérer, n'y re-
marqueront rien d'ennuyant ni de super-
flu , ni même rien d'obmis de ce que l'on
doit sçavoir : Et quoique l'on n'y trouve
pas la préparation de toutes choses , on y
trouvera pourtant des exemples suffisans
pour les opérations les plus nécessaires de
ce bel Art. On doit s'assurer qu'il ne donne
pas la moindre opération , sans l'avoir auparavant pratiquée , & que l'on ne puisse
faire après lui, en suivant les régles qu'il en
a prescrites ; car loin de cacher aucun tour
de main , il découvre sincerement tous les
moyens propres pour devenir bon Artiste,
& toutes les circonstances nécessaires pour
parvenir à des connoissances plus grandes
en travaillant. Il ne parle que fort succinc-
-tement

tement de la théorie, mais il en dit aſſez
pour n'oublier rien de ce qu'il eſt beſoin
de ſçavoir ſur les opérations des minéraux
& des végetaux. Pour la troiſiéme Partie
qui traite des animaux, nous avertiſſons le
Lecteur que nous avons pris ſoin de le ſervir utilement en cette Edition , & que ſe-
condant le zéle de l'Auteur , (lequel ap-
paremment prévenu de la mort , n'avoit
pas mis la derniere main à cette ſection ,)
nous la lui préſentons plus achevée & plus
entiere , ſoit par la communication que
nous avons eue de ſes papiers depuis ſon
decès , ſoit par l'heureux ſecours que nous
a prêté une perſonne auſſi éclairée dans le
plus profond de la Phyſique , & dans le
plus fin de la Médecine , que bien inten-
tionée pour le bien public. Cette perſonne
a bien voulu dérober quelques heures a
ſes études particulieres , pour me dicter la
meilleure partie de ce que l'on trouvera
d'augmentations dans ceTraité, entr'autres
à l'occaſion de la vipére : ce même curieux,
c'eſt M. Charas , fait encore ici un préſent gratuit à la poſterité d'une Thériaque
véritablement Royale , qu'il n'avoit in-
ventée & ſoigneuſement recherchée que
pour ſon uſage , & qui pour ſes bons effets doit l'emporter ſur celle des anciens ,
qui n'étoit deſtinée que pour les Empe-
reurs & les têtes Couronnées. Reçois donc,

A

B

Contraste insuffisant

NF Z 43-120-14

ami Lecteur, en bonne part tous mes soins
que je consacre avec plaisir à ton utilité.

---

*Approbation des Docteurs de la Faculté de
Médecine de Paris.*

NOUS soussignés Docteurs Regens en
la Faculté de Médecine à Paris,
avons lû ce Traité de Chymie composé par
Christophe Glaser, où la plûpart des opérations Chymiques sont décrites avec
beaucoup de netteté & de jugement, &
l'avons jugé digne d'être imprimé de nouveau. Cette troisiéme Edition étant enrichie de quelques observations nécessaires, & de plusieurs descriptions fort curieuses & fort utiles. Fait à Paris ce 25
Octobre 1672. LEVIGNON. DE BOURGES.
D. PUYLON, *Doyen.*

Approbation de M. MALOUIN, *Censeur
Royal des Livres de Chymie.*

JAI lû par ordre de Monseigneur le Chancelier, *Le Cours abregé de Chymie de Christophe
Glaser,* avec les additions qu'on y a jointes, dans
lesquelles je n'ai rien trouvé qui puisse en empêcher l'impression. Fait à Paris ce 9 Juin 1749.
MALOUIN.

TABLE

Des Chapitres du Tome Premier.

PREMIÈRE PARTIE.

SECONDE PARTIE.

ADDITION POUR LE TOME I.

Fin de la Table du Tome premier.

APPROBATION.

J'Ai lû par ordre de Monſeigneur le Chancelier, & j'approuve *le Traité de Chymie de le Févre*, &c. Fait à Paris, ce 2 Janvier 1749.

Pour duplicata. MALOUIN.

PRIVILEGE DU ROI.

LOUIS, PAR LA GRACE DE DIEU, ROI DE FRANCE ET DE NAVARRE: A nos amés & féaux Conſeillers, les Gens tenant nos Cours de Parlement, Maîtres des Requêtes ordinaires de noſtre Hôtel, Grand-Conſeil, Prevôt de Paris, Baillifs, Sénechaux, leurs Lieutenans Civils, & autres nos Juſticiers qu'il appartiendra; SALUT: Notre amé le Sieur DEBURE Nous a fait expoſer qu'il deſireroit faire réimprimer & donner au Public un Livre qui a pour titre, *Traité de Chymie de le Févre*; s'il Nous plaiſoit lui accorder nos Lettres de Privilege pour ce néceſſaires. A ces cauſes, Voulant favorablement traiter l'expoſant, Nous lui avons permis & permettons par ces préſentes de faire réimprimer ledit Livre en un ou pluſieurs volumes, & autant de fois que bon lui femblera, & de le faire vendre & débiter par tout notre Royaume pendant le tems de neuf années confécutives, à compter du jour de la datte defdites préfentes. Faifons défenfe à toutes perfonnes, de quelque qualité & condition qu'elles foient, d'en introduire d'impreffion étrangere dans aucun lieu de notre obéiffance, comme auffi à tous Libraires & Imprimeurs d'imprimer ou faire imprimer, vendre, faire vendre, débiter, ni contrefaire ledit Livre, ni d'en faire aucun extrait, fous quelque prétexte que ce foit d'augmentation, correction, changement ou autres, fans la permiffion expreffe & par écrit dudit Expofant, ou de ceux qui auront droit de lui, à peine de confifcation des exemplaires contrefaits, & de trois mille livres d'amende contre chacun des contrevenans, dont un tiers à Nous, un tiers à l'Hôtel-Dieu de Paris, & l'autre tiers audit Expofant, ou à celui qui aura droit de lui, & de tous dépens, dommages & interêts ; à la charge que ces Préfentes feront enregiftrées tout au long fur le Regiftre de la Communauté des Libraires & Imprimeurs de Paris, dans trois mois de la date d'icelles ; que la réimpreffion dudit Livre fera faite dans notre Royaume, & non ailleurs, en bon papier & beaux caracteres, conformément à la feuille imprimée, attachée pour modéle sous le contrescel des Présentes ; que l'impétrant se conformera en tout aux Réglemens de la Librairie, & notamment à celui du 10 Avril 1725 ; qu'avant de l'exposer en vente, l'Imprimé qui aura servi de copie à la réimpression dudit Livre, sera remis dans le même état où l'approbation y aura été donnée, ès mains de notre très-cher & féal Chevalier le Sieur Daguesseau, Chancelier de France, Commandeur de nos Ordres ; & qu'il en sera ensuite remis deux exemplaires dans notre Bibliotéque publique, un dans celle de notre Château du Louvre, & un dans celle de notre très-cher & féal Chevalier, le Sieur Daguesseau, Chancelier de France ; le tout à peine de nullité desdites Présentes : du contenu desquelles vous mandons & enjoignons de faire joüir ledit Exposant & ses ayans cause pleinement & paisiblement, sans souffrir qu'il leur soit fait aucun trouble ou empêchement. Voulons que la copie desdites présentes, qui sera imprimée tout au long au commencement ou à la fin dudit Livre soit tenue pour dûment signifiée, & qu'aux copies collationnées par l'un de nos amés féaux Conseillers & Secretaires foi soit ajoutée comme à l'Original. Commandons au premier notre Huissier, ou Sergent sur ce requis, de faire pour l'exécution d'icelles tous actes requis & nécessaires, sans demander autre permission, & non-obstant clameur de Haro, Charte Normande & Lettres à ce contraires. CAR tel est notre plaisir. Donné à Versailles le onziéme jour du mois de Janvier, l'an de grace mil sept cent quarante-neuf, & de notre Regne le trente-quatriéme.

Par le Roi en son Conseil.

SAINSON.

Je soussigné reconnois avoir cedé & transporté au sieur Jean-Noel Leloup, le Privilege eu entier du Livre ci-dessus, qui a pour titre, *Traité de la Chymie de le Févre*, pour en joüir comme à lui appartenant. A Paris ce 28 Juillet 1749.

JEAN DEBURE.

Regiftré far le Regiftre XII. de la Chambre Roya-le & Syndicale des Libraires & Imprimeurs de Pa-ris, N°. 106. fol. 90. conformément au Réglement de 1723. qui fait defenfe, art. 4. à toutes perfonnes de quelque qualité qu'elles foient, autres que les Li-braires & Imprimeurs, de vendre, débiter & faire afficher aucuns Livres pour les vendre en leurs noms, foit qu'ils s'en difent les Auteurs ou autrement, & à la charge de fournir à la fufdite chambre huit Exemplaires prefcrits par l'art. 108. du même Ré-glement. A Paris le 11 Mars 1749.

G. CAVELIER, Syndic.

TRAITE'

TRAITÉ DE CHYMIE,

EN FORME D'ABREGÉ.

PREFACE.

CEUX qui veulent aujourd'hui faire passer la Chymie pour une science nouvelle, montrent le peu de connoissance qu'ils ont de la nature & de la lecture des Anciens. Je dis premierement, qu'ils ne connoissent pas la Nature, puisque la Chymie est la science de la Nature même; que c'est par son moyen que nous cherchons les principes, desquelles les choses naturelles sont composées; & que c'est elle encore qui nous découvre les causes & les sources de leurs generations, de leurs corruptions, & de toutes les altérations auxquelles elles sont sujettes. J'ai dit secondement, qu'ils étoient ignorans de la lecture des Anciens,

Tome I.   A

puiſque c'eſt de là qu'ils ont pris occaſion
de philoſopher, & que leurs faits & leurs
écrits font voir évidemment que cet Art
eſt preſqu'auſſi ancien que la Nature même : Ce qui ſe peut prouver par l'Ecriture
Sainte, qui nous apprend, que dès le commencement du monde Tubalcaïn, qui
étoit le huitiéme homme d'après Adam,
du côté de Caïn, étoit forgeur de toutes
ſortes d'inſtrumens d'airain & de fer ; ce
qu'il ne pouvoit faire, ſans avoir la connoiſſance de la nature minérale, & ſans
ſçavoir que cette nature minérale contient
la nature métallique, qui eſt la plus pure
partie de ſon être. Or cela ne ſe peut apprendre que par le moyen de la Chymie ;
puiſque c'eſt elle qui nous enſeigne comment on peut tirer un corps métallique,
ductile & malléable de ces corps minéraux, qui ſont informes & friables. Ce
qui nous fait conclure, qu'il avoit reçu cet
art ſcientifique de ſes prédeceſſeurs, ou que
lui-même en a été l'inventeur, & qu'il l'a
laiſſé à ſes ſucceſſeurs comme la portion
la plus précieuſe de leur héritage.

Ce que je viens de dire, peut être prou-
vé par les plus anciens Auteurs, & ceux
qui ſont les plus dignes d'être crûs. Ainſi
nous voyons que Moïſe prit le Veau d'or,
Idole des Iſraëlites, qu'il le calcina & le
réduiſit en poudre: qu'il fit boire à ces

Idolâtres, pour servir de reproche à leur
péché. Or il n'y a personne qui ne sçache,
que l'or ne peut être réduit en poudre par
la calcination, que cela ne se fasse, ou par
la calcination immersive, qui se pratique
par le moyen des eaux régales, ou par l'a-
malgamation qui se pratique par le moyen
du Mercure, ou par la projection ; qui
sont trois choses qui ne peuvent être comprises que par ceux, qui sont consommés
dans la théorie & dans la pratique de la
Chymie. Hippocrate même confirme cette
vérité, quand il dit au Livre de la diéte,
Artifices aurum molli igne liquant. Puisque
tous les Artistes sçavent qu'il faut un feu
très-violent pour fondre l'or, & que de
plus le feu purifieroit l'or plûtôt qu'il ne
le détruiroit ; s'il n'est rendu traitable &
volatil par le moyen de quelques sels, ou
de quelques poudres, qui ne sont connues
que de peu de personnes, qui l'ont appris
par le seul travail de la Chymie. Nous
pourrions encore rapporter l'autorité d'A-
ristote, que ses sectateurs d'aujourd'hui
veulent employer pour combattre la Chymie, qui dit que les peuples d'Ombrie
calcinoient des Roseaux pour en tirer le
sel, qui étoit pour leur usage ordinaire ;
ce qu'ils ne pouvoient faire sans la Chymie, qui leur en avoit appris le moyen,
& qui leur avoit fait connoître, que le sel

étoit d'une nature incorruptible, qui ne
pouvoit périr par cette simple calcination.

Si nous parcourons tous les siécles depuis
la création de l'Univers, nous n'en trou-
verons aucun qui n'ait fourni quelque excellent homme, qui se sera rendu recommandable à la posterité par le moyen de la
Chymie. Témoin ce Mercure Egyptien,
nommé Trismégiste, c'est-à-dire, trois fois
grand, dont les œuvres rendent encore les
plus sçavans de ce siécle confus. Témoin
encore celui qui trouva l'invention du
Verre, & cet autre beaucoup plus loüable
que lui, qui avoit le secret de le rendre
malléable, qui périt néanmoins avec son
secret par la politique étrange & tyranni-
que de l'Empereur Tibere. Démocrite,
Cléopatre, Zozime, Synesius, & beaucoup d'autres du même tems ; & après eux
Raymond Lulle, Pierre d'Apono, Basile
Valentin, Isaac Hollandois, & Paracelse,
prouvent par leurs excellentes œuvres, que
la Chymie est la véritable clef de la nature ; que c'est par son moyen que l'Artiste
découvre ses plus rares beautés, & que sans
elle personne ne pourra jamais parvenir à
la véritable préparation des remedes néces-
faires à la guérison de tant de differentes
maladies qui affligent le corps humain tous
les jours. Mais ce seroit être ingrat à notre
siécle, à la mémoire d'un très excellent &

très charitable Médecin , & au travail d'un
des plus habiles & des plus curieux Artistes
qui ayent jamais été , que de ne point nommer défunt M. de Helmont & M. Glauber
qui vit encore ; puisque ce sont à present
comme les deux phares qu'il faut suivre
pour bien entendre la théorie de la Chymie , & pour en bien pratiquer les opérations. Nous tirerons donc des œuvres de
Paracelse , de Helmont & de Glauber , la
théorie & la pratique de ce Traité de Chymie , que nous réduirons en forme d'A-
bregé.

Division de cet Ouvrage.

Nous le diviserons en deux parties. La
premiere traitera de la Théorie , & la seconde de la Pratique. La premiere Partie
aura deux Livres , dont le premier traitera
des principes & des élémens des choses naturelles. Le second montrera les sources &
les effets du pur & de l'impur.

La seconde Partie sera aussi divisée en
deux Livres. Le premier contiendra les termes nécessaires pour bien faire & pour
bien entendre les opérations de la Chymie,
pour finir par le dernier , dans lequel nous
donnerons le moyen & la description pour
pouvoir anatomiser les mixtes que nous
fournissent les Végetaux , les Animaux &
les Minéraux , afin d'en tirer les remedes

A iij

néceſſaires à la cure des maladies. Mais avant que d'entrer en matiere, j'ai jugé néceſſaire de traiter quelques queſtions qui concernent la nature de la Chymie.

AVANT-PROPOS,

Qui contient pluſieurs Queſtions de la nature de la Chymie.

IL eſt quelquefois facile de traiter & d'enſeigner une Science ou un Art, mais il ne l'eſt pas toujours d'en diſcourir par principes. Le premier regarde l'Artiſte même, au lieu que le ſecond appartient à une ſcience plus haute & plus relevée; puiſqu'il n'y a que la premiere Philoſophie, qui puiſſe faire connoître avec la méthode requiſe, quel doit être l'objet, la fin & le devoir de la Science ou de l'Art. Nous ſuivrons donc ſes régles dans cet Avant-propos, que nous diviſerons par Queſtions, qui éclairciront eu peu de mots la plûpart des difficultés qui ſe propoſent ſur cette matiere.

QUESTION PREMIERE.

Des noms donnés à la Chymie.

Cette ſcience, comme beaucoup d'autres, a reçû plusieurs noms selon ses divers effets. Le plus ordinaire est celui de Chymie, qui tire son étimologie, à ce qu'on dit, d'un mot Grec qui signifie suc, humeur ou liqueur, parce qu'on apprend à réduire en liqueur les corps les plus solides, par les opérations Chymiques ; ou de la préparation de l'or & de l'argent, selon Suidas. On lui donne aussi le nom d'Alchymie, à l'imitation des Arabes qui ajoûtent la particule Al, qui signifie Dieu & grand, lorsqu'ils veulent exprimer l'excellence de quelque chose. Les autres l'ont appellée Alchamie, présupposans que Cham, qui étoit un des fils de Noë, eût été après le déluge l'inventeur & le restaurateur des Sciences & des Arts, mais principalement de la Métallurgie. Quelquefois on l'appelle Spagyrie, ce qui déclare ses plus nobles opérations, qui sont de séparer & de conjoindre. Et comme ses opérations ne se peuvent faire que par le feu extérieur qui excite celui du dedans des mixtes, on lui donne encore le nom de Pyrotechnie. Que si on l'appelle l'Art de Hermès ou Hermétique, ce nom témoigne son antiquité, comme le nom d'Art distillatoire signifie la plus commune de ses opérations. De tous ces noms, nous ne nous servirons que de celui de Chymie, comme le plus commun & le plus connu.

QUESTION SECONDE.

La Chymie doit-elle être appellée Art ou
Science ? & sa définition.

Avant que de donner la définition de la
Chymie, il faut chercher son genre & sa
différence ; puisqu'il est nécessaire de sçavoir ces deux choses, pour en pouvoir
donner une vraie définition. Il faut donc
examiner, si c'est un Art ou une Science,
afin d'en avoir le genre, & de chercher sa
différence dans son objet, c'est même de
cet objet qu'on la doit tirer. Mais pour ne
point envelopper cette question de difficultés, disons en peu de mots la différence
qui est entre l'Art & la Science, & comment on peut prendre le mot de Chymie
en beaucoup de façons.

La différence qui est entre l'Art & la
Science, se peut tirer de la différence de
leurs fins. Comme la science n'a pour but
que la seule contemplation ; & que la fin
n'est que la seule connoissance, dont elle
se nourrit & se contente, sans aller plus
avant : de même l'Art ne tend qu'à la seule opération, & il ne cesse point d'opérer
qu'il n'ait exécuté ce qu'il s'étoit proposé
de faire. D'où nous pouvons inférer que
la Science n'est proprement que l'examen
des choses qui ne sont pas en notre puis-

fance : au lieu que l'Art s'occupe fur ce qui
eft en notre pouvoir.

Cela pofé, il faut fçavoir, que comme
la Chymie eft d'une très-grande étendue,
auffi a-t'elle plufieurs fins. Dans toute la nature qu'elle a pour objet, il y a des chofes
qui font tout-à-fait fous la puiffance de fes
difciples, comme il y en a d'autres qui n'y
font nullement foumifes : outre ces deux
fortes de fujets qui font totalement differens, il y en a une troifiéme forte qui font
en partie fous leur domination, & qui n'y
font pas auffi en partie. Ce qui fait qu'on
peut dire qu'il y a trois efpeces de Chymie;
l'une, qui eft tout-à-fait fcientifique &
contemplative, fe peut appeller philofophique. Elle n'a pour but que la contemplation & la connoiffance de la nature & de
fes effets, parce qu'elle prend pour fon objet les chofes qui ne font aucunement en
notre puiffance. Ainfi cette Chymie philofophique fe contente de fçavoir la nature
des Cieux & de leurs Aftres, la fource des
élemens, la caufe des météores, l'origine
des minéraux, & la nourriture des plantes
& des animaux, parce qu'il n'eft pas en
fon pouvoir de faire aucune de toutes ces
chofes-là, fe contentant de philofopher
fur tant d'effets differens.

La feconde efpece de Chymie fe peut appeller Iatrochymie, qui fignifie Médecine

Chymique, & qui n'a pour son but que
l'opération, à laquelle toutefois elle ne
peut parvenir que par le moyen de la Chymie contemplative & scientifique : car
comme la Médecine a deux parties, la
théorie & la pratique, & que cette théorie
n'est que pour parvenir à la pratique ; ainsi
cette Iatrochymie participe aussi de l'une
& de l'autre, puisqu'elle ne contemple que
pour opérer, & qu'elle n'opere que pour
satisfaire les esprits de ses disciples sur la
contemplation des choses, tant de celles
qui ne sont pas, que de celles qui sont en
notre puissance.

La troisiéme espece s'appelle la Chymie
Pharmaceutique, qui n'a pour but que l'o-
peration : puisque l'Apotiquaire ne doit
travailler que selon les préceptes & sous la
direction des Iatrochymistes, dont nous
avons le véritable modéle en la personne
de M. Vallot, choisi par Sa Majesté très-
Chrétienne pour son premier Médecin,
qui possede très-éminemment la théorie &
la pratique des trois Chymies que nous
avons décrites. Cette troisiéme Chymie a
pour son objet les choses qui sont soumises à notre puissance, pour operer dessus,
& pour en tirer les parties differentes qu'elles contiennent. On peut conclure de tout
ce que dessus, que la Chymie peut être
dite Science & Art, eu égard aux especes

qu'elle contient sous soi, ce qui me fait
dire qu'elle peut être appellée une science
pratique.

Après avoir trouvé le genre, il faut aussi
que nous trouvions la difference, pour en
donner une exacte définition. Quelques-
uns définissent la Chymie, l'Art des transf-
mutations ; d'autres, l'Art des séparations,
& d'autres encore, l'Art des transmuta-
tions & des séparations. Mais comme la
transmutation & la séparation sont des effets de la Chymie ; aussi ne peuvent-elles
pas en établir la spécifique & véritable
difference. Il y en a encore plusieurs autres qui la définissent de diverses façons,
qui se rapportent toutes aux définitions
que nous avons rapportées. C'est pourquoi
il faut nécessairement que nous prenions sa
difference de son objet, comme nous l'a-
vons dit ci-dessus. Quelques Auteurs donnent, le corps mixte pour objet à la Chymie, mais ils se trompent : car les élemens
qui sont des corps simples, sont aussi sujets à cette science. D'autres veulent que
ce soit le corps naturel : ceux-là se trompent aussi, puisque la Chymie parle &
traite de l'esprit universel, qui est dépoüil-
lé de toute corporéité. Je dis donc que la
Chymie a pour objet toutes les choses naturelles que Dieu a tirées du cahos par la
création.

Remarquez en paffant, que par les chofes naturelles, j'entens non-feulement les corps qu'on dit être compofés de matiere & de forme, mais auffi toutes les chofes créées, quoique privées de tout corps : ainfi l'oppofition des chofes naturelles aux furnaturelles, mettra la difference entre le Créateur & les créatures, pour effacer le reproche qui fe fait à ceux qui font profeffion de cette belle & noble fcience. C'eft pourquoi je définis la Chymie une fcience pratique, qui travaille fur les chofes naturelles. Elle eft fcience, comme je l'ai déja dit, parce qu'elle ne contemple pas feulement les chofes naturelles, mais encore parce qu'elle paffe de la contemplation à l'opération : c'eft de cette derniere partie qu'elle peut être appellée une fcience pratique ; en un mot ce n'eft autre chefe que la Phyfique même, en tant quelle met la main à l'œuvre pour examiner toutes fes propofitions par des raifonnemens qui font fondés fur les fens, fans fe contenter d'une pure & fimple contemplation.

Voici donc la difference qui eft entre le Phyficien Chymique, & le Phyficien de fpéculation : qui eft, que fi vous demandez au premier de quelles parties un corps eft compofé, il ne fe contentera pas de vous le dire fimplement, & de fatisfaire votre curiofité par vos oreilles ; mais il

vous le fera voir & connoître à vos autres
sens, en vous faisant toucher, sentir &
goûter les parties qui composoient ce corps,
parce qu'il sçait que ce qui demeure après
la résolution du mixte, étoit cela même
qui faisoit sa composition. Mais si vous
demandez au Physicien de spéculation de
quoi un corps est composé ; il répondra
que cela n'est pas encore déterminé dans
l'Ecole ; que s'il est corps, il a de la quantité,
& que par conséquent il doit être divisible ;
qu'il faut donc que le corps soit composé de
choses divisibles ou indivisibles, c'est-à-dire
de points ou de parties. Or il ne peut être
composé de points, puisque le point est
indivisible, & n'a aucune quantité, &
que par conséquent il ne peut communiquer la quantité au corps, puisqu'il ne l'a
pas lui-même, d'où on conclut qu'il doit
être composé de parties divisibles. Mais
on lui objectera, que si cela est, qu'il ait
à marquer si la plus petite partie de ce corps
est divisible ou non ; si elle est divisible, ce
n'est pas encore la plus petite partie, puisqu'elle peut être divisée en d'autres plus
petites : & si cette plus petite partie est indivisible, ce sera toujours la même difficulté, parce quelle sera sans quantité ;
qu'ainsi elle ne pourra la communiquer au
corps, ne l'ayant pas elle-même. On sçait
que la divisibilité est la proprieté essentielle de la quantité.

Vous voyez que la Chymie rejette les argumens spéculatifs de cette nature, pour s'attacher aux choses qui sont visibles & palpables, ce que nous ferons voir dans le travail : car si nous vous disons qu'un tel corps est composé d'un esprit acide, d'un sel amer & d'une terre douce, nous vous ferons voir, toucher, sentir & goûter les parties que nous en tirerons, avec toutes les conditions que nous leur aurons attribuées.

QUESTION TROISIÉME.

De la fin de la Chymie.

Il ne faut pas s'étonner si les Physiciens ordinaires ont trouvé si peu de lumieres pour la connoissance des corps naturels, puisqu'ils n'ont jamais eu d'autre but que la seule contemplation, n'ayant pas crû qu'ils fussent obligés de mettre la main à l'œuvre, pour s'acquérir une véritable connoissance des mixtes par le dépoüille-ment & l'anatomie Chymique. Eux & leurs sectateurs se sont imaginés que ce se-roit faire tort à leur gravité, de se noircir les mains avec du charbon ; ce que les Physiciens Chymistes n'ont pas appréhen-dé, quoiqu'ils eussent aussi-bien qu'eux la contemplation pour objet : ils ont crû qu'il y falloit joindre l'opération, afin d'a-

voir un contentement entier, & de trouver des fondemens stables & fermes pour
soutenir leurs raisonnemens, ne voulant
pas bâtir sur les idées des opinions vaines,
frivoles & phantastiques. Ce qui leur a
fait prendre en gré, les frais, la peine &
le travail, & qu'ils ne se sont pas rebutés
pour les veilles ni pour les mauvaises
odeurs. Mais ils se sont acquis une belle
& entiere connoissance des choses naturelles : ils ont trouvé par les expériences de
leur travail, les causes de tant d'effets qui
se voyent dans la nature des choses : ce
qui les distingue des Empyriques, qui
confondent & mêlent toutes choses sans
discernement & sans aucun raisonnement.

Disons donc que la fin génerale de la
Chymie est véritablement l'opération ; car
le Philosophe n'opére que pour mieux con-
templer ; l'Iatrochymie n'opére aussi que
pour sçavoir par le moyen de l'opération,
celle qui se fait dans l'intérieur de l'homme sain, afin qu'il puisse être capable de
rétablir sa santé, lorsqu'elle est dérangée
par la maladie. Enfin le Pharmacien Chymiste n'opére que pour fournir des remedes bons & salutaires aux malades, selon
l'ordre qu'il en recevra du Médecin sça-
vant & expérimenté.

Faut-il donc s'étonner si les Chymistes
travaillent avec tant de soins pour acqué-

rir cette belle science, quisqu'il est impossible de s'y rendre parfait, sans avoir
premierement anatomisé la plus grande
partie des choses naturelles. Comme il est
nécessaire de disséquer le corps humain,
pour avoir la connoissance de ses organi-
sations ; il est également nécessaire d'ouvrir les choses composées, pour découvrir
ce que la nature a renfermé de plus beau
sous leur écorce ; d'où il est aisé de recueillir qu'il est impossible de devenir bon Physicien, si l'on n'acquiert une parfaite connoissance de toutes les parties de la Chymie, & qu'un homme ne peut être parfait
Médecin, sans avoir acquis cette belle
Physique, puisque la Physique est le fondement de la Médecine, & que sans elle
personne ne se peut attribuer d'autre titre
que celui d'Empyrique. Ce n'est pas assez
d'avoir du parchemin, des sçeaux, une
soutane, ni d'avoir pris ses dégrés dans
quelque fameuse Université, cela n'appartient, ni ne peut véritablement ap-
partenir qu'à celui qui aura acquis une
science solide, & qui se sera rendu bon
praticien par une longue expérience fon-
dée sur le raisonnement, avec un jugement
mûr & parfait.

D'où il s'ensuit deux choses : la premiere, que la Chymie ne consiste pas simplement à sçavoir préparer quelques remedes,

comme quelques-uns se l'imaginent ; mais
qu'elle consiste principalement à s'en bien
servir avec toutes les circonstances & les
dépendances des théorèmes de ce bel Art,
qui est proprement la véritable Médecine.

La seconde, que celui qui se sert des remedes Chymiques, sans avoir la véritable
connoissance de sa théorie, ne peut avoir
d'autre nom que celui d'Empyrique, puisqu'il ignore les causes efficientes internes
de leurs effets, & qu'il ne sçait pas les raisons physiques, qui le portent à donner un
tel remede dans telle ou telle maladie,
n'ayant pas le fonds pour pouvoir connoître que ces rares médicamens n'agissent
jamais par leurs qualités premieres ni se-
condes ; mais qu'ils agissent toujours par
des vertus qui leur sont spécifiques, comme nous le ferons voir dans la suite de ce
Traité.

PREMIERE PARTIE.
LIVRE PREMIER.

CHAPITRE PREMIER.

De l'Esprit universel.

LE titre de ce Chapitre montre que quelques-uns soutiennent à tort que le corps naturel est le seul objet de la Chymie, puisqu'elle traite de l'esprit universel, qui est une substance dépoüillée de toute corporéité : c'est pourquoi nous lui avons donné avec beaucoup plus de raison toutes les choses naturelles pour son objet, c'est-à-dire, toutes les choses créées, tant celles qui sont corporelles que les spirituelles, & les invisibles aussi-bien que les visibles ; & cela parce que la Chymie ne montre pas seulement comment le corps peut être spiritualisé, mais elle montre aussi comment l'esprit se corporifie. Car après avoir fait l'anatomie de la nature en géneral & en particulier ; après avoir foüillé & pénetré jusques dans son centre, la

Chymie a trouvé que la source & la racine
de toutes choses, étoit une substance spirituelle, homogene & semblable à soi-
même, que les Philosophes anciens ou
modernes ont appellée de plusieurs noms
différens. Ils l'ont nommée Substance vitale, Esprit de vie, Lumiere, Baume de vie,
Mumie vitale, Chaud naturel, Humide
radical, Ame du monde, Entelechie,
Nature, Esprit universel, Mercure de vie;
il l'ont encore nommée de beaucoup d'autres façons, qu'il est inutile de rapporter,
puisque nous en avons donné les appellations principales.

Mais comme nous voulons traiter en ce
premier Livre des principes & des élémens
des choses naturelles, il est raisonnable que
nous traitions premiérement du premier
principe, dont les autres sont principiés.
Or ce principe n'est rien autre chose que la
nature même, ou cet esprit universel, duquel nous traiterons en ce Chapitre.

Paracelse dit en son Livre des vexations,
que *domus est semper mortua, sed eam inha-*
bitans vivit: il nous veut montrer par cette
comparaison, que la force de la nature
n'est pas dans le corps mortel & corrupti-
ble; mais qu'il la faut chercher dans cette
semence merveilleuse, qui est cachée sous
l'ombre du corps, qui n'a de soi aucune
vertu; car tout ce qu'il en a, & tout ce

qu'il en peut avoir, vient médiatement de cet esprit féminal qu'il contient en foi, ce qui paroît manifestement en la corruption de ce corps, pendant laquelle fon esprit interne s'en forge un nouveau, ou même plusieurs corps nouveaux par le débris du premier. C'est ce qui fait dire encore au même lieu à notre Trifmegiste Allemand, que la force de la mort est efficace, parce qu'alors l'esprit fe dégage des liens du corps, dans lequel il paroiffoit être comme fans pouvoir, puifqu'il étoit prifonnier & qu'il commence à manifester fa vertu, lorf-qu'on croyoit qu'il le pouvoit moins faire. Le grain de froment qui fe pourrit en terre prouve cette vérité, c'est par cette pourri-ture que le corps étant ouvert, l'esprit in-terne féminal qui est enfermé dedans, pouffe un tuyau au bout duquel il produit un épi garni de plufieurs grains, qui font totalement femblables à celui qui fe perd & qui fe détruit en la terre.

Cette fubstance fpirituelle, qui est la premiere & l'unique femence de toutes chofes, a trois fubstances distinctes & non pas différentes en foi - même, car elle est homogene comme nous avons dit ; mais parce qu'il fe trouve en elle un chaud, un humide & un fec, & que tous trois font distincts entr'eux, & non pas différens. Nous difons que les trois ne font qu'une essence & une même substance radicale : autrement, comme la nature est une, simple & homogene, il ne se trouveroit cependant en la nature rien qui fût un, simple & homogene, parce que les principes seminaux de ces substances seroient hétérogenes, ce qui ne peut être à cause des grands inconvéniens qui s'en suivroient ; car si le chaud étoit différent de l'humide, il ne pourroit en être nourri, comme il le nourrit nécessairement, parce que la nourriture ne se fait pas de choses différentes, mais de choses semblables. Si l'aliment étoit en son commencement différent de l'alimenté, il faudroit qu'il se dépouillât de toute nécessité de cette différence, avant qu'il pût être son dernier aliment. Or, il est très-assuré que l'humide radical est le dernier aliment de la chaleur naturelle, ce qui fait qu'il ne peut être différent de cette chaleur : de plus, s'ils demeuroient différens, chacun voudroit produire son semblable, & ainsi cette guerre intérieure empêcheroit la génération du composé. Concluons donc que cette substance radicale & fondamentale de toutes les choses, est véritablement unique en essence ; mais qu'elle est triple en nomination : car à raison de son feu naturel, elle est appellée soufre : à raison de son humide, qui est le propre aliment de ce feu, elle est nommée mercure :

enfin à raison de ce fec radical , qui eft le ciment & la liaison de cet humide & de ce feu , on l'appelle fel. Ce que nous ferons voir plus exactement , lorfque nous parlerons de ces trois principes en particulier , & que nous examinerons s'ils peuvent être tranfmués les uns aux autres.

Après avoir ainfi parlé de la nature & de l'effence de cet efprit univerfel , il faut que nous examinions quelle eft fon origine , & les effets qu'il produit. Pour le premier , il ne faut nullement douter que cet efprit n'ait été créé par la Toute-puiffance de la premiere caufe , lorfqu'elle fit éclore ce beau monde hors du néant , & qu'elle le logea dans toutes les parties de cette grande machine , comme l'a très-bien reconnu le Poëte , quand il dit :

Spiritus intus agit , totamque infufa per artus ,
Mens agitat molem.

D'autant que toutes les parties de cet Univers ont befoin de fa préfence , comme nous le remarquons par fes effets ; car fi on en a privé quelqu'une , il ne manque pas de revenir fe loger chez elle , afin de lui rendre la vie par fon arrivée. Ainfi nous voyons qu'après avoir tiré du vitriol beaucoup de différentes fubftances qu'il contient , fi on expofe la tête morte de ce vitriol à l'air , en quelque endroit qui foit à

couvert des injures de l'eau, que cet esprit
ne manque pas d'y reprendre sa place,
parce qu'il est puissamment attiré par cette
matrice, qui n'a point d'autre avidité que
de se refournir de cet esprit, qui est celui
qui fait la meilleure partie de tous les êtres;
car comme les choses ne sont que pour
leurs opérations, elles ne peuvent agir aussi
que par leurs principes efficiens internes;
c'est pourquoi Dieu qui ne veut pas créer
tous les jours des choses nouvelles, a créé
une fois pour toutes cet esprit universel, &
l'a répandu par tout, afin qu'il se pût faire
tout en toutes choses.

Or, comme cet esprit est universel, aussi
ne peut-il être spécifié que par le moyen
des fermens particuliers, qui impriment en
lui le caractere & l'idée des mixtes, pour
être faits tels ou tels êtres déterminés, selon
la diversité des matrices, qui reçoivent cet
esprit pour le corporifier. Ainsi, dans une
matrice vitriolique, il devient vitriol; dans
une matrice arsenicale, il devient arsenic;
la matrice végetable le fait être plante, &
ainsi de tous les autres. Mais remarquez ici
deux choses; la premiere, que lorsque
nous disons que cet esprit est spécifié dans
telle ou telle matrice, que nous ne voulons
entendre autre chose, sinon que cet esprit
a été corporifié en tel ou tel composé,
selon la diversité de l'idée qu'il a reçûe par

le moyen du ferment particulier, & que
néanmoins on le peut retirer de ce composé, en le dépouillant, par le moyen de
l'art, de ce corps groſſier, pour le revêtir
d'un corps plus ſubtil, & le rapprocher
ainſi de ſon univerſalité ; & c'eſt alors que
cet eſprit manifeſte ſes vertus beaucoup
plus éminemment & plus ſenſiblement qu'il
ne faiſoit. La ſeconde choſe que vous avez
à remarquer eſt, que cet eſprit ne peut
retourner à ſa premiere indifférence, ou à
ſa premiere univerſalité, qu'il n'ait perdu
totalement l'idée qu'il a reçûe de la matrice, dans laquelle il a été corporifié. Je dis
qu'il faut qu'il ait tout-à-fait perdu cette
idée, parce que quoique ces eſprits ayent
été décorporifiés par l'art ; cependant ils
ne laiſſent pas de conſerver encore pour
quelque tems le caractere de leur premiere
corporification, comme cela paroît manifeſtement dans un air empeſté des eſprits
réalgariques & arſenicaux, qui voltigent
inviſiblement par tout ; mais lorſqu'il a
perdu entiérement cette idée, il ſe rejoint
alors à l'eſprit univerſel ; s'il ſe rencontre
néanmoins quelque matrice fertile, étant
encore un peu empreint de ſon idée, alors
il ſe corporifie en pluſieurs compoſés différens, comme cela paroît par les plantes &
par les animaux, qu'on voit être produits
ſans ſemence apparente, comme les champignons,

pignons, les orties, les fouris, les gre-
nouilles, les infectes, & plufieurs autres
chofes qu'il n'eft pas befoin de rapporter.

Voilà ce que nous avions à dire touchant
cet efprit univerfel : nous réfervons de
parler des matrices qui le fpécifient, qui
le corporifient, & qui lui communiquent
l'idée & le caractere d'un tel être déterminé, lorfque nous traiterons des Elémens.

CHAPITRE II.

Des diverfes fubftances qui fe trouvent après la réfolution, & l'anatomie du compofé.

NOus pouvons confidérer les principes
& les élemens qui conftituent le
compofé, en trois différentes manieres ;
fçavoir, ou avant fa compofition, ou après
fa réfolution, ou bien lorfqu'ils compofent encore & qu'ils conftituent le mixte.
Nous avons montré au Chapitre précédent
quelle étoit la nature des principes, avant
qu'ils compofaffent le mixte : il faut que
nous faffions voir en ce fecond Chapitre
quels ils font, après la réfolution & pendant la compofition : ce que nous ne trai-
erons que généralement & fuccinctement,
parce que nous en parlerons plus ample-

ment & en particulier dans les Chapitres qui suivent.

Nous avons dit ci-deſſus que l'eſprit univerſel, qui contient radicalement en ſoi les trois premieres ſubſtances, étoit indifférent à être fait toutes ſortes de choſes, & qu'il étoit ſpécifié & corporifié, ſelon l'idée qu'il prenoit de la matrice où il étoit reçû ; qu'avec les minéraux, il devenoit minéral ; qu'avec les végetaux, il devenoit plante ; & qu'enfin avec les animaux, il ſe faiſoit animal. Nous parlerons ci-après, & de cette idée & des matrices qui la lui communiquent.

Pendant la compoſition du mixte, cet eſprit retient la nature & l'idée qu'il a priſe dans la matrice. Ainſi lorſqu'il a pris la nature du ſoufre, & qu'il eſt empreint de ſon idée, il communique au compoſé toutes les vertus & toutes les qualités du ſoufre. Je dis la même choſe du ſel & du mercure : car s'il eſt ſpécifié, ou s'il eſt ſeulement identifié en quelqu'un de ces principes, il le fait incontinent paroître par ſes actions : ainſi les choſes ſont en leur compoſition fixes & volatiles, liquides ou ſolides, pures ou impures, diſſoutes ou coagulées, & ainſi des autres, ſelon que cet eſprit tient plus ou moins de ſel, de ſoufre ou de mercure, & ſelon qu'il tient plus ou moins du mélange de la terreſtreité

& de la grossiéreté des matrices.

Mais après que ces principes sont séparés les uns des autres, aussi-bien que de la terrestreité & de la corporeité qu'ils ont de leurs matrices, ils montrent bien par leurs puissans effets, que c'est en cet état qu'il faut les réduire, si on desire qu'ils agissent avec efficace, quoiqu'ils retiennent encore leur caractere & leur idée intérieure. Ainsi quelques goutes d'esprit de vin feront plus d'effet qu'un verre entier de cette liqueur corporelle, en laquelle il étoit enclos. Ainsi une goute d'esprit de vitriol fera paroître plus d'effet que plusieurs onces du corps du vitriol. Mais remarquez que ces grandes vertus, & ces grands & puissans effets ne demeurent en ces esprits qu'aussi long-tems que l'idée du mixte dont ils ont été tirés, leur demeure : car comme toutes choses tendent à leur premier principe, par une circulation continuelle qui se fait par la voye de la nature, qui corporifie pour spiritualiser, & qui spiritualise pour cor-porifier ; aussi ces esprits tâchent conti-nuellement de se dépouiller de cette idée qui les emprisonne, pour se réunir à leur premier principe, qui est l'esprit uni-versel.

Après avoir éclairci ces choses, il faut que nous voyons combien la Chymie trouve de substances dans la résolution du

composé, & quelles elles sont. Aristote
dit, que la résolution des choses montre &
fait voir les principes qui les constituent :
c'est sur cette même maxime que se fonde
notre science, tant parce qu'elle est très-
véritable, qu'à cause que la Chymie ne
reçoit pour principes des choses sensibles,
que ce qui se peut appercevoir par les sens.
Et comme l'Anatomiste du corps humain a
trouvé un nombre certain de parties similaires, qui composent ce corps, ausquelles
il s'arrête ; la Chymie s'efforce pareillement de découvrir le nombre des substances premieres & similaires de tous les composés, pour les présenter aux sens, afin
qu'ils puissent mieux juger de leurs offices,
lorsqu'ils sont encore joints dans le mixte,
après avoir vû leurs effets & leurs vertus
en cette simplicité. Et c'est de-là que le
nom de Philosophe sensible a été donné au
Chymiste. Car comme l'Anatomiste se sert
de rasoirs & d'autres instrumens tranchans,
pour faire la séparation des différentes
parties du corps humain, ce qui est son
principal but ; c'est ce que fait aussi l'Artiste Chymique, qui se sert de l'instruction prise de la nature même, pour parvenir à sa fin, qui n'est autre que d'assembler
les choses homogenées, & de séparer les
choses heterogenées par le moyen de la
chaleur ; car de lui-même il ne contribue

rien autre chofe que fon foin & fa peine,
pour gouverner le feu, felon que l'exigent
les agens & les patiens naturels, afin de
réfoudre les mixtes en leurs diverfes fubftances, qu'il fépare & qu'il purifie enfuite :
alors le feu ne ceffe point fon action, au
contraire, il la pouffe & l'augmente plutôt,
jufqu'à ce qu'il ne puiffe plus trouver aucune heterogenéité dans le compofé.

Principes de la réfolution des corps.

Après que la Chymie a travaillé fur le
compofé, elle trouve dans fa derniere réfolution cinq fubftances qu'elle admet pour
principes & pour élémens; fur quoi elle
établit fa doctrine, parce qu'elle ne trouve
aucune heterogenéité dans ces cinq fubftances. Qui font le *phlegme* ou l'eau,
l'efprit ou le mercure, le *foufre* ou l'huile,
le *fel* & la *terre*. Quelques-uns leur donnent
d'aütres noms; car il eft permis à un chacun de les nommer comme bon lui femble;
puifque cela n'eft pas de grande importance, pourvû qu'on s'accorde & qu'on puiffe
convenir de la chofe, fans fe foucier du
nom.

Or de même que l'intégrité des mixtes ne
peut fubfifter, fi on leur ôte quelqu'une de
ces parties; auffi la connoiffance de ces
fubftances feroit imparfaite & défectueufe,
fi on les féparoit, parce qu'il les faut confi-

dérer tant abfolument que refpectivement. Trois de ces fubftances fe préfentent à nous par l'aide de l'opération Chymique en forme de liqueur , qui font le phlegme , l'efprit & l'huile , & les deux autres en forme folide, qui font le fel & la terre. On appelle ordinairement & communément le phlegme & la terre, des principes paffifs , matériels & moins efficaces que les trois autres ; mais au contraire , on appelle l'efprit , le foufre & le fel , des principes actifs & formels , à caufe de leur vertu pénétrante & fubtile. Quelques-uns appellent le phlegme & la terre des éléments , & donnent le nom de principes aux trois autres.

Mais fi la définition qu'Ariftote a donnée aux principes , eft effentielle , fçavoir que les principes *neque ex aliis , neque ex fe invicem fiunt ;* l'expérience nous fait voir que ces fubftances ne peuvent pas être appellées proprement principes; parce que nous avons dit ci-deffus que le mercure fe change en foufre , puifque l'humide eft l'aliment du chaud , or l'aliment fe métamorphofe en l'alimenté. Voilà pourquoi la définition d'élément conviendroit plutôt à ces fubftances , puifque ce font les dernieres qui fe trouvent après la réfolution du compofé , & que les élémens font *ea quæ primò componunt mixtum , & in qua ultimò refolvitur.*

Mais parce que les élémens sont considerés en deux façons, ou comme des parties qui composent l'univers, ou qui composent seulement les corps mixtes ; cependant pour nous accommoder à la façon ordinaire de parler, nous leur donnerons le nom de principes, parce que ce sont des parties constitutives du composé ; & nous retiendrons le nom d'élément pour ces grands & vastes corps, qui sont les matrices générales des choses naturelles.

CHAPITRE III.

De chaque principe en particulier.

SECTION PREMIERE.

A sçavoir si les cinq principes qui demeurent après la résolution du mixte, sont naturels ou artificiels.

LA Chymie reçoit pour principes du composé les cinq substances, dont nous avons parlé ci-dessus ; cette source étant tout-à-fait sensible, elle ne raisonne que sur ce que les sens lui font appercevoir, & cela parce qu'après avoir fait une très-exacte anatomie d'un corps naturel, elle ne trouve rien au-delà qui ne réponde à l'une de ces cinq substances.

Mais on peut ici faire une question, qui

n'a pas peu de difficulté ; fçavoir , fi ces
cinq fubftances font des principes naturels,
ou s'ils font artificiels , & s'ils ne font pas
plutôt des principes de deftruction & de
défunion , que des principes de compofition & de mixtion. On peut répondre à
cela , qu'il y a véritablement de la difficulté
pour fçavoir fi ces principes font naturels ,
parce que nous ne les voyons pas fortir du
compofé par une corruption , ou par une
putréfaction naturelle ; mais que cela ne
peut être fait que par une corruption artificielle , qui fe pratique par le moyen de la
chaleur du feu. Si on veut cependant examiner la chofe de près , il fe trouvera qu'on
ne peut à la vérité tirer ces fubftances que
par le moyen de l'art chymique ; elles font
néanmoins purement & fimplement naturelles , puifque tout ce que fait ici l'Art
eft de fournir les vaiffeaux propres à les
recevoir , à caufe que ces vaiffeaux manquent à la nature ; & fans le fecours de ces
vaiffeaux , nous ne pourrions rendre ces
principes palpables & vifibles : ce qui fait
qu'on ne doit pas trouver étrange que nous
n'appercevions pas ces fubftances dans la
corruption & dans la réfolution naturelle
du compofé ; car la nature qui travaille
fans ceffe , fe fert de ces fubftances à la
génération de plufieurs autres êtres , comme Ariftote l'a très-bien obfervé, quand il

dit que *corruptio unius est generatio alterius*.
Ainsi nous sentons quelque chose qui frappe, ou qui choque même notre odorat dans
la putréfaction naturelle des choses, ce qui
témoigne que l'air est plein d'esprits volatiles, qui sont salins & sulfureux, par lesquels se fait la dissolution radicale du mixte :
le sel se résout par le moyen du phlegme,
& comme le sel est le lien des deux autres
principes, aussi ne peuvent-ils plus subsister dans le mixte, parce que la chaleur
qui accompagne toutes les putréfactions,
les subtilise & les emporte si bien, qu'il ne
nous reste que ce qu'il y a de terrestre dans
le composé. C'est pourquoi nous concluons
que ces principes, quoique rendus manifestes & sensibles par les seules opérations de la Chymie, néanmoins cela n'empêche pas qu'ils ne soient naturels. Parce
que si la nature ne les avoit pas logés en
toutes les choses, on ne les pourroit pas
tirer indifféremment de tous les corps,
comme on le peut faire. D'où nous tirons
cette conséquence, que ce n'est point par
transmutation que ces substances sortent
du mixte ; mais par une pure séparation
naturelle, aidée de la chaleur des vaisseaux
& de la main de l'Artiste.

Tous les êtres ne sçauroient être transformés indifféremment & immédiatement
en une seule & même chose. C'est pour-

B v.

quoi, il ne faut pas trouver étrange, lorſqu'on tire d'autres ſubſtances de ces mixtes,
quand on travaille deſſus, par d'autres
voyes que par la ſéparation des principes,
comme ſont les quinteſſences, les arcanes,
les magiſteres, les ſpécifiques, les teintures, les extraits, les fœcules, les baumes,
les fleurs, les panacées & les élixirs, dont
Paracelſe parle en ſes Livres des Archidoxes ; puiſque toutes ces différentes préparations tirent leurs diverſes vertus de la
diverſité du mélange des principes, dont
nous parlerons dans les Sections ſuivantes,
ſelon l'ordre qu'ils tombent premiérement
ſous nos ſens, où nous les conſidérons comme lorſqu'ils compoſent encore le mixte,
& comme étant ſéparés de lui.

SECTION SECONDE.

Du Phlegme.

On donne le nom de phlegme à cette
liqueur inſipide, qu'on appelle vulgairement eau, lorſqu'elle eſt ſéparée de tout
autre mélange. C'eſt la premiere ſubſtance
qui ſe montre à nos yeux, lorſque le feu
agit ſur quelque mixte : on la voit premiérement en forme de vapeur, & lorſqu'elle
eſt condenſée, elle ſe réduit en liqueur. Sa
préſence eſt auſſi utile dans la compoſition
du mixte, que celle d'aucun autre principe.

Et nous ne sommes pas de l'opinion de ceux qui la regardent comme inutile ; mais il faut que la proportion & l'harmonie demeure dans les bornes, que requiert la nécessité des corps naturels ; car le phlegme est comme le frein des esprits, il abat leur acidité, il dissout le sel & affoiblit son acrimonie corrodante, il empêche l'inflammation du soufre, & sert enfin à lier & à mêler la terre avec les sels ; car comme ces deux substances sont arides & friables, elles ne pourroient pas donner beaucoup de fermeté & de solidité au corps sans cette liqueur. De-là vient qu'il cause la corruption & la dissolution par son absence, ce qui fait que quelques-uns l'appellent le principe de destruction, car il s'évapore facilement ; d'où il arrive que le mixte ne peut demeurer long-tems dans un même état & dans la même harmonie, à cause que cette partie principiante s'exhale aisément & à toute heure, ce qui la rend sujette aux moindres injures qui arrivent, tant par les causes intérieures, que par les causes extérieures. C'est pourquoi, il faut que ceux qui travaillent à la conservation des mixtes, s'étudient à retenir ce principe dans le composé, parce que c'est lui qui retient tous les autres en bride Il est de si facile extraction, qu'il ne faut qu'une chaleur lente & moderée, pour le séparer des autres principes, comme on le voit dans les opérations. Il souffre plusieurs altérations, qui ne changent pourtant pas sa nature ; car s'il nous paroît en vapeurs, elles ne sont néanmoins essentiellement autre chose que le phlegme même.

. Vous remarquerez ici que les vapeurs sont de différente nature ; les unes sont simplement aqueuses & phlegmatiques ; les autres sont spiritueuses & mercurielles, les autres sulfurées & huileuses, & il y en encore quelques autres qui sont mélangées des trois précédentes ensemble ; il faut encore observer que les sels mêmes & les terres minérales & métalliques peuvent être subtilisées & réduites en vapeurs, qui sont encore différentes des quatre précédentes, puisqu'il en résulte des esprits fixes & pesans, & des fleurs. On peut très-bien rapporter toute la doctrine des météores ignés, aqueux ou aërés, à la différence de ces exhalaisons & de ces vapeurs ; car comme on voit que les vapeurs aqueuses se condensent facilement en eau dans les alembics, ce que ne font pas les spirituelles ni les huileuses, qui demandent beaucoup plus de tems & de rafraîchissement : on pourra aussi tirer de-là plusieurs conséquences pour la Médecine, & particuliérement pour ce qui concerne les douleurs, qu'on croit provenir des vapeurs & des exhalaisons, qu'on appelle ordinairement des metéorismes du ventricule & de la ratte ; car les aqueuses ne peuvent faire tant de distention, parce qu'elles sont plus promptement serrées & condensées, que celles qui proviennent des esprits, des huiles & des sels mélangés. Or, comme trop de phlegme éteint la chaleur naturelle, & rallentit le corps & toutes ses actions ; aussi le trop peu fait que le corps est comme brûlé ou rongé, lorsque le soufre, l'esprit fixe ou le sel gagne le dessus : ce qui prouve évidemment, que l'intégrité du mixte ne peut subsister que par l'harmonie & la juste proportion de toutes ses substances.

Pour conclure ce que nous avons dit de ce principe, vous observerez que le phlegme du mixte doit être ordinairement le menstrue le plus propre pour en tirer la teinture & l'extrait, parce qu'il garde encore quelque caractere de son composé & quelque idée de sa vertu ; mais principalement parce qu'il est accompagné le plus souvent de l'esprit volatile du mixte, qui le rend capable de le pénétrer plus facilement & d'en extraire la vertu, d'autant plus qu'il est participant d'une nature mêlée d'un soufre & d'un mercure très-subtils, qui approchent le plus de l'universel.

SECTION TROISIÉME.

De l'Esprit.

Quelques - uns appellent Mercure, la seconde substance qui nous paroît visible, lorsque nous anatomisons le composé ; d'autres la nomment humide radical ; mais nous retiendrons le nom d'esprit, qui est le plus en usage. Cependant pour que vous ne vous abusiez point en ces appellations vulgaires des principes ; afin même que vous ne les confondiez pas avec les composés, il est nécessaire que vous sçachiez qu'ils n'ont été nommés de la sorte, que par la ressemblance & la correspondance qu'ils ont avec eux : ne prenez-donc pas le phlegme principié pour de la pituite, ni le mercure pour du vif-argent, ni le soufre pour ce soufre vulgaire, qui entre dans la composition de la poudre à canon avec le salpêtre, ni le sel pour ce sel commun que nous mettons sur nos tables, & moins encore la terre pour du bol d'Arménie, ou pour de la terre sigillée, puisque toutes ces choses font des corps composés de ces mêmes principes, que nous désignons par ces noms-là. Ainsi ce sont des noms communs, dont nous attachons l'idée à des substances particulieres. L'esprit donc n'est autre chose que cette substance aërée, subtile, pénétrante & agissante, que nous tirons du mixte par le moyen du feu. D'où il faut conclure que ce principe est en soi un, simple & homogene, qui a pris son idée du caractere de sa matrice spécifique & particuliere. Ce que nous éclaircirons ci-dessous, lorsque nous traiterons des élémens & de leurs vertus.

Or, on considere cette substance, ou comme composante encore le mixte, ou comme en étant séparée. Hors du mixte cette substance est extrêmement pénétrante, elle incise, elle ouvre & attenue les corps les plus solides & les plus fixes ; cet esprit excite le chaud dans les choses en les fermentant ; il dénoue les liens du soufre & du sel, & les rend séparables ; il résiste à la pourriture, & cependant il peut la produire par accident ; il dévore le sel & se joint si étroitement avec lui, qu'à peine les peut-on séparer que par l'extrême violence du feu. Il a sa chaleur, comme il a aussi sa froideur ; car il n'agit pas par des qualités élémentaires, mais par celles, qui lui sont propres & spécifiques ; enfin nous manquons encore d'expressions propres à sa nature, puisque c'est un véritable Prothée, qui ne travaille que comme le soleil, qui humecte & qui desseche, qui blanchit & qui noircit, selon la diversité des objets sur lesquels il agit. Ce même esprit communi-

que beaucoup de belles qualités au phlegme ; car il empêche qu'il ne se corrompe,
il le rend pénétrant, & lui prête presque
tout ce qu'il possede d'activité : le phlegme
aussi par un devoir naturel retient la trop
grande activité, & pour ainsi dire la furie
de l'esprit, & le rend si traitable qu'il peut
être utile en une infinité de manieres.

Or pendant que cet esprit demeure dans
l'harmonie, & qu'il n'outrepasse pas les
termes de son devoir dans les mixtes, il
leur rend de notables services, parce qu'il
empêche l'accroissement des excrémens, &
de toute autre substance contraire à la nature du composé, & qu'il multiplie encore
& fortifie toutes ses facultés, tant à l'égard
des animaux, des végetaux, que des mineraux. Que si au contraire ce principe est
contraint par quelque autre Agent, d'outre-
passer la condition & la constitution de
son mixte, il change alors toute l'œcono-
mie du composé, comme nous le ferons
voir, lorsque nous traiterons des principes
de destruction.

SECTION QUATRIÉME.

Du Soufre.

On a qualifié ce principe de plusieurs
noms, aussi bien que les autres ; car on lui
donne le nom d'huile, de feu naturel, de

lumiere, de feu vital, de baume de vie &
de soufre. Outre tous ces noms, les Artistes lui en ont encore donné plusieurs autres, dont nous ne remplirons point cette
Section : nous nous contenterons, selon
notre coutume, d'examiner la nature de la
chose, & nous laisserons ce combat aux
Ergotistes.

La substance que nous appellerons quelquefois soufre & quelquefois huile, est la
troisiéme que nous tirons par la résolution
artificielle du composé : nous la nomme-
rons ainsi, parce que c'est une substance
oléagineuse qui s'enflamme facilement, à
cause qu'elle est d'une nature combustible,
& c'est par son moyen que les mixtes sont
rendus tels. On l'appelle principe aussi-bien
que les autres, parce qu'étant séparée du
composé, elle est homoger en toutes ses
parties, comme sont les autres principes.
On considere aussi cette substance de deux
manieres ; car quand elle est déliée d'avec
les autres, elle surnage le phlegme & les
esprits, parce qu'elle est plus légere & plus
aërée ; mais lorsqu'elle n'est pas absolument détachée du sel & de la terre, elle
peut tomber au fond, ou bien nager entre
les deux ; car le soufre supporte & soutient
la terre & le sel, jusqu'à ce qu'il soit tout-
à-fait vaincu par leur pesanteur ; il ne reçoit pas facilement le sel, qu'il ne soit

auparavant allié avec quelque esprit, ou que le sel ait été circulé avec l'esprit, avec lequel il a une grande sympathie ; & c'est alors qu'ils reçoivent ensemble le soufre fort facilement, ce qui est très-remarquable, parce qu'on ne peut faire exactement sans cette connoissance, les panacées, les vrais magisteres, les essences, les arcanes, ni les autres remedes les plus secrets qui ne sont point du district de la Médecine, non plus que de la Pharmacie Galenique : on sçait que ceux qui font profession de cette médecine, ne peuvent pas rendre raison des plus beaux effets de la nature, parce qu'ils attribuent ces effets aux quatre premieres qualités.

Ce soufre est la matiere des meteores ignés, qui s'enflamment dans les diverses régions de l'air, aussi bien que de ceux qui se voyent dans les lieux, où les mineraux & les métaux sont engendrés. Il résiste au froid & ne se gèle jamais ; car il est le premier principe de chaleur, il ne souffre point de corruption, il conserve les choses qui sont mises dans son sein, à cause qu'il empêche la pénétration de l'air, il adoucit l'acrimonie du sel, il se coagule & se fixe par son moyen, il dompte l'acidité des esprits de telle façon, que même les plus puissantes eaux fortes ne peuvent rien sur lui, ni sur les composés où il abonde. Il

aide à lier la terre, qui n'est que poudre,
avec le sel dans la composition du mixte,
il cause aussi la liaison des autres principes;
car il tempere la sécheresse du sel & la grande
fluidité de l'esprit; enfin par son moyen,
les trois principes causent ensemble une
viscosité, qui s'endurcit quelquefois après
par le mélange de la terre & du phlegme.

SECTION CINQUIÉME.

Du Sel.

Le phlegme, l'esprit & le soufre, sont
des principes volatiles qui fuyent le feu,
qui les fait monter & sublimer en vapeurs,
ce qui fait qu'ils ne pourroient donner au
mixte la fermeté requise pour sa durée, s'il
n'y avoit quelques autres substances fixes
& permanentes. Il s'en trouve deux tout-à-
fait différentes des autres dans la derniere
résolution des corps. La premiere, est une
terre simple sans aucune qualité notable,
excepté la siccité & la pesanteur. La seconde, est une substance qui résiste au feu &
qui se dissout en l'eau, à laquelle on a
donné le nom de sel.

Ces deux substances qui servent de base
& de fondement au mixte, quoiqu'elles se
confondent par l'action du feu, sont néanmoins deux divers principes, ausquels on
reconnoît des différences si essentielles,

qu'il n'y a nulle analogie entre les deux;
Le sel se rend manifeste par ses qualités qui
sont innombrables, comme elles sont pleines d'efficace; & bien autres que celles de
la terre, qui est presque sans pouvoir &
sans action en comparaison de cette autre
substance.

Le sel étant exactement séparé des autres
principes, se présente à nous en corps sec
& friable, qu'il est aisé de mettre en poudre,
ce qui témoigne sa sécheresse extérieure;
mais il est doué d'une humidité intérieure,
comme cela se prouve par sa fonte. Il est
fixe & incombustible, c'est-à-dire, qu'il
résiste au feu dans lequel il se purifie, il ne
souffre point de putréfaction, & se peut
conserver sans être altéré. Cette substance
est estimée de quelques-uns, le premier
sujet & la cause de toutes les saveurs, comme le soufre celui des odeurs, & le mercure celui des couleurs; mais nous ferons
voir la fausseté de cette opinion, lorsque
nous traiterons de cette matiere.

Le sel se dissout facilement dans l'humide; étant dissout, il soutient le soufre,
& se joint à lui par le moyen de l'esprit.
Il est utile à beaucoup de choses; car il fait
que le feu ne peut pas consumer l'huile
aussi promptement qu'il feroit; c'est pourquoi le bois flotté ne produit pas une flamme de longue durée, parce qu'il est privé

de la plus grande partie de son sel : c'est
aussi le sel qui rend la terre fertile , car il
sert comme de baume vital avec l'huile
pour les vegétaux ; & de-là vient que les
terres qui sont trop lavées de la pluye , perdent leur fécondité : il sert aussi à la génération des animaux ; c'est encore lui qui
endurcit les minéraux ; mais remarquez que
ces effets ne se produisent , que lorsqu'il est
dans une juste proportion : car le trop empêche la génération & l'accroissement ,
parce qu'il ronge & ruine par son acrimonie ce que les autres substances peuvent
produire.

Mais afin que vous ne soyez pas trompé
par l'ambiguité du mot de sel , il faut que
vous sçachiez qu'il y a un certain sel central , principe radical de toutes les choses,
qui est le premier corps dont se revêt l'esprit universel , qui contient en soi les autres principes , que quelques-uns ont appellé sel hermétique , à cause Hermès qui
en a , dit-on , parlé le premier ; mais on le
peut appeller plus légitimement le sel hermaphrodite , parce qu'il participe de toutes
les natures , & qu'il est indifférent à tout.
Ce sel est le siége fondamental de toute la
nature , avec d'autant plus de raison , que
c'est le centre où toutes les vertus naturelles aboutissent , & que les véritables semences des choses ne sont qu'un sel congelé,

cuit & digeré : ce qui paroît véritable, en ce que si vous faites bouillir quelque semence que ce soit, vous la rendrez stérile à l'instant, parce que cette vertu seminale consiste en un sel très-subtil qui se résout dans l'eau ; d'où nous apprenons que la nature commence la production de toutes les choses par un sel central & radical, qu'elle tire de l'esprit universel. La différence qui est entre ces deux sels, est que ce premier engendre l'autre dans le mixte, & que le sel hermaphrodite est toujours un principe de vie, & que l'autre est quelquefois un principe de mort. Mais comme nous traiterons ci-après des principes de mort & de destruction, nous ne nous étendrons pas ici sur les effets des uns ni des autres, parce que la science des contraires étant une même science, ils apporteront beaucoup plus de lumiere, lorsqu'ils seront respectivement opposés.

SECTION SIXIÉME.

De la Terre.

La terre est le dernier des principes, tant de ceux qui sont volatiles, que de ceux qui sont fixes : c'est une substance simple qui est dénuée de toutes les qualités manifestes, excepté de la sécheresse & de l'astriction ; car pour ce qui touche la pesanteur, nous en parlerons ci-après. Je dis manifeste, parce que cette terre retient toujours en soi le caractere indélebile de la vertu qu'elle a possedée, qui est de corporifier & d'identifier l'esprit universel. La premiere idée qu'elle lui donne, c'est celle de sel hermaphrodite, qui redonne par son action à cette terre ses premiers principes, si bien que le mixte est comme ressuscité, parce qu'on peut encore retirer de ce même corps les mêmes principes en espéce, qu'on en avoit auparavant separés par l'opération Chymique, comme nous le montrerons ci-après, lorsque nous examinerons cette matiere.

Considérons maintenant les usages de cette substance, qui est très-nécessaire dans le mixte, puisque c'est elle qui augmente la fermeté du composé; car lorsqu'elle est jointe au sel, elle cause la corporéité, & par conséquent la continuité des parties; étant mêlée avec l'huile, elle donne la ténacité, la viscosité & la lenteur; elle donne donc avec le sel la dureté & la fermeté: car comme le sel est fort friable de soimême, il ne pourroit pas se joindre intimement à la terre, que par le moyen des substances liquides pour procurer la solidité. Les incommodités de ce principe se manifestent, lorsque le mixte requiert l'abondance des autres substances: car si la

terre prédomine, elle rend le corps pesant,
tardif, froid & stupide, selon la nature
des composés dans lesquels elle abonde.

Remarquez néanmoins en passant, que
ce n'est pas la terre seule qui cause la pesanteur du composé, comme cela est sou-
tenu par certains Philosophes, qui se promenent plus qu'ils ne travaillent ; car on
trouve plus de terre dans une livre de
liége après sa résolution, quoique ce soit
un corps qui paroît très-léger, qu'on n'en
trouvera dans trois ou quatre livres de
gayac ou de buis, qui sont des bois si
pesans, que l'eau ne les peut presque soutenir contre la nature des autres bois. D'où
nous devons nécessairement conclure que
la plus grande pesanteur provient des sels
& des esprits, qui abondent dans ces bois,
dont le liége est privé.

On voit aussi par expérience qu'une fiole
pleine d'esprit de vitriol, ou de quelque
autre esprit acide bien rectifié, pesera plus
que deux ou trois autres fioles de pareil
volume remplies d'eau, ou de quelque
autre liqueur semblable. Je sçai qu'on objectera contre cette expérience, que la pesanteur du gayac vient de sa substance si
compacte, qui ne laisse aucune entrée à
l'air, & que la légereté du liége est causée
par la grande quantité de pores larges &
amples, qui sont remplis de cet élément
léger,

léger, ce qui fait qu'il nage fur l'eau, &
que le contraire fe voit au gayac& au busi.
Mais cette réponfe ne fatisfait pas l'efprit :
car fi la légereté & la pefanteur font caufées,
l'une par la raréfaction, & l'autre par la
condenfation, il faudra que ces pores qui
font dans le liége, viennent de l'abondance
de la terre & du manque des autres principes ; de-là on conclura de néceffité, premiérement, que la terre eft poreufe par foi-
même ; & fecondement, que c'eft elle qui
rend les corps poreux ; parce que *Nemo dat
quod non habet, & propter quod unumquod-
que eft tale, illud ipfum eft magis tale*, à ce
que difent les Péripatéticiens, qui font les
Philofophes ambulatoires ; d'où ils feront
contraints d'avouer par leurs propres maximes, quoique ce foit néanmoins contre
leurs principes mêmes, que la terre non-
feulement caufe la légereté des mixtes,
mais auffi que la terre eft légere de fa propre nature : ce qui eft un monftre dans leur
doctrine, & qui eft en effet contraire à
l'expérience ; car il n'y a pas de principes
plus pefans que la terre, lorfqu'ils font artiftement & duement feparés les uns des
autres ; car elle tend toujours au fond du
vaiffeau, lorfqu'on les y mêle enfemble.

Il faut être nourri dans l'étude d'une
plus haute Philofophie, pour fortir de ce
labirinthe, & fe familiarifer avec la belle

Ariadne, qui est la nature elle-même, pour obtenir ce fil qui peut seul nous débarasser de tant de détours : si nous le faisons, elle ne manquera pas de nous faire voir par les opérations de la Chymie, qu'il y a deux sortes de légereté & de pesanteur ; sçavoir, l'une qui est intérieure, & l'autre qui est extérieure ; que l'une se trouve dans les principes, lorsqu'ils composent encore le mixte, & l'autre, lorsqu'ils en sont separés.

CHAPITRE IV.

Des Elémens, tant en général qu'en particulier.

SECTION PREMIERE.

Des Elémens en général.

LA différence que mettent les Péripatéticiens entre le principe & l'élément, est, que les principes ne peuvent prendre la nature l'un de l'autre ; qu'ils ne sçauroient se métamorphoser, ni se transmuer l'un en l'autre ; mais que pour les élémens, ce sont des substances, qui sont elles-mêmes composées de principes, & qui composent après les mixtes, & qu'ainsi ces substances peuvent passer facilement en la nature l'une de l'autre : nous examinerons donc ci-après, si cela est vrai ou non.

Mais en Chymie, on prend les élémens pour ces quatre grands corps, qui sont comme quatre matrices, qui contiennent en elles les vertus, les semences, les caracteres & les idées qu'elles reçoivent de l'esprit universel : avant néanmoins que d'entrer dans cette sorte de Philosophie, il faut qu'après avoir parlé de la nature des principes au Chapitre précédent, nous traitions de celle des élémens en celui-ci. Nous y examinerons premiérement, si les Galenistes ont raison de dire que les mixtes sont composés de ces élémens, & s'il ne se trouve pas davantage de substances dans leurs résolutions, que celles dont ils font mention dans leurs Livres.

Ils disent qu'on découvre manifestement quatre sustances diverses, lorsque le bois est brûlé par le feu, & assurent que ce sont les quatre élémens, qui composoient le mixte avant sa destruction. Examinons s'ils ont tout vû, & s'ils nous ont privé du soin d'en chercher davantage.

Ils fondent leurs raisonnemens sur l'expérience qui suit. Les quatre élémens, disent-ils, se manifestent à nos sens, lorsque le bois est examiné & consommé par le feu ; car la flamme représente le feu, la fumée représente l'air, l'humidité qui sort par les extrêmités du bois représente l'eau, & la cendre n'est autre que la terre. D'où

ils tirent cette conséquence, que puisque
nous ne voyons que ces quatre substances,
il n'y avoit qu'elles qui composassent le
mixte. Mais quoiqu'il soit vrai qu'on n'ap-
perçoit rien autre chose dans cette grossière
opération ; cependant si on prend la peine
de la faire plus artistement, on ne manquera jamais d'y trouver quelque chose de
plus : car si vous enfermez des coupeaux,
ou de la sûre de bois dans une retorte
bien lutée, & que vous adaptiez un ample récipient au col de cette retorte, que
vous donniez ensuite un feu bien gradué,
vous trouverez deux substances, qui ne
peuvent tomber sous nos sens sans cet artifice, & c'est sur cela que les Péripatéticiens
& les Philosophes Chymiques sont en différent. C'est pourquoi, je trouve qu'il est
nécessaire de les accorder avant que de
passer outre : pour cet effet avouons aux
uns & aux autres, que les principes & les
élémens se rencontrent dans les mixtes :
mais voyons de quelle façon. Lorsque les
premiers disent que la fumée, qui sort du
bois qui se brûle, représente l'air, nous disons qu'ils ont raison; c'est uniquement par
une sorte de ressemblance, que cette fumée
se peut appeller air : ce n'est donc pas de
l'air en effet, mais il l'est seulement par
dénomination, parce que l'expérience fait
voir, que lorsque cette fumée est retenue

dans un récipient, elle a des qualités bien différentes de celles de l'air, ce qui fait juger qu'elle ne peut être ainsi appellée que par analogie, & voici la différence qui est entre les uns & les autres touchant cette substance : c'est que les Péripatéticiens l'appellent air, & les Chymistes la nomment mercure. Laissons-les disputer des noms, puisque nous convenons ensemble de la chose.

Venons à l'autre élément des Péripatéticiens, qui est le feu, & à l'autre principe des Chymistes, qui est le soufre ; & voyons en quoi ils sont différens, & en quoi ils s'accordent. Les premiers disent que dans l'action qui brûle le bois, le feu se découvre manifestement à nos sens ; mais on leur répond à cette expérience sensible, que ce qui détruit le mixte, ne peut être principe de composition, mais que c'est un principe de destruction ; que s'ils disent que le feu n'est pas actuellement dans le mixte, mais qu'il y est seulement en puissance, c'est proprement en ce point que je les veux accorder avec les Chymistes, qui nomment soufre, ce feu potentiel des Péripatéticiens. Je décide donc leur différend, en disant que le feu que nous voyons sortir du bois qui brûle, n'est rien autre chose que le soufre du bois actué, parce que l'actuation du soufre consiste dans ſon inflammation. Pour ce qui eſt de prendre les cendres pour l'élément de la terre , le ſel qui ſe tire de ces cendres par la lixiviation , doit perſuader ces Philoſophes, que les Chymiſtes ont autant ou plus de raiſon qu'eux , dans l'établiſſement du nombre de leurs principes.

Après avoir éclairci ces choſes touchant le nombre des principes & des élémens, qui entrent dans la compoſition du mixte ; il faut que nous diſions quelque choſe du nombre & des propriétés des élémens, avant que de parler de chacun d'eux en particulier, auſſi-bien que de leurs matrices & de leurs fruits.

C'eſt une choſe aſſez ſurprenante , que les ſectateurs d'Ariſtote·ne ſoient pas encore tombés d'accord du nombre des élémens , pendant le long-tems que ſes Œuvres ont été en crédit : car quelques-uns d'eux affirment avec raiſon qu'il n'y a point de feu élémentaire ; je dis , avec raiſon, lorſqu'on le prend de la façon qu'ils l'entendent : car à quoi ſert d'admettre un élément du feu ſous le Ciel de la Lune, puiſqu'on ne lui donne aucun autre uſage, que celui d'entrer dans la compoſition du mixte ; & qu'outre que cet élément eſt trop éloigné du lieu où ſe font les mixtions, nous avons trouvé de plus , que le feu des mixtes n'eſt rien autre choſe que le ſoufre du composé ; c'est pourquoi, je conclus ici avec Paracelse, qu'il n'y a point d'autre feu élémentaire, que le ciel même & sa lumiere.

Pour ce qui concerne les diverses propriétés des élémens, on demande premiérement s'ils sont purs, & en second lieu, s'ils peuvent être changés les uns aux autres. Quant à ce qui est de leur pureté, je dis que s'ils étoient tels, ils seroient absolument inutiles ; car une terre pure seroit stérile, puisqu'elle n'auroit en soi aucune semence de fertilité : la salure de la mer & les diverses qualités de l'air, témoignent aussi ce que je dis.

Mais à l'égard de leurs changemens mutuels, ils ne sont pas si aisés que la Philosophie commune se l'est imaginé, quoiqu'ils ne soient pas absolument impossibles : car elle enseigne que la terre se change en eau, l'eau en air, l'air en feu, & finalement que le feu redevient terre par d'autres changemens ; parce qu'encore que la terre ou l'eau prennent quelquefois la forme des vapeurs & des exhalaisons ; cependant ces vapeurs sont toujours essentiellement de la terre ou de l'eau, comme cela se voit par le retour de ces vapeurs en leur premiere nature. Ce changement ne se peut donc faire, qu'en cas que tel ou tel élément s'étant tout-à-fait spiritualisé,

vînt à quitter son idée élémentaire, &
qu'après il se rejoignît à l'esprit universel,
qui lui rendroit ensuite l'idée d'un autre
élément, duquel il auroit le corps, par le
caractere que lui donneroit la matrice.

C'est pour cette raison que les Chymistes
donnent deux natures aux élémens, lorsqu'ils en parlent, l'une qui est spirituelle,
& l'autre qui est corporelle ; la vertu de
l'une étant cachée dans le sein de l'autre.
C'est ce qui fait, que lorsqu'ils veulent
avoir quelque chose qui agisse avec efficace, ils tâchent, autant que l'art le peut
permettre, de la dépouiller de son corps &
de la rendre spirituelle. Car comme la nature ne nous peut communiquer ses trésors
que sous l'ombre du corps ; nous ne pouvons aussi faire autre chose, que les dépouiller du plus grossier de ce corps par le
moyen de l'art, pour les appliquer à notre
usage : car si nous les poussons plus avant,
& que nous les spiritualisions de telle
sorte, qu'ils ne nous soient plus visibles ni
sensibles, ils ont alors perdu le caractere
& l'idée du corps, & ainsi ils se rejoignent
à l'esprit universel, pour reprendre quelque tems après leur premiere idée, ou
quelque autre, différente de celle qu'ils ont
eue, par le caractere & le ferment de la
matrice, enclose dans telle ou telle partie
de tel ou tel élément.

Ce font-là les véritables effets des élémens, qui font, comme nous avons dit, de corporifier & d'identifier l'esprit universel, par les divers fermens qui font contenus dans leurs matrices particulieres, & de lui donner les caracteres, qui font gravés en elles : car, comme nous avons dit, cet esprit est indifférent à tout, & peut-être fait tout en toutes chofes. Ce qui arrive, parce que la nature n'est jamais oifive, & qu'elle agit perpétuellement ; & que comme c'est une essence finie, auffi ne peut-elle pas créer non plus que détruire aucun être : on fçait que la création & la destruction demandent une puissance infinie. Mais comme ce discours est de trop longue haleine, nous le remettrons aux Sections suivantes, où nous traiterons des Elémens en particulier, d'autant que ce font les matrices universelles de toutes les chofes, & nous parlerons auffi des matrices particulieres qui font en eux, qui donnent le caractere & l'idée à l'esprit, pour produire tant de diversités de fruits, dont nous nous fervons à tout moment, par le moyen de diverfes fermentations naturelles.

SECTION SECONDE.
De l'élément du Feu.

Puifque toutes les chofes tendent à leur lieu naturel & à leur centre, c'est un signe manifeste qu'elles y sont portées & attirées par une vertu propre qu'elles cachent sous l'ombre de leurs corps. Cette vertu ne peut être autre chose que la faculté magnétique que chaque élément possede, d'attirer son semblable & de repousser son contraire : car comme l'aimant attire le fer d'un côté, & qu'il le chasse de l'autre ; les élémens attirent de même par une pareille vertu les choses qui sont de leur correspondance, & chassent & éloignent d'eux celles qui sont d'une nature différente de la leur. Ainsi puisque le feu monte en haut , il ne faut pas douter que cet effet ne vienne de ce qu'il tend à son lieu naturel, qui est le feu élémentaire, où il est porté par son propre esprit , lorsqu'il se dégage du commerce des autres élémens.

Pour bien entendre cette doctrine, il faut qu'on sçache premiérement, que l'élément du feu n'est pas enclos sous le ciel de la Lune, comme nous l'avons dit ci-devant ; & qu'ainsi on ne peut admettre d'autre feu que le ciel même, qui a ses matrices & ses fruits comme les autres élémens. Car le grand nombre de diverses Etoiles que nous voyons qui se promenent dans ce vaste élément, ne sont rien autre chose que des matrices particulieres , où l'esprit universel prend une très-parfaite idée , avant que de se corporifier dans les

matrices des autres élémens ; & c'est de-là
qu'on peut comprendre facilement la maxime de ce grand Philosophe, que plusieurs
ne conçoivent que comme une chimere, à
sçavoir, que *nihil est inferius, quod non sit
superius, & vice versâ*; & celle de Paracelse,
qui assure que chaque chose a son astre ou
son ciel : en effet, la vertu des choses vient
des cieux, par la force de cet esprit dont
nous vous avons tant parlé. Paracelse appelle Pyromancie, la connoissance de cette
doctrine, & principalement lorsqu'il traite
de la théorie des maladies. Car nous
voyons que les élémens sont comme les
domiciles des choses qui ont quelque connoissance, soit intellective, soit sensitive,
soit vegétative, soit même minérale, que
quelques-uns appellent les fruits des élémens; il ne faut pas douter, suivant ces
maximes, que comme les cieux sont très-
parfaits & très-spirituels, ils ne soient aussi
la demeure de ces substances spirituelles &
parfaites, qu'on appelle Intelligences.

Mais remarquez, que quand j'ai dit que
le feu se dégage du commerce des autres
élémens, lorsqu'il monte en haut, je n'ai
parlé que du feu visible, dont nous nous
servons dans nos foyers, qui n'est en effet
qu'un météore, ou bien un corps imparfaitement mêlé de quelques élémens, ou de
quelques principes, ausquels le feu ou le

soufre prédominent, que la flamme n'est
autre chose qu'une fumée huileuse & sulfurée, qui est allumée; & lorsque le feu est
rendu spiritualisé par ce dégagement, il
ne cesse point, qu'il ne soit retourné en son
lieu naturel, qui doit être nécessairement
en haut & par-dessus l'air, puisque nous
voyons qu'il est dans une action perpétuelle
dans l'air même, afin de l'abandonner.
C'est aussi par le moyen de ce feu, qui en
tout tems cherche à retourner à son centre,
que les nuages qui sont des vapeurs chaudes & humides, ou des météores qui sont
composés de feu ou d'eau, montent jusqu'à
la seconde région de l'air, où le feu quitte
l'eau pour monter plus haut ; & ainsi l'eau
n'ayant plus ce feu qui la soutenoit en forme de vapeur, & venant à s'épaissir, est
contrainte de retomber en forme de pluye.

Remarquez ici le cercle que fait la nature, par le moyen de cet esprit universel
que nous avons décrit ; car comme sa puissance est bornée, & qu'elle ne crée ni ne
produit rien de nouveau, aussi ne peut-elle créer ni détruire aucune substance : par
exemple, les continuelles influences du ciel
& de ses astres, produisent incessamment
le feu ou la lumiere spirituelle, qui commence à se corporifier premiérement en
l'air, où il prend l'idée de sel hermaphrodite, qui tombe après dans l'eau & dans la

terre, où il se revêt du corps de minéral,
de végétal ou d'animal, par le caractere &
l'efficace d'une matrice particuliere, qui
lui est imprimé par l'action du ferment ; &
lorsque ce corps se dissout par le moyen de
quelque puissant agent, son soufre, son
feu ou la lumiere corporifiée s'épure de
maniere, que les astres l'attirent pour leur
nourriture, parce que les astres ne sont
autre chose qu'un feu, qu'un soufre, ou
qu'une lumiere actuée qui est très-pure ; il
en est de même que de la mêche de la
lampe, qui étant allumée, attire & éléve
continuellement l'huile pour l'entretien de
sa flamme ; les astres attirent de même ce
feu, qui est épuré par cette action, & le
spiritualisent de nouveau pour l'influer de
rechef & pour le rendre à l'air, à l'eau &
à la terre, qui le récorporifient : ainsi vous
voyez que rien ne se perd dans la nature,
qui s'entretient par ces deux actions principales, qui sont, spiritualiser pour corporifier, & corporifier pour spiritualiser. C'est
ce que nous avons déja dit ; & ce sont
comme deux échelles par où les influences
descendent en bas, & qui ensuite remon-
tent en haut ; car sans cette circulation, les
vertus des cieux ne seroient pas de si longue
durée, & s'épuiseroient tous les jours par
l'envoi perpétuel de tant de fertilités, à
moins que nous n'admettions sans nécessité

une création & une deſtruction continuelle
des ſubſtances ſublunaires, ce qui ſeroit
établir de nouveaux miracles ; & comme
cela eſt ordinaire, il ſe pourroit appeller miracle ſans miracle, ce qui ſeroit une contradiction manifeſte.

Quelle ſource croyez-vous qui peut
fournir de matiere à ce grand embraſement
du Mont-Gibel, qui dure depuis tant de
ſiécles, ſans cette circulation de la nature ?
Et qui feroit couler depuis tant de tems les
fontaines minérales, qui ſont chaudes &
acides, ſi ce n'eſt par le moyen de ces
admirables échelles ? Voilà pourquoi il ne
faut pas croire qu'il ſoit impoſſible de pouvoir faire paſſer tout un corps en eſprit, &
remettre enſuite ce même eſprit en corps ;
vous ſçavez que l'art appliquant l'agent au
patient, peut faire en peu de tems ce que
la nature ne pourroit faire dans un très-
grand intervalle. Et parce que la circulation
artificielle, qui ſe faiſoit dans un ſépulcre
antique, qui fut ouvert à Padoue au quator-
ziéme ſiécle, repréſente aſſez bien la circulation naturelle, dont nous avons parlé ;
il ſera très-à-propos d'en rapporter l'hiſtoire
en peu de mots.

Appian dit dans ſon Livre des Antiqui-
tés, qu'on trouva un monument fort antique dans la Ville de Padoue, dans lequel
on vit, après l'avoir ouvert, une lampe

ardente, qui avoit été allumée plusieurs
siécles auparavant, comme le témoignoient
les inscriptions de ce monument. Or cela
ne se pouvoit faire que par le moyen de la
circulation, comme il est facile de le con-
jecturer : il falloit que l'huile qui étoit spi-
ritualisée par la chaleur de la mêche ardente dans cette urne, se condensât au haut,
& qu'elle retombât après dans le même lieu
d'où elle avoit été élevée. La mêche pouvoit être faite d'or, de talc, ou d'alun de
plume, qui sont incombustibles, & cette
urne étoit si exactement & si justement
fermée, que la moindre particule des vapeurs huileuses ne pouvoit s'en échaper.

SECTION TROISIÉME.

De l'élément de l'air.

Les Philosophes ont douté fort long-
tems s'il y avoit un air, & si cet espace dans
lequel les animaux se promenent, n'étoit
pas vuide de toute substance. Mais l'usage des
soufflets, & la nécessité de la respiration,
ont enfin aboli cette erreur. C'est pourquoi les Chymistes & les Péripatéticiens
n'ont aucune contestation entr'eux sur
l'existence & le lieu de cet élement ; mais
ils ne sont pas d'accord sur ses usages : car
les derniers font entrer l'air dans la composition des mixtes, ce que nient absolu-

ment les premiers, à cause qu'il ne tombe
pas sous leur sens dans la derniere résolution du composé. Le principal usage que
les Chymistes donnent à cet élement, est
de lui faire servir de matrice à l'esprit universel, & c'est dans cette matrice qu'il
commence à prendre quelque idée corporelle, avant que de se corporifier tout-à-
fait dans les élemens de l'eau & de la terre,
qui produisent les mixtes qui sont les fruits
des élemens. Et parce que nous ne voyons
point d'élement qui ne produise ses fruits,
quelques-uns ont voulu dire que les oiseaux
étoient les fruits de l'air; mais à tort: car quoique ces animaux soient volatiles, cependant
ils ne peuvent se passer de la terre pour leur
géneration, ni pour leur nourriture. Ceux
qui soutiennent que les météores sont les
vrais fruits de l'air, ont beaucoup plus de
raison; puisque c'est dans la région de l'air
qu'ils prennent leur vraie idée météorique.

Quelques-uns appellent Chormancie, la
doctrine & la connoissance de la nature de
cet élement, de ses effets & de ses fruits;
mais elle doit être nommée Æromancie:
car la Chormancie est quelque chose de
plus universel & de plus géneral, puisque
c'est la science du cahos, c'est-à-dire, de
cette très-grande matrice d'où le Créateur a
tiré tous les élemens, c'est le tohu bohu ou
le hylé des Cabalistes, qui est appellé eau

dans l'Ecriture Sainte, lorsqu'il est dit que l'Esprit de Dieu couvoit les eaux, *Spiritus Domini incubabat aquis.*

Mais on peut demander ici, si ce que nous avons dit ci-dessus, est vrai, sçavoir que les élemens ne peuvent que très-difficilement quitter leur nature pour se revêtir de celle d'un autre élement. Comment dit-on que l'air est l'aliment du feu, & qu'il lui est en effet si nécessaire, qu'il s'éteint aussi-tôt qu'on lui ferme le passage de l'air ? La réponse est aisée. Comme nous avons déja montré que le feu de nos foyers n'est pas pur, puisque la matiere allumée jette quantité de vapeurs & d'excrémens fuligineux, qui nuisent à l'entretien du feu, c'est pourquoi il a besoin d'un air continuel, qui écarte toute cette matiere fuligineuse, sans quoi elle étoufferoit la flamme. Ainsi vous voyez en quel sens on doit prendre cette conversion, ou cette nourriture imaginaire, & même en quoi la vraie Philosophie differe de la fausse.

On peut faire encore une question touchant la respiration des animaux : sçavoir, si l'air qu'ils aspirent, ne leur sert purement & simplement que de râfraîchissement, comme le disent communément les Philosophes, qui se contentent de sçavoir ce que leurs Maîtres leur ont enseigné, & qui pour toute raison alléguent leur autorité.

Mais ceux qui examinent la chose de plus près, disent que cet air a encore un autre usage, qui est beaucoup plus excellent & plus nécessaire, qui est d'attirer par ce moyen l'esprit universel, que les cieux influent dans l'air, où il est doué d'une idée toute céleste, toute spirituelle & remplie d'efficace & de vertu, il se métamorphose dans le cœur en esprit animal, où il reçoit une idée parfaite & vivifiante, qui fait que l'animal peut exercer par son moyen toutes les fonctions de la vie : car cet esprit qui est dans l'air que nous respirons, subtilise & volatilise tout ce qu'il peut y avoir de superfluités dans le sang des veines & des arteres, qui sont la boutique & la matiere des esprits vitaux & animaux. C'est par la force & par la vertu de cet esprit, que la nature se décharge des immondices des alimens, qui passent jusques dans les dernieres digestions, par la transpiration qu'elle fait continuellement à travers des pores. Cela paroît même dans les plantes, quoique ce soit assez obscurément ; car encore qu'elles n'ayent point de poulmon, ni aucun autre organe pour la respiration, cependant elles ne laissent pas d'avoir quelque chose d'analogue, qui est leur aimant attractif, que quelques-uns appellent leur magnetisme, par lequel elles attirent cet esprit qui est dans l'air, sans

quoi elles ne pourroient faire leurs opera-
tions, comme se nourrir, croître & engendrer : ce qui se voit manifestement, lors
qu'on les couvre de terre ; alors on leur ôte
le moïen d'attirer cet esprit vivifiant qui
les anime ; ce qui fait qu'elles meurent
incontinent comme suffoquées.

SECTION QUATRIÉME.

De l'élement de l'eau.

Les plus habiles & les plus éclairés des
anciens Philosophes ont crû que l'eau étoit
le premier principe de toutes choses, parce
qu'elle pouvoit engendrer les autres élémens, selon leur opinion, par sa raréfaction ou par sa condensation. Mais comme
nous avons montré que ce changement est
impossible, il faut par conséquent philosopher d'une autre maniere. Nous ne considérons pas en cet endroit l'eau comme un
principe qui constitue & qui compose le
mixte : car nous en avons parlé selon ce
sens, lorsque nous avons traité du phlegme ; mais nous en parlerons comme d'un
vaste élément qui concourt à la composition
de cet Univers, qui contient en soi une
grande quantité de matrices particulieres,
qui produisent une belle & agréable diversité de fruits : premierement des animaux, qui sont les poissons, & toutes sor-

tes d'infectes aquatiques : fecondement, des
végetaux , comme la lentille d'eau , de qui
la racine eft dans l'eau même , & finalement des animaux , comme les coquillages,
les perles & le fel qu'elle charie en abondance dans la terre pour la production des
fruits de cet élement. L'eau eft donc la feconde matrice génerale , où l'efprit univerfel prend l'idée de fel , qui lui eft envoyé
de l'air , qui l'a reçû de la lumiere & des
cieux , pour la production de toutes les
chofes fublunaires. Paracelfe appelle la
fcience de l'eau, Hydromancie.

SECTION CINQUIÉME.

De l'élement de la terre.

Nous avons parlé dans la derniere Section du Chapitre précedent , de la terre ,
comme d'un principe qui faifoit partie de
la mixtion du compofé , & qu'on voyoit
après fa derniere réfolution : mais il faut
que nous en traitions ici comme du quatriéme & du dernier élement de cet Univers.

La terre eft , à cet égard , comme le centre du monde , auquel aboutiffent toutes
fes vertus , fes proprietés & fes puiffances.
Il femble mê.ne que tous les autres élemens ont été créés pour l'utilité de la
terre , car ce qu'ils ont de plus exquis , eft

pour son service : ainsi le Ciel court inceſſamment pour lui fournir l'eſprit de vie, pour la dépenſe & pour l'entretien de ſa famille ; l'air eſt dans un mouvement perpétuel pour la pénetrer juſques dans le plus profond de ſes parties, & cela pour lui fournir le même eſprit de vie qu'il a reçû du Ciel, & l'eau ne repoſe jamais pour l'imbiber, & pour lui communiquer ce que l'air lui donne. Tellement que tout travaille pour la terre, & la terre ne travaille auſſi que pour ſes fruits, qui ſont ſes enfans, puiſqu'elle eſt la .mere de toutes choſes. Il ſemble même que l'eſprit univerſel affectionne plus la terre qu'aucun autre des élemens, puiſqu'il deſcend du plus haut des Cieux où il eſt en ſon exaltation, pour venir ſe corporifier en elle.

Or le premier corps que prend l'eſprit univerſel, eſt celui de ſel hermaphrodite, duquel nous avons parlé ci-deſſus, qui contient géneralement en ſoi tous les principes de vie : il n'eſt pas privé du ſoufre ni du mercure, car il eſt la ſemence de toutes les choſes, qui ſe corporifient enſuite, & prend l'idée & la qualité des mixtes par la vertu des caracteres des matrices particulieres, qui ſont encloſes dans l'intérieur de ce grand élement. S'il rencontre une matrice vitriolique, il ſe fait vitriol; dans celle du ſoufre, il devient ſoufre, & ainſi des autres, & cela par l'efficace des diverses fermentations naturelles. Dans la matrice végétale, il se fait plante ; dans une minérale, il devient pierre, minéral & métal ; & dans l'animale, vivante ou non vivante, il produit un animal, comme cela se voit dans la génération des animaux, qui sont produits par la corruption de quelque animal, ou de quelqu'autre mixte. Les abeilles, par exemple, sont engendrées des taureaux, & les vers de la corruption de plusieurs fruits : or comme il y a un grand nombre de mixtes differens, aussi y a-t'il une grande variété de matrices particulieres, ce qui occasionne souvent des transplantations en toutes les choses ; mais cela regarde plûtôt la Physiologie Chymique, que celle de ce Cours, où nous ne traitons les choses que généralement, parce que nous n'avons pas le tems de les particulariser.

On appelle Géomancie, la science particuliere de cet élement & de ses fruits. Nous avons par cette science la connoissance de ce que la nature opére, tant dans ses entrailles, que sur sa surface : ses fruits sont les animaux, les végetaux & les minéraux ; si ces mixtes sont composés des principes de vie les plus purs, ils sont alors d'une longue durée, selon la nature & leur condition, & peuvent parvenir jusqu'au ferme de leur prédestination naturelle, à moins que quelque cause occasionnelle externe ne les empêche d'aller jusqu'au bout de leur carriere ; mais lorsque le hazard mêle dans leur premiere composition, ou dans leur nourriture, quelqu'un des principes de mort ou de destruction, ils ne peuvent subsister long-tems, & ne peuvent achever la carriere qu'ils avoient à remplir, parce que ces ennemis domestiques les dévorent & les consument incessamment, comme nous le ferons voir, quand nous parlerons du pur & de l'impur : mais avant que d'entrer dans cette matiere, il faut que nous disions quelque chose de ces principes de mort ou de destruction.

CHAPITRE V.

Des principes de destruction.

SECTION PREMIERE.

De l'ordre de ce Chapitre.

COmme nous avons à traiter du pur & de l'impur, dans le Livre qui suivra ce Chapitre, & que les principes de mort font en quelque façon contenus sous ce genre, je trouve aussi très à propos de terminer ce premier Livre par le discours de ces principes, quoiqu'ils ne doivent pas, à proprement parler, être qualifiés de ce nom, car les principes doivent toujours compofer, & ne doivent jamais détruire.

Nous avons montré que les principes pouvoient être confiderés de trois manieres, fçavoir, ou avant la compofition du mixte, ou pendant la compofition, ou finalement après fa diffolution & fa deftruction. Nous pouvons dire ici des principes de mort, ce que nous avons déja dit des principes de vie. Mais parce que les contraires éclatent davantage, & font mieux connoître la difference de leur nature, lors qu'ils font oppofés les uns aux autres ; nous dirons encore fuccinctement quelque chofe des principes de vie avant la compofition du mixte, afin de faire mieux connoître la condition des principes de mort, lorfque nous en parlerons dans la troifiéme fection ; car nous réfervons à parler de leurs effets, lorfqu'ils font déja corporifiés dans les mixtes, quand nous traiterons du pur & de l'impur.

SECTION SECONDE.

Des principes de vie avant la compofition.

Nous avons dit fouvent que l'efprit univerfel, qui eft indifferent à devenir tel être particulier, n'eft déterminé que par le caractere

ractere des matrices où il s'infinue ; & d'autant que chaque élement eft rempli de ces
matrices, chacun d'eux contribuë auffi
quelque chofe du fien pour la perfection
du compofé. Le Ciel lui communique par
fes aftres, fa vertu célefte, fpirituelle &
invifible, qu'il envoye dans l'air, où elle
commence à fe corporifier en quelque façon ; l'air enfuite l'envoye dans l'eau ou
dans la terre, où elle opére & fe lie à la
matrice pour fe former un corps, par le
moyen des diverfes fermentations naturelles, qui caufent les changemens aux chofes ; parce que cet efprit eft le véritable
agent & la véritable caufe efficiente interne de ces fermentations, qui fe font dans
la matiere, qui de foi eft purement paffi-
ve, d'autant que cet efprit en eft l'archée
& le directeur géneral. Car lorfqu'il eft mêlé & uni dans le corps qui nous le couvre
fous fon écorce, il ne peut manifefter, ni
produire les merveilleux effets qu'il récele
en foi, parce qu'il eft emprifonné, & qu'il
ne pourra jamais exercer, ni montrer fes
vertus, s'il n'eft premierement délivré des
liens de la corporéïté & de la groffiereté de
la matiere. C'eft donc à quoi la Chymie
travaille avec tant de peines, de foins &
d'étude, pour faire connoître les belles vérités de cette fcience naturelle.

Or comme cet efprit univerfel eft le premier principe de toutes les chofes , que tout vient de lui , & que tout retourne à lui ; cela prouve évidemment qu'il doit être néceffairement le premier principe de la vie & de la mort de tous les êtres , ce qui n'enveloppe aucune contradiction , parce que cela fe fait à divers égards. Comme la diverfité des compofés requiert une diverfité de fubftances pour leur entretien , il y a auffi une diverfité de matrices dans les élemens pour fabriquer ces diverfes fubftances , & c'eft de là que procede , que ce qui fert à la vie de l'un , eft bien fouvent la deftruction & la mort de l'autre : par exemple , un principe corrofif fera la mort d'un mixte doux , & au contraire le principe doux fera la mort du corrofif , puifqu'il lui ôte fon acrimonie , qui conftituoit fon effence & fa difference.

Mais à parler abfolument , il paroît que ce premier principe idéifié de telle ou telle façon , ne peut être nommé principe de vie ou de mort : on ne le peut dire que refpectivement , eu égard à tel ou tel mixte. Mais parce que la plus grande partie des chofes douces fervent à l'entretien de l'homme , parce qu'elles font felon fon goût , & qu'elles participent plus de quelques fubftances qui font analogues à fa nature ; il eft arrivé de-là que lorfque l'efprit univerfel eft déterminé à cette douceur , il

prend alors le nom de principe de vie ;
comme au contraire il prend celui de principe de mort, s'il eſt fixé à une idée cor-
roſive, qui nuiſe non ſeulement aux actions de l'homme, mais qui faſſe pareillement tort à celles des mixtes, qui ſervent
à ſa nourriture, & dont il tire ſa ſubſiſtance.

Ainſi il arrive que l'air eſt rempli d'influences & de vapeurs arſénicales, réalgariques & corroſives, qui ſouvent cauſent
la mort des hommes par la néceſſité de la
reſpiration. Cependant, comme ces eſprits
ne ſont pas influés à ce deſſein, & cela ne ſe
fait que par un pur accident ; auſſi ne peuvent-ils être abſolument appellés principes
de mort, puiſqu'ils ſont envoyés par la
nature pour la géneration & pour l'entretien des arſenics, des réalgars & des autres
mixtes corroſifs, qui font partie des êtres
ſublunaires, auſſi-bien que l'homme, &
qui ont été créés par la ſageſſe du ſouverain Maître de l'Univers pour une meilleure fin, quoique pluſieurs ne la recon-
noiſſent pas ; car la nature & l'art ſe ſervent de ces mixtes, & les rendent utiles à
l'homme. Il ne faut donc pas pour cela appeller la nature, marâtre envers l'homme,
puiſque Dieu lui a donné les moyens & la
connoiſſance de pouvoir éviter ces mauvaiſes & malignes influences. Pour donc

nous accommoder à la maniere ordinaire
de parler, nous dirons que les principes de
vie ne font autre chofe avant la compofition du mixte, que l'efprit univerfel, en
tant qu'il aura pris l'idée des principes be-
nins à la nature humaine, & qu'il portera
dans le centre de fon fel hermaphrodite,
un foufre moderé, un mercure temperé,
& un fel doux ; & au contraire les principes de mort ne font que ce même efprit,
qui porte en fon même fel hermaphrodite
un foufre âcre, un mercure mordicant, &
un fel corrofif, comme nous le dirons en
la fection fuivante.

SECTION TROISIÉME,

Des principes de mort.

Je répete encore une fois, que quand
nous difons que ces principes font contre
nature, nous n'entendons pas la nature en
géneral, mais nous entendons feulement
la nature humaine; parce qu'il arrive fouvent que ce qui eft poifon à une efpece,
fert d'aliment à l'autre, ainfi la cigue nou-
rit les étourneaux, & tue les hommes.

Cette maxime établie, je dis que toute
chaleur, ou plûtôt que toute fubftance
chaude, âcre, mordicante & corrofive,
qui détruit & qui confume, eft telle, parce qu'elle contient en foi un foufre contre

nature, & que c'est de ce soufre que dé-
coulent, comme de leur source, toutes les
proprietés & les vertus du mixte, où ce
soufre impur prédomine. Si la vie tire sa
source d'un soufre temperé, doux, naturel
& vital ; si cette vie est suivie d'une longue conservation par les proprietés essentielles de ce soufre ; il faut conclure de là
nécessairement, que celui qui est d'une
nature opposée, doit être suivi de la mort
& de la destruction. Tous les arsenics, les
réalgars, les orpins, les sandaraques, &
tous les autres venins chauds & de nature
ignée, quoiqu'ils soient célestes ou aëriens,
aquatiques ou terrestres, tous ces venins,
dis-je, sont tels par les seules actions &
par les seules proprietés de ce souffre contre nature.

Notre but n'est pas de parler ici des principes, qui sont contraires à la nature humaine, lorsqu'ils sont déja corporifiés, &
qu'ils composent quelqu'un de ces mixtes
venimeux, parce que nous réservons à
nous en expliquer dans le Livre suivant.
Nous ne traiterons ici de ces principes,
qu'autant qu'ils sont encore spirituels, &
qu'ils descendent des astres par le moyen
de l'esprit universel. Quoique ce principe
soit unique à cet égard, il a néanmoins
trois dénominations differentes. Nous
avons déja marqué que le soufre, c'est-à-

D iij

dire le chaud, ne peut être sans mercure,
qui est l'humide, ni sans sel, qui sert de
liaison à l'un & à l'autre : il s'ensuit de là
qu'il faut un mercure mordicant, & un sel
corrosif & caustique pour la subsistance
d'un soufre qui est âcre ; comme il faut de
même un mercure temperé & un sel doux
pour la conservation d'un soufre moderé.
Ces trois principes sont toujours unis &
joints très étroitement ensemble, soit qu'on
les considere comme principes de vie, ou
comme principes de mort. Si nous en parlons quelquefois séparément, ce n'est que
pour en mieux faire comprendre la nature
& les effets, parce qu'il y a toujours l'un
de ces principes, qui se rend supérieur aux
autres, & qui rend ses actions manifestes,
cachant & rebouchant les effets & la vertu
des deux autres, quoiqu'ils ne laissent pas
d'agir par leur union avec celui qui prédomine : par exemple, quand le mercure
de mort agit, le soufre contre nature & le
sel corrosif ne cessent pourtant pas leur action, quoiqu'elle ne paroisse pas, à cause
de celle du principe qui prédomine, car
à potiori sumitur denominatio.

Or, de même que le soufre de mort se
manifeste dans les arsenics, réalgars, orpins, &c. le mercure de mort se manifeste
aussi dans tous les narcotiques ; & ce n'est
pas sans raison que nous avons dit que ces

poifons n'étoient pas feulement terreftres , mais qu'ils étoient auffi aériens : car il y a beaucoup de ce mercure malin dans tous les élémens , qui n'eft pas encore fpécifié dans aucun individu , mais qui voltige & qui demeure volatile ; & lorfqu'il fura- bonde , il caufe un nombre infini de mala- dies épidémiques , peftilentielles & conta- gieufes. Que fi les venins , qui font indi- vidués , & qui font déja corporifiés , ne l'attiroient pour leur nourriture , cela cau- feroit un grand dégât & un grand défor- dre dans le monde.

Or , comme le fel eft le principe qui cau- fe la corporification en toutes chofes , & que c'eft lui qui rend le foufre & le mer- cure vifibles & palpables , à caufe de l'al- liage qu'il en fait ; le fel corrofif corporifie auffi les deux autres principes de mort , & les rend vifibles par le moyen du corps qu'il leur donne : autrement ces fubftances de- meureroient invifibles dans l'efprit uni- verfel , fi elles n'étoient rendues vifibles & corporelles par l'action du fel ; & c'eft par ce moyen que nous trouvons véritable la maxime fi importante de ce grand Philo- fophe , qui dit que , *quod eft occultum , fit manifeftum , & vice versâ*. La violence & la malignité de ce fel de mort ne fe mani- fefte gueres vifiblement dans les chofes na- turelles : mais lorfque l'art a travaillé fur un ou plusieurs mixtes, c'est alors que son action paroît, comme cela se voit dans les sublimé corrosifs, dans les eaux fortes, dans le beure d'antimoine & dans plusieurs autres choses, qui sont de cette nature. C'est par le moyen d'un sel de semblable nature que les cancers, les gangrenes, les écroüelles, & tous les autres ulceres rongeans, sont engendrés en l'homme : ce qui est contre le sentiment de ceux qui accusent de ces défauts les humeurs âcres & mordicantes, qui n'ont qu'un fondement chimérique dans la nature des choses, comme nous le ferons voir dans le Livre suivant, où nous montrerons par quelle voye ces principes de mort entrent dans l'homme.

Fin du premier Livre.

PREMIERE PARTIE.

LIVRE SECOND.

Du pur & de l'impur.

CHAPITRE PREMIER.

Ce que c'est que le pur ou l'impur.

LES mots de pur & d'impur peuvent être pris en diverses façons ; car quelques-uns entendent par le pur, ce qui est utile & profitable à l'homme ; & par l'impur, ce qui lui est nuisible. D'autres veulent que ce qui est homogene, soit pur, & que tout ce qui est hétérogene, soit impur ; mais il se peut faire que l'hétérogene sera profitable, & que l'homogene sera nuisible. On peut recueillir de-là que rien ne peut être dit pur ou impur, en parlant absolument, & que cela ne se peut dire que par comparaison d'une chose à l'autre. Car, comme nous avons déja marqué ci-dessus, il se peut faire que ce qui sera nuisible à l'un, pourra profiter à l'autre. Par exemple,

D v

ne feroit-ce pas une opinion bien abfurdé ;
de croire que les os des animaux fuffent
impurs, à caufe que les hommes ne les man-
gent pas, & qu'il n'y eût que la chair qui
fût pure, parce que les hommes en font
leurs délices, quoique ces mêmes os foient
abfolument néceffaires aux animaux, fans
quoi ils ne feroient pas ce qu'ils font, puifque les os font la plus folide partie de leur
être ?

Nous ne prendrons pas ici le pur ni l'impur felon ces idées; mais nous entendrons
par le pur, tout ce qui dans le mixte peut
fervir à notre but & à notre deffein : comme au contraire, nous entendrons par
l'impur, tout ce qui s'oppofe à notre intention. Car quoiqu'il y ait beaucoup de parties dans les mixtes qui font nuifibles à
l'homme, cependant en parlant abfolument
ou refpectivement, eu égard au même
mixte, les parties de ce compofé ne peuvent être dites impures, vû qu'elles font
de l'effence de ce mixte, ou qu'elles conftituent fon intégrité; de plus, ces parties-
là ne peuvent être nuifibles à l'homme que
conditionellement, puifque rien ne l'oblige
de s'en fervir.

Le pur & l'impur font confiderés en ce
féns, ou dans l'homme ou hors de l'homme. L'impur qui fe trouve dans l'homme,
trouble & empêche fon intention, qui eft

de joüir d'une pleine & entiere fanté fans
aucune interruption : ce qu'il fait auffi hors
de l'homme, puifque nous pofons qu'il
faut qu'il entre néceffairement en lui. Voicì
donc la différence qui eft entre l'un &
l'autre de ces impurs, c'eft que celui du
dedans agit immédiatement par fa préfence, & que l'autre n'eft confideré que comme abfent, qui cependant doit être préfent
quelque jour ; parce que, comme l'homme a néceffairement befoin de refpirer &
de fe nourrir ; auffi ne peut-il échaper l'action de l'impur, qui fe rencontre dans l'air
& dans les alimens, comme nous le ferons
voir ci-après ; de forte que nous montrerons que ce que quelques-uns appellent le
pur, contient encore néanmoins en foi
beaucoup d'impuretés.

_____

CHAPITRE II.

Comment le pur & l'impur entrent dans toutes
les chofes.

IL y a un fel, un foufre, & un mercure
dans chaque mixte, comme nous l'a-
vons dit ci-deffus. Or tout mixte qui eft
parfaitement compofé, eft ou animal, ou
végetable, ou minéral. De-là nous recueillons, que comme les uns fervent d'aliment
aux autres, ce qui paroît par le change-

ment des mineraux en végetaux, & des végetaux en animaux, & même des animaux en végetaux & mineraux ; auſſi y a-t'il en chaque mixte, un ſel, un ſoufre & un mercure, qui eſt animal, végetable & minéral, qui leur vient de l'eſprit univerſel. Car tout ce qui ſe nourrit, l'eſt par ſon ſemblable, & le diſſemblable eſt chaſſé dehors comme un excrément ; que ſi la faculté expultrice n'eſt pas aſſez puiſſante pour cet effet, il demeure beaucoup d'excrémens dans les compoſés, ce qui cauſe beaucoup de maladies minérales dans l'homme, que la médecine commune ne connoît pas, & qu'elle ne peut par conſéquent traiter méthodiquement.

Or ce que je dis, ſe fait de cette ſorte. Lorſque les alimens ſont entrés en l'homme, & que la digeſtion a fait la ſéparation des différentes parties des mixtes qui ſervent à ſa nourriture ; alors chaque partie attire de cet aliment & de ſes principes animaux, ce qui eſt analogue & propre à chacune d'elles. Mais pour ce qui regarde les autres principes, qui ne peuvent pas être rendus ſemblables à notre ſubſtance, & qui ne ſubſtentent pas notre vie, la nature les chaſſe dehors par le ſervice que lui rend la faculté expultrice ; mais ſi cette ſervante eſt affoiblie, ou ſurchargée par quelque cauſe occaſionelle externe, ou

par quelque défordre interne de l'archée,
directeur de notre vie & de notre fanté ;
alors ces excrémens fe coagulent, ou fe
volatilifent felon l'idée qu'ils prennent par
la fermentation naturelle, qui eft vitiée
par ce défordre, & c'eft par ce défaut que
toutes les minieres des maladies font engendrées. Ce qui fait que ces maladies ne
peuvent être chaffées que par ceux qui
connoiffent bien premiérement la nature
du vice du ferment ; & en fecond lieu, qui
connoiffent auffi le remede propre & fpécifique, qui peut remettre notre nature, &
qui peut appaifer les irritations des efprits,
qui font caufées ordinairement par la mauvaife fermentation. Car fi le ferment ou
le levain eft coagulatif, il faut connoître
un diffolvant fpécifique, qui ne bleffe
point le ventricule ; que s'il eft diffolvant,
& qu'il faffe une colliquation mauvaife des
alimens & des parties, il faut auffi que celui qui veut guérir, connoiffe le remede capable de réparer ce défaut & de corriger
ce défordre. C'eft de-là que viennent les
redoublemens des fiévres & la fuite des
accès, nonobftant l'ufage de beaucoup de
remedes, qui ne les peuvent empêcher,
parce qu'on ne connoît pas les effets de la
bonne ou de la mauvaife fermentation.

Que fi nous avions le loifir de nous
étendre ici fur plufieurs queftions, qui font

Belles & curieuses ; cette philosophie nous apprendroit 'encore la cause de plusieurs effets que les hommes ignorent. J'en donnerai pourtant un échantillon en passant, sur la question qui se fait d'ordinaire ; sçavoir pourquoi les hommes étoient beaucoup plus robustes, & vivoient sans comparaison beaucoup plus long-tems avant le déluge, qu'après cette inondation universelle. Nous pouvons rendre deux raisons, ou marquer deux causes de cet effet & de ce merveilleux changement, suivant ce que nous avons dit ci-dessus. La premiere est , que comme le monde étoit dans son commencement, aussi n'y avoit-il encore aucune altération , ni aucun changement dans les choses ; cette altération n'est venue , que par les divers mélanges & par les diverses mutations qui ont été introduites dans les composés , ensuite de la malédiction que le péché mérita. La seconde raison se tire de ce que les eaux , qui sont les matrices universelles de plusieurs mineraux , & particuliérement celles des sels , n'avoient pas encore couvert toute la terre , & par conséquent n'avoient pas encore communiqué les sémences minérales à la nourriture de la famille des végetaux , ce qui a vitié leur vertu , & a même changé en quelque façon leur premiere nature. Donc la famille des animaux a été rendue participante de ce

défaut, à cause qu'ils se nourrissent des
végetaux : comme cela paroît principalement dans la vigne qui abonde en tartre,
qui est son sel, & que ce tartre soit une
espece de minéral ; cela paroît par son action, qui travaille puissamment sur les minéraux, & qui agit avec grande efficace
sur les métaux, puisque toute action se fait
par son semblable, & qu'il faut qu'il y ait
quelque rapport de l'agent au patient ; mais
afin de ne point donner lieu ici à beaucoup d'objections, je n'entens parler en
cet endroit-ci, que d'une similitude générique.

Après avoir expliqué ces choses, il est
facile d'entendre ce que c'est proprement
que l'impur : ce sont des principes de différente nature, qui sont mêlés avec d'autres
principes qui ne sont pas de leur famille,
ni de leur catégorie : comme lorsque les
minéraux s'unissent en quelque façon avec
les animaux, ou avec les végetaux. Il est
de plus aussi très-aisé de connoître comment le pur se fourre dans toutes les choses, par l'opposition qu'on fera de ce que
nous avons dit de l'impur. Mais à présent
il est nécessaire de montrer, comment on
peut retirer & chasser l'impur, puisque
c'est un principe de mort & de destruction,
comme le pur est un principe de vie, ainsi
que nous l'avons dit ci-dessus.

CHAPITRE III.

Comment on sépare l'impur de toutes les choses.

NOus avons dit que l'impur étoit ce qui pouvoit interrompre la perfection des actions, qui conduifent le mixte jufqu'à fa prédeftination naturelle ; il eft donc très-néceffaire de fçavoir le moyen de le délivrer de cet ennemi domeftique, qui fe gliffe infenfiblement dans les compofés. Or comme les mixtes font fous divers genres & fous des efpeces différentes, & qu'il y a plufieurs fortes d'impur ; les hommes ont auffi inventé plufieurs Arts, pour ôter & pour corriger toutes les différences de ces impuretés. Et comme la Chymie a pour objet en général toutes les chofes naturelles ; auffi s'efforce-t'elle de montrer, comment on les pourra toutes garentir de ce qu'elles ont d'impur : mais parce que ce feroit paffer les bornes d'un abregé, que d'entreprendre de particularifer toutes les parties de cette doctrine, nous nous contenterons feulement de parler des impuretés qui fe rencontrent dans les opérations chymiques : car ce n'eft pas notre deffein de traiter ici de l'Iatrochymie, ou Chymie médicale, qui feule pourroit remplir plufieurs volumes. Remarquez feulement en paffant, qu'il y a deux voyes pour chaffer l'impur de toutes les chofes. La premiere eft univerfelle, & l'autre eft particuliere. La premiere, eft une médecine univerfelle qui fe tire, ou qui fe peut tirer de plufieurs fujets, après les avoir réduits, autant qu'il eft poffible à l'art, à leur univerfalité, après leur avoir ôté leur fpécification & leur fermentation naturelle, qui les avoit fait être un tel ou tel mixte déterminé; car dès que cette médecine eft réduite au plus haut dégré de fon exaltation, par une digeftion, par une coction & par une maturation requife; elle eft capable de faire fortir l'impur de tous les corps indifféremment, parce qu'elle confume infenfiblement cet impur, tant par le moyen de la fixation, que par celui de la volatilifation. La feconde, eft une médecine particuliere, qui peut chaffer par fa faculté & par fa vertu fpécifique, une impureté particuliere : ce qui n'eft pourtant pas de peu d'importance, puifque ces fecrets ne fe trouvent que par ceux qui mettent la main à l'œuvre, & qui joignent un travail continuel à une étude fans relâche; qui raifonnent fur les chofes après les avoir faites, & qui ne les hazardent fur les malades, que par une expérience appuyée des théorèmes infaillibles de la belle philofophie & de la véritable médecine.

Pour revenir donc à nos opérations
nous avons déja dit que l'Artiste séparoit
de chaque mixte par le moyen du feu, cinq
substances, ou cinq principes différens,
qui, quoique très-purs, peuvent être néanmoins dits impurs à divers égards, soit à
l'égard l'un de l'autre, soit à l'égard de
notre intention.

Car si nous n'avons besoin que de l'esprit
de quelque chose, & que cet esprit soit
mêlé avec quelque portion du phlegme de
ce mixte, nous disons que cet esprit est
impur à cet égard, & ainsi des autres principes. Or, pour ce qui concerne le moyen
particulier de séparer ces sortes d'impuretés, nous en traiterons au Livre suivant,
& particuliérement au premier Chapitre
du dernier Livre, auquel nous renvoyons
pour cet effet.

CHAPITRE IV.

Des substances pures qu'on tire des mixtes.

ON peut encore tirer des mixtes des
essences, outre les cinq substances,
ou les cinq principes que nous avons dit
qu'on en tiroit par le moyen du feu, & cela
par la diversité des opérations chymiques,
qui changent en mieux les mêmes principes de ces mixtes, & qui les conduisent à

leur pureté. Ces essences ne seront pas seulement d'un corps tout-à-fait dissemblable de celui du composé, dont elles sont tirées ; mais elles auront encore des qualités & des vertus beaucoup plus efficaces que celles dont leur corps étoit orné durant son intégrité ; elles en auront même beaucoup plus que pas un des principes de ce même composé, après sa dissolution & après la séparation artificielle qui en aura été faite. Mais quoique ces essences merveilleuses ayent divers noms chez les Auteurs, qui les appellent arcanes, magisteres, élixirs, teintures, panacées, extraits & spécifiques ; elles sont néanmoins comprises sous le mot général de pur. Cela se dit de la sorte, parce qu'après avoir tiré ces essences des mixtes, on rejette ordinairement le reste comme impur. Paracelse dit en son premier Livre des Archidoxes, que les six préparations suivantes ; à sçavoir, les essences, les arcanes, les élixirs, les spécifiques, les teintures & les extraits, sont contenus dans le mystere de nature, qu'il appelle le pur, & cela très-sçavamment selon le mot grec Πυρ, qui signifie le feu ; comme s'il eût voulu insinuer que ces essences sont rapprochées, & comme rendues semblablables à leur premier principe, qui est de la nature du feu, puisque la lumiere qui n'est que feu, est le premier principe de tous les êtres. Il appelle aussi au même lieu le corps, l'impur, qui retient ce mystere en prison : c'est pourquoi il dit, qu'il faut dépoüiller ce mystere de toute corporéité, si l'on veut en joüir, ce qui sera montré dans la seconde Partie de ce Traité. Mais il est nécessaire de remarquer ici, que lorsque Paracelse dit qu'il faut dépoüiller ce mystere de son corps, il prétend seulement qu'il lui faut ôter son corps grossier, dans lequel il est emprisonné, pour lui en donner un plus subtil, dont il se puisse dégager & se spiritualiser aisément, afin qu'il soit capable de passer jusques dans nos dernieres digestions, & de corriger tous les défauts que l'impur peut y avoir causés. On tire quelquefois ce mystere d'un seul mixte, comme le magistere; on le tire quelquefois de plusieurs composés, comme l'élixir, ainsi que nous le montrerons ci-après.

Mais il ne sera pas hors de propos de faire un petit Traité des composés, tant parfaits qu'imparfaits, & de leur variété, parce que nous en avons souvent parlé dans ce Traité, & que nous en parlerons encore, puisque ces mixtes sont le sujet & la matiere des opérations chymiques; afin que cela puisse servir, comme pour la partie propre de la physique, à laquelle on pourra recourir pour bien sçavoir la catégorie de chaque corps. Nous traiterons donc dans le dernier Chapitre de ce Livre, de la génération & de la corruption naturelle des corps & de leur variété.

CHAPITRE V.

De la génération & de la corruption naturelle des mixtes, & de leur diversité.

SECTION PREMIERE.

De l'ordre que nous tiendrons en ce Chapitre.

POur bien entendre la nature des mixtes & de la mixtion, & pour comprendre comment ils sont engendrés purs ou impurs, il est nécessaire de sçavoir auparavant ce que c'est que l'altération, après quoi il faut sçavoir ce que c'est que la génération & la corruption. C'est pourquoi il est bon de dire succinctement quelque chose de la nature de l'altération, de la génération, de la corruption & de la mixtion, avant que de faire la liste de tous les mixtes, tant parfaits qu'imparfaits, qui sont les fruits de la nature, l'objet de la Chymie, & par conséquent le sujet de ses opérations.

SECTION SECONDE.

De l'altération, de la génération, & de la corruption des choses naturelles.

Si vous voulez vous arrêter à l'étimologie de ce mot d'altération, vous trouverez que ce n'est rien autre chose qu'un mouvement, par lequel un sujet est fait ou rendu différent de ce qu'il étoit auparavant : ou même, c'est un mouvement par lequel un sujet est changé accidentellement dans ses qualités. C'est en cela que l'altération differe de la génération ; car la génération est un changement essentiel & substantiel, & l'altération n'est qu'un mouvement accidentel des qualités. Ainsi l'altération n'est qu'une disposition & une voye, pour parvenir à la génération ou à la corruption.

De-là vient qu'il y a deux sortes d'altération. L'une qui est perfective, & l'autre qui est destructive. Dans l'altération perfective, toutes les qualités gardent une juste proportion, & une égale harmonie suivant la nature de leurs sujets, soit pour leur conserver cette nature, soit pour leur en faire prendre une plus parfaite. Mais dans l'altération destructive ou putréfactive, les qualités se dérangent si fort, qu'elles éloignent tout-à-fait le sujet de sa constitution naturelle : comme il arrive souvent aux corps fluides, qui ont une grande quantité de phlegme ; par exemple, dans le vin, lorſqu'il commence à ſe corrompre & à s'éventer.

Voici donc la différence qui eſt entre l'altération & la génération ; c'eſt que l'altération ne fait acquérir au ſujet aucune nouvelle forme ſubſtantielle ; mais ce qui eſt ſubſtance dans ce ſujet, reçoit quelque qualité en ſoi, dont il étoit deſtitué auparavant ; par exemple, lorſque le froid ou le chaud s'engendre dans quelque plante, ou dans quelque animal. Mais la génération eſt un changement de ſubſtance, qui préſuppoſe non-ſeulement la production de nouvelles qualités, mais auſſi celle de nouvelles formes ſubſtantielles, comme lorſque du pain, il s'engendre du ſang : le ſujet ou la matiere de ce pain n'eſt pas ſeulement privée de la qualité du pain, mais elle eſt auſſi privée de la forme eſſentielle & ſubſtantielle du pain, pour ſe revêtir de la qualité & de la forme du ſang.

Remarquez néanmoins qu'on peut faire ici une queſtion, à quoi il ne manque point de réponſe. Lorſqu'on fait manger quelque herbe médicinale à une nourrice, pour communiquer la vertu de cette herbe àſon lait : on demande, ſi c'eſt la même qualité numérique, qui étoit dans l'herbe

qui se trouve dans le lait ; la réponse est
que non, quoique ce soit la même qualité
spécifique, ou plutôt la même qualité générique : car comme le lait & une plante
sont de différens genres, la différence de
leur qualité devroit aussi être tout-à-fait
générique. Mais pour parler plus nettement de ces choses, disons plutôt avec
Van-Helmont, que la vertu de la plante
étoit enclose dans sa vie moyenne, qui ne
s'altere point, ni ne se corrompt pas par
les digestions, & qu'ainsi elle a été portée
jusques dans le lait : sans nous amuser davantage aux chicanes ordinaires de l'Ecole,
qui produisent beaucoup plus de doutes
qu'elles ne font concevoir de vérités dans
la physique. Vous apprendrez d'ici, comment la génération d'une chose fait la corruption de l'autre ; & au contraire, de
quelle maniere la corruption fait la génération. C'est pourquoi nous ne dirons rien
de la corruption, parce que qui entendra
bien l'une de ces choses, n'ignorera pas
l'autre : nous montrerons seulement en peu
de mot, en quoi la génération & la corruption different de la création & de l'a-
néantissement ou de la destruction. La
différence est, en ce que la génération &
la corruption présupposent une matiere,
qui doit être le sujet de ces diverses formes ; mais la création & la destruction ne
requierent

requierent aucune matiere ; car comme
l'une est la production de quelque chose
tirée du néant, l'autre est aussi réciproque-
ment l'anéantissement de quelque chose
créée. La génération & la corruption sont
des mouvemens de la nature, & d'une cause
seconde & finie : mais la création & la
destruction, ne peuvent venir que d'une
cause infinie ; parce qu'il y a une distance
infinie entre l'être & le non être, entre
quelque chose & rien.

Ces choses ainsi expliquées ; venons à la
mixtion, qui est double ; sçavoir, l'une qui
est impropre ou artificielle, & l'autre qui
est propre ou naturelle. L'impropre se prend
pour une approche locale des corps de di-
verse nature, qui sont confusément joints
ensemble ; ainsi un monceau composé de
froment & d'orge, est dit improprement
mixte. Cette mixtion artificielle, dans laquelle les parties sont véritablement mêlées
ensemble, mais sans altération, ni changement de toute la substance, est encore double ; sçavoir, celle qui se fait par apposition
des parties, & celle qui se fait par la confusion. L'apposition se fait, lorsque les choses, qui sont mêlées ensemble, sont divisées en si petites parties, qu'à peine les peut-
on appercevoir, comme lorsque les particules de l'orge & du froment sont mêlées
ensemble, après avoir été réduites en farine.

Tome I. B

La confusion se fait, lorsque les choses qui sont mêlées, ne sont pas seulement divisées en parties imperceptibles, mais qu'elles sont aussi tellement confuses entr'elles, qu'on ne sçauroit les séparer facilement, comme lorsque les Chartiers mêlent de l'eau dans le vin, ou que les Apothicaires mêlent des drogues ensemble, qui se fondent de telle sorte, qu'on ne sçauroit plus en discerner aucune.

La mixtion naturelle & proprement dite, est une union étroite des substances, de laquelle il résulte quelque chose de substantiel, qui est néanmoins distinct des autres substances, qui la constituent par le moyen de leur altération. Car par la conjonction des principes, il s'engendre un mixte, duquel la forme principale est différente de celle de ses propres principes, comme on le voit par la résolution de ce mixte, suivant la maxime d'Aristote, qui dit que : *Quod est ultimum in resolutione, id fuit primum in compositione.* Cette altération qui cause l'unition, pour parvenir à l'union & à la mixtion, a été dépeinte, lorsque nous avons parlé de la jonction du sel & de l'esprit, de l'action du phlegme & du soufre, qui domptent l'acidité & l'acrimonie du sel & du mercure, & lorsque nous avons dit que la terre donne le corps & la solidité à toutes ces diverses substances ;

c'eſt par le moyen de cette altération , de cette union & de cette conjonction , que ſe forme & que ſe fait le compoſé naturel. Si on objecte néanmoins que ces principes ſont plutôt artificiels que naturels , on trouvera la réponſe dans la premiere Section du troiſiéme Chapitre du Livre précédent.

SECTION TROISIÉME.

De la différence des mixtes en général.

Après avoir aſſez amplement diſcouru des ſubſtances ſimples , pures & homogenes , que nous avons appellées du nom de principes ; après avoir éclairci leurs diverſes altérations devant leur union & devant leur mixtion, qui achevent la perfection du compoſé : il nous reſte à parler des mixtes qui réſultent de cette action. Les mixtes ſont parfaitement ou imparfaitement compoſés, ſelon la force ou la foibleſſe de l'union de leurs principes. Le corps qui eſt imparfaitement compoſé , eſt celui qui n'a qu'une légere coagulation de quelque principe, qui n'eſt pas de longue durée , & qui n'a point de maîtreſſe forme ſubſtantielle, qui le rende différent eſſentiellement de ſes principes, comme la neige ou la glace, qui ne ſont différentes de l'eau , que par l'adjonction de quelques qualités étrangeres. Le mixte parfait au contraire , eſt celui

qui a une forme fubftantielle principale,
diftincte des principes qui le compofent
en fuite de leur union parfaite, & qui eft
par conféquent de plus longue durée,
comme les minéraux, les végetaux & les
animaux.

On appelle météores, les corps qui font
imparfaitement compofés, dont la différence eft grande, felon la diverfité des
principes, dont ils abondent; car il y en a
qui font fulfureux, d'autres qui font nitreux, & les troifiémes aqueux, & ainfi
des autres : il faut que nous en difions
quelque chofe, avant que de parler des
mixtes, qui font parfaitement compofés;
& en cela, nous imiterons la nature, qui
ne produit jamais de mixte parfait, qu'elle
n'ait fait paffer fes principes par la nature
météorique, comme nous le dirons ci-
après, parce qu'elle ne doit, ni ne peut
paffer d'une extrêmité à l'autre, fans paffer
par quelque milieu. Les météores font appellés des corps imparfaitement mêlés,
non qu'ils ayent la nature & la forme des
mixtes ; mais parce qu'en gardant en quelque façon la nature des principes, ils ne different pas néanmoins en quelque forte de
l'état naturel de ces principes ; & c'eft
pour cela qu'ils femblent être d'une condition & d'une nature moyenne entre les
principes purs & fimples, & entre les corps

qui sont parfaitement composés de ces mêmes principes. Ils sont aussi dits mixtes imparfaits, à cause de leur soudaine génération, aussi-bien que pour leur soudaine dissolution ; car comme la coagulation, ou la mixtion des principes est imparfaite dans ces corps, aussi ne peuvent-ils être durables ; mais ils repassent soudainement & facilement en la nature du principe, qui prédominoit en eux. La cause matérielle éloignée de ces mixtes imparfaits, ou de ces météores, sont les principes, comme la plus prochaine, sont les fumées ou les esprits, ausquels ces mêmes principes sont volatilisés & spiritualisés, par la vertu de quelque cause efficiente.

Mais remarquez ici, qu'il y a deux especes d'esprits ou de fumées, qui sont bien différentes l'une de l'autre : sçavoir, les vapeurs & les exhalaisons : la vapeur, est un esprit ou une fumée chaude & humide, & qui par conséquent est produite du phlegme, si elle est aqueuse ; de l'huile & du soufre, si elle est inflammable ; ou du mercure, si elle est venteuse & sprituelle. L'exhalaison, est une fumée chaude & séche, qui par conséquent est engendrée d'un corps terrestre & d'un principe de sel. Il faut aussi prendre garde, que la vapeur est dite chaude & humide, parce que l'eau est convertie en vapeur, & qu'elle est élevée en haut par le moyen du feu qu'elle a en elle, & pour cette raison elle est appellée météore, ou un corps imparfaitement composé de quelques principes. Pour ce qui regarde la doctrine des météores en particulier, ceux qui seront curieux d'en sçavoir le détail, liront les Auteurs qui en ont écrit expressément : car ce seroit passer les justes bornes d'un abregé, tel que nous l'avons proposé dans l'Avant-propos, d'en parler exactement dans ce Traité Chymique.

SECTION QUATRIÉME.

De la diversité des mixtes parfaits.

Après avoir montré que la nature tend toujours à la corporification, & à la spiritualisation des mixtes & des principes, par le moyen de l'esprit universel, & par la vertu du caractere des matrices particulieres ; ce qui se fait par l'opération du ferment, & par l'impression de l'idée une fois reçûe : il faut aussi parler de ces mixtes, qui sont engendrés, comme nous l'avons déja dit plusieurs fois, par le seul esprit universel, revêtu de quelque idée météorique ; comme on le voit en la résolution des métaux & des autres minéraux, qui sont convertis en fumées & en exhalaisons, avant que de s'éclipser à notre vûe, pour se réunir à l'esprit universel, d'où nous

recueillons qu'il faut auſſi qu'ils ayent gardé
& obſervé ces mêmes dégrés de production,
dans leur génération, dans leur corporification & dans leur coagulation.

Le corps qui eſt parfaitement compoſé,
eſt animé ou inanimé; le mixte animé, eſt
celui qui eſt orné d'une ame ou d'une forme vivifiante, comme la plante, la bête &
l'homme: au contraire, le mixte inanimé,
eſt celui qui eſt privé de toute vie apparente, qui conſiſte au ſentiment & au mouvement ſenſible.

Mais on demande, ſi les minéraux ſont
animés ou non: à quoi nous répondons
briévement, ſans apporter les raiſons ordinaires pour ne pas ennuier, qu'encore
qu'on n'apperçoive pas dans ces corps, qui
ſont les fruits du centre de la terre, des
opérations vitales ſi manifeſtes, que celles
qui ſe remarquent dans les plantes & dans
les animaux, toutefois ils n'en ſont pas entiérement dépourvûs, puiſqu'ils ſe multiplient
par une continuelle perpétuation; ce qui
fait dire, que comme ils ont une forme
multiplicative de leur eſpece, auſſi ont-ils
de la vie. Quelques anciens ont reconnu
cette vie, comme Pline le témoigne, lorſqu'il dit au dixiéme Chapitre, Livre troiſiéme de ſon Hiſtoire naturelle: *Spumam
nitri fieri, cum ros cecidiſſet, prægnantibus
nitrariis, ſed non parientibus.* Concluons

E iiij

donc, que les minéraux vivent tant qu'ils font attachés à leur racine & à leur matrice, puifqu'ils y prennent accroiffement : mais lorfqu'ils en font féparés, on les appelle juftement des mixtes inanimés : de même que le tronc d'un arbre, qui eft féparé de fa racine, s'appelle légitimement mort. Nous les appellerons dorénavant en ce fens, des corps inanimés, auffi-bien que beaucoup d'autres, quoique tirés des corps animés. De cette façon, il y a deux efpeces de corps inanimés : les uns font tirés de la terre, & les autres font tirés des mixtes mêmes, foit animés ou inanimés. Ceux qui font tirés des entrailles de la terre, font appellés minéraux : il y en a de trois efpeces ; fçavoir, les métaux, les pierres & les moyens minéraux, qu'on appelle auffi marcaffites.

Le métal, eft un mixte qui s'étend fous le marteau, & qui fe fond au feu. Les marcaffites font fufibles au feu, mais ne s'étendent point fous le marteau, & les pierres ne s'étendent point fous le marteau, ni ne fe fondent pas au feu.

Quant aux mixtes, qui ne fe tirent pas de la terre, on les tire ordinairement des corps animés, par l'artifice humain ; comme les fruits, les femences, les racines, les gommes, les réfines, la laine, le cotton, l'huile, le vin & diverfes autres parties

extraites , & féparées des végetaux & des
animaux , qui ne font plus confidérées comme organiques : on fe fert auffi des animaux
tous entiers , lorfqu'ils font privés de leur
vie & de leur ame. Nous traiterons fuccinctement de tous ces mixtes , tant animés
qu'inanimés dans les Sections fuivantes.

SECTION CINQUIÉME.

Des moyens minéraux ou des marcaffites.

Les moyens minéraux , font des foffiles,
qui ont une nature moyenne entre les métaux & les pierres , parce qu'ils participent
en quelque chofe de l'effence de ces deux
corps : ils conviennent avec les métaux par
leur fufion , ils répondent auffi aux pierres
par leur friabilité. Les moyens minéraux
font la plûpart des fucs métalliques , diffous
ou condenfés ; ou bien , ce font des terres
métalliques & minérales.

Les principaux fucs métalliques font,
premiérement le fel , qui eft un corps fort
friable , qui fe réfout à l'humide & qui fe
coagule au fec ; ce qui fait juger que le
principe qui abonde en ce mixte , eft le fel
dont il tire fon nom : on juge donc que
puifque c'eft un mixte , il n'eft pas auffi par
conféquent deftitué des autres principes ,
comme on le voit par l'action du feu fur
ce compofé.

E v

Les *fels*, font naturels ou artificiels : la nature engendre les premiers, qu'on appelle des fels foffiles : l'art fait les fels artificiels ; c'est pourquoi il y en a de plufieurs efpeces, comme le fel gemme, le fel armoniac, le falpetre, ou le fel nitre, le fel de puits, le fel marin, le fel de fontaines, les alums & les vitriols, qui ont tous des qualités fpécifiques, qui font différentes les unes des autres, felon la nature des principes qui abondent en eux, & qui font, ou fixes ou volatiles, ou qui font diffolvans ou coagulans, comme cela fe peut voir par la diverfité des opérations, qu'on peut faire fur chaque efpece de ces fels.

. Les *bitumes* fuivent les fels, ils contiennent fous eux une grande diverfité d'efpeces, comme font, l'afphalte, l'ambre ou le karabé, l'ambre-gris, le camphre, le naphte, la petróle & le foufre ; & remarquez que nous ne parlons pas ici du foufre principiel de toutes les chofes ; mais feulement d'un fuc minéral gras & fœtide, qui a en foi une partie fubtile, qui eft inflammable, & une autre qui eft terreftre & vitriolique, par laquelle il détruit les métaux, & s'éteint aifément, fi elle abonde.

Le *foufre*, dont nous nous fervons, eft ou vif, c'eft-à-dire, tel qu'il eft tiré de la terre, & qui n'a point paffé par l'examen du feu, par le moyen duquel il eft préparé, tel que nous le voyons en forme de canons ou de magdaleons. L'art tire de ces mixtes bitumineux, plusieurs remedes différens pour la Médecine, comme nous le ferons voir dans le dernier Livre de la seconde Partie de ce Traité Chymique.

L'*arsenic*, est ou naturel, ou artificiel : le naturel contient sous soi trois especes, qui sont l'orpin, ainsi nommé de sa couleur d'or; la sandaraque, qui est rouge, & le réalgar, qui est jaune. L'artificiel se fait par la sublimation du naturel avec le sel.

L'*antimoine*, est aussi naturel, qu'on appelle aussi minéral, ou artificiel, qui est celui que nous achetons, qui a passé par la fonte & qui est réduit en pains. Nous parlerons particuliérement du choix qu'on en doit faire, de ses parties constituantes, & des différentes sortes de ce minéral dans la pratique.

Le *cinnabre*, est un corps minéral composé de soufre & de mercure, ou d'argent vif, qui sont coagulés ensemble jusqu'à une dureté pierreuse; le naturel se tire des mines, qui est mêlé plus ou moins de sable; l'artificiel se fait par la sublimation du soufre, & du mercure mêlés ensemble.

La *cadmie*, est naturelle ou artificielle, la naturelle est une pierre métallique, qui contient en soi le sel volatil & l'impur de quelque métal : il y en a une infinité d'especes, qui font différentes en couleurs, en vertus & en confiftence. L'artificielle fe trouve dans les fourneaux, où fe fait la fonte des métaux; & ce n'eft rien autre chofe que le fel volatil, ou la fleur des métaux, qui fe fublime & s'attache aux parois du fourneau, ou qui s'éleve comme une folle-farine jufqu'au toit du lieu, où fe font les fontes métalliques; il y en a auffi de différentes efpeces, comme le pompholix, le fpode & la turhie.

L'autre efpece de *marcaffites*, font les terres minérales, comme les bols, la terre de Lemnos, la terre de Silefie, la terre de Blois, la craie, l'argile & toutes les autres fortes de terres minérales. On pourroit encore ajoûter les terres artificielles, comme les différentes fortes de chaux qui fe font de diverfes pierres, qui contiennent en elles un fel corrofif & un feu caché.

Mais avant que de commencer la Section des métaux, il faut éclaircir une difficulté qui fe préfente en cet endroit; qui eft, que puifque les fels font mis entre les fucs métalliques, comment fe peut-il faire que le fel armoniac, qui eft un fel, & quelques efpeces de terres métalliques, dont nous avons parlé, foient mifes au nombre des marcaffites, puifque les marcaffites, ou les moyens minéraux ne s'étendent pas fous le marteau, mais qu'ils fe fondent néanmoins:

car il est constant que le sel armoniac ne se
fond pas ; au contraire, il se sublime , &
encore que ces terres ne se fondent pas
aussi , mais qu'elles se calcinent, ou se su-
bliment en fleurs métalliques. A quoi il
faut répondre , qu'il est vrai que si on met
le sel armoniac tout seul dans un creuset ,
il ne se fondra pas, mais il se sublimera ;
qu'il est vrai néanmoins que si on mêloit
ce même sel avec d'autres sels , il se fon-
droit avec eux : comme l'on voit aussi que
si on mêle les terres métalliques seules au
feu, elles se calcineront plutôt que de se
fondre ; mais si on les allie avec quelque
corps fusible , elles se fondront : comme
lorsqu'on mêle la pierre calaminaire avec
poids égal de cuivre de rosette, elle se fond
avec ce métal , & le change en cuivre jaune
qu'on appelle laitton , & l'augmente de
cinquante pour cent. Il faut donc remarquer , que quand on divise les fossiles en
métaux, en pierres & en marcassites, il ne
faut entendre autre chose par les marcassites , ou par les moyens minéraux , que les
corps qui ont quelque milieu , ou quelque
relation avec la nature des pierres, ou avec
celle des métaux , soit à raison de la fusibilité, soit à raison de l'extensibilité , soit
pour celle de la dureté, ou de la mollesse.
Ainsi ce beau mixte , qui semble être le
chef-d'œuvre de l'Art qui est le verre , se

doit rapporter selon ce sens aux marcassites, puisqu'il se fond aisément ; & cependant il ne se peut étendre sous le marteau, si vous n'en exceptez celui qui fut rendu malléable à Rome, dont le secret est péri avec son Auteur & son Inventeur.

SECTION SIXIÉME.

Des métaux.

Les métaux sont des corps durs engendrés dans les matrices particulieres des entrailles de la terre, qui peuvent être étendus sous le marteau, & qui peuvent être fondus au feu. Le nombre des métaux est ordinairement septenaire, qu'on rapporte au nombre des sept Planetes, dont les noms leur sont appliqués par les Chymistes. On divise les métaux en parfaits & en imparfaits : les parfaits, sont ceux que la nature a poussés jusqu'à une derniere fin. Les marques de cette perfection sont la fixation parfaite, une très-exacte mixtion & union des parties constitutives de ces corps, qui est suivie de pesanteur, de son & de couleur, qui sont capables d'une longue fusion & d'une très-forte ignition, sans altération de leurs qualités & sans perte de leur substance. Il y en a deux de cette nature, qui sont le Soleil & la Lune, ou l'or & l'argent. Les métaux imparfaits sont de

deux fortes ; fçavoir, les durs & les mols ;
les durs, font ceux qui fe mettent plutôt
en ignition qu'en fufion, comme Mars &
Vénus, ou le fer & le cuivre ; les mols,
font ceux qui fe mettent plutôt en fufion
qu'en ignition, comme Jupiter & Saturne,
ou l'eftain & le plomb. On met pour le
feptiéme métal, le Mercure, ou l'argent vif,
qui eft un métal liquide qu'on appelle à
cette caufe, fluide, comme on appelle les
autres, folides. Cependant quelques-uns le
rayent du nombre des métaux à caufe de
cette fluidité, & le mettent entre les chofes qui ont de l'affinité avec les métaux,
comme étant une efpece de météore qui
tient le milieu entr'eux : plufieurs veulent
même qu'il en foit la premiere matiere.

On partage les métaux & les minéraux
en deux fexes, & l'on fe fert de divers
menftrues pour leur diffolution ; ainfi il n'y
a que les eaux régales qui puiffent diffoudre
l'or, le plomb & l'antimoine, qu'on prétend être les mâles, & les eaux fortes fimples, font capables de diffoudre tous les autres qu'on croit être les femelles.

Avant que de finir cette Section, il faut
éclaircir en peu de mots quelques queftions
qui fe font fur la nature métallique. On
demande premiérement, fi lorfque plufieurs
métaux font fondus enfemble, il en réfulte
après ce mélange quelque efpece métalli-

que, qui soit différente des métaux dont elle est composée. Il faut répondre négativement, parce que ce n'est pas une vraye mixtion, & encore moins une étroite union; mais c'est plutôt une confusion, puisqu'on les peut séparer les uns des autres. On doute encore si les métaux different entr'eux spécifiquement, ou s'ils ne different seulement que selon le plus & le moins de perfection. Scaliger répond à cette question, que la nature n'a pas plutôt produit les autres métaux pour en faire de l'or, que les autres animaux pour en faire des hommes; de plus, on peut dire que Dieu a créé la diversité des métaux, tant pour la perfection & l'embellissement de l'Univers, que pour les différens usages ausquels ils sont employés par les hommes. Il faut avoüer néanmoins que les minéraux & les métaux imparfaits tiennent toujours de l'un ou de l'autre des deux métaux parfaits, & le plus souvent de tous les deux ensemble, comme cela se prouve par l'extraction qu'en font ceux qui ont le secret de cette séparation, soit après une digestion précédente, soit en les examinant par le véritable séparateur, qui est le feu externe, qui excite la puissance du feu intérieur des choses, & qui est le seul instrument des sages, pour faire paroître la vérité de ce que je viens de dire. Ce qui fait conclure, que ces métaux & ces minéraux imparfaits tendent continuellement à la perfection de leur destination naturelle , pendant qu'ils font encore dans le ventre de leur mere ; ce qu'ils ne peuvent plus faire , lorfqu'ils font arrachés de leurs matrices.

Cette queftion eft ordinairement suivie de celle qui fait demander , si l'Art eft capable de pouvoir changer un métal imparfait, pour le pouffer par cette métamorphofe jufqu'à la perfection de l'un des deux principaux luminaires. Il faut ici répondre affirmativement ; parce qu'il eft vrai , que la nature & l'art peuvent faire de belles tranfmutations, en appliquant l'agent au patient ; mais la difficulté fe trouve prefque infurmontable , d'autant qu'il faut trouver précifément le point & le poids de nature ; & c'eft ce travail qui a tourmenté depuis plufieurs fiécles les efprits de tant de Curieux opiniâtres , qui leur a fait ufer leurs corps & vuider leurs bourfes.

La derniere queftion qui fe fait , eft de fçavoir fi l'or peut être rendu potable : c'eft ce qu'on ne doit point révoquer en doute , parce que l'expérience montre qu'il peut être mis en liqueur ; mais le principal eft de fçavoir fi cette liqueur peut nourrir, comme plufieurs le prétendent ; c'eft ce que je nie abfolument , parce qu'il n'y a nulle analogie , & nulle rélation entre l'or &

notre corps, ce qui néanmoins se doit trouver nécessairement entre l'aliment & le
corps alimenté : or, il n'y a nulle proportion entre la nature métallique & la nature
animale ; il ne faut pas toutefois douter
que cette liqueur ne soit une médecine
très - souveraine, lorsqu'elle est faite avec
un dissolvant qui soit ami de notre nature,
& qui soit capable de volatiser l'or de maniere, qu'il ne soit pas possible à l'Art de le
récorporifier en métal ; car quand il est réduit à ce point-là, c'est alors qu'il passe jusques dans les dernieres digestions, où il
corrige tous les défauts qui s'y rencontrent ;
& ainsi il altere & change notre corps en
mieux, pourvû qu'on en sçache bien l'usage
& la dose, autrement ce seroit plutôt un
ennemi dévorant, qu'un hôte agréable &
familier.

SECTION SEPTIÉME.

Des pierres.

Les pierres sont des corps durs, qui ne
s'étendent sous le marteau, ni ne se fondent au feu ; elles sont engendrées dans
leurs matrices particulieres, d'un suc empreint de l'idée & du ferment lapidifique ;
elles prennent leurs diverses couleurs des
diverses mines, par où passe leur suc lapidifique & leur fumée, ou leur esprit coa-

gulatif. Les pierres font opaques ou tranf-
parentes, les transparentes font colorées
ou fans couleur : ainfi on peut dire avec
apparence, que l'efprit coagulatif de l'é-
méraude paffe par une mine de vitriol ou
de cuivre ; celui de l'opale par une mine de
foufre, & celui du rubis & de l'efcarbou-
cle, par une mine d'or ; les grenats & quelques autres pierres de cette nature tirent
leur couleur du fer, & cela fe prouve par
la pierre d'aimant qui les attire à foi, &
ainfi des autres pierres ; mais l'efprit coagulatif du diamant & du criftal de roche,
n'eft qu'un pur & fimple ferment pétrifiant,
qui eft privé de toute fulfuréité tingente,
qui ne leur caufe par conféquent que cette
belle tranfparence qu'ils ont.

On remarque que les pierres opaques ou
pellucides, ne s'engendrent pas feulement
dans les entrailles de la terre ou dans les
eaux, mais qu'elles s'engendrent auffi dans
les entrailles & dans les vifceres de toute
forte d'animaux, comme le prouvent les
plus curieux Phyficiens.

Cela foit dit briévement touchant la
nature des minéraux ; car pour ce qui concerne la doctrine de leur hiftoire particuliere ; il la faut rechercher chez les Naturaliftes qui en ont écrit expreffément &
exactement, comme Georgius Agricola &
Lazarus Erker ; car nous n'avons intention

que de faire un abregé des Catégories, auſquelles on peut rapporter tous les mixtes
naturels qui en reſſortiront.

SECTION HUITIÉME.

Des autres mixtes, tant des animés que des inanimés.

Nous avons dit qu'il y avoit deux ſortes
de mixtes inanimés ; ſçavoir, ceux qui ſe
tirent du ſein de la terre, & ceux qui n'en
ſont pas tirés ; c'eſt pourquoi, il ne reſte
plus qu'à vous parler des derniers, puiſque
nous avons ſuffiſamment diſcouru des premiers, ſelon l'intention de cet Abregé.
Ceux qui ſont de ce dernier ordre, ſont les
ſucs & les liqueurs qui ſe tirent des plantes
par expreſſion ; auſſi-bien que des animaux
médiatement ou immédiatement : comme le
vin, l'huile, le vinaigre, les gommes, les
réſines, les fruits, les graiſſes, le lait, les
cadavres & ſes diverſes parties, & pluſieurs
autres choſes qui ſervent de remedes, pour
la conſervation & la reſtauration de la ſanté
des hommes.

Les mixtes animés, ſont les végetaux ou
les animaux ; les végetaux ou les plantes
ſont parfaites ou imparfaites ; les plantes
parfaites, ſont celles qui ont des racines &
une ſurface ; & les imparfaites, ſont celles
qui manquent ou de racine, ou de ſurface ;

les truffles font de cette espece, car toute leur substance est racine; & les champignons, ausquels on ne voit point du tout, ou fort peu de racine. Les plantes parfaites font divisées en herbe, en arbrisseau & en arbre; & chacun de ces genres, est encore subdivisé en une infinité d'especes différentes, dont les Botanistes donnent les noms & les propriétés. Les parties des plantes parfaites, font principales ou moins principales; les principales, font celles qui servent d'ame végetative pour faire ses fonctions : elles font similaires ou dissimilaires; les similaires, font liquides ou solides; les liquides, font les sucs & les larmes; que si elles font aqueuses, elles se coagulent en gommes; & si elles font sulfurées, elles se coagulent en résines, & c'est la raison pourquoi les gommes se dissoudent dans les liqueurs de la nature aqueuse, & que les résines ne peuvent être dissoutes, que par les huiles ou par les liqueurs, qui leur font analogues. Les parties solides, font la chair & les fibres de la plante. Les parties dissimilaires, c'est-à-dire, celles qui contiennent en elles une diversité de substances, font ou perpétuelles, ou annuelles; les perpétuelles, & celles qui durent longtems, font la racine, le tronc, l'écorce, la moëlle & les rameaux; les annuelles, font

celles qui renaiffent tous les ans, comme
les bourgeons, les fleurs, les feüilles, les
fruits, les femences, &c.

De même donc que les plantes ont une
grande diverfité de parties, & qu'elles font
divifées en plufieurs efpeces; auffi les animaux qui ont des parties fimilaires & diffi-
milaires, font divifés en une grande quantité d'efpeces, car ils font raifonnables ou
irraifonnables; les irraifonnables ou les
bêtes, font parfaites ou imparfaites; les
parfaites, font celles qui n'ont point de
céfure, & qui engendrent du fang pour la
nourriture de leurs parties; les imparfaites,
qui font les infectes, font celles qui n'engendrent point de fang, & qui font divifées par céfures. Toutes les bêtes, tant les
parfaites que les imparfaites, font ou gref-
files, ou reptiles, ou natatiles ou volatiles.
Si vous défirez de vous rendre fçavans dans
l'hiftoire de ces animaux, il faut lire Al-
drovandus, qui en a écrit très-exactement.
Pour la connoiffance de l'homme & de fes
parties, il faut confulter les Anatomiftes.

CHAPITRE VI.

Comment la Chymie travaille sur tous ces mixtes pour en tirer le pur, & pour en rejetter l'impur.

VOus voyez par le dénombrement de ces mixtes, combien l'empire de la Chymie est de grande étendue, puisque son travail s'occupe sur des composés si différens ; car elle peut prendre celui qui lui plaît de tous ces corps, où pour le diviser en ses principes, en faisant la séparation des substances dont ils sont composés ; ou elle s'en sert pour tirer le mystere de nature qui contient l'arcane, le magistere, la quintessence, l'extrait & le spécifique en un dégré beaucoup plus éminent, que le corps duquel on le tire ; parce que ce corps est changé & exalté par la préparation chymique, qui sépare l'impur pour achever ce mystere, comme cela se verra au Livre des opérations : car il ne se faut pas contenter de l'étude & de la lecture des Œuvres de Paracelse, & principalement de ses Livres des Archidoxes, que je vous ai déja recommandés ; mais il faut aussi mettre la main à l'œuvre, pour entrer dans l'intelligence de ses énigmes, sans se rebuter pour le tems qu'on y doit employer, pour la peine qu'on y prend, ni pour les frais qu'on y employe; comme font ordinairement ceux qui croyent & qui s'imaginent pouvoir devenir habiles par la lecture de quelques Auteurs, qui ne se fondent que sur l'autorité de leurs prédécesseurs, & qui laissent en arriere l'expérience & la recherche des secrets de la nature, quoique ce soit la principale colomne de toute la bonne philosophie naturelle, & par conséquent celle de la bonne médecine. Pour parvenir à notre but, nous finirons notre Théorie pour entrer dans la Pratique, afin que l'une fasse mieux entendre l'autre.

Fin de la Théorie.

SECONDE PARTIE.

LIVRE PREMIER.

Des termes nécessaires, pour entendre & pour faire les opérations Chymiques.

PREFACE.

NOus avons montré dans la premiere Partie de ce Traité, les fondemens sur lesquels toute la théorie de la Chymie est appuyée : mais parce que nous avons dit dans notre Avant-propos, que la Chymie est une Philosophie sensible, qui ne reçoit & qui n'admet que ce que les sens lui démontrent & lui font paroître ; il est tems de venir à la pratique & aux opérations, pour examiner si tout ce que nous avons dit, est fondé sur les sens. Personne ne doit trouver étrange que la science mette la main à l'œuvre, puisque l'opération n'est que pour la contemplation, & que la contemplation n'est que pour l'opération ; ce qui fait que ces deux choses doivent être inséparables. Et s'il est vrai que toutes les doctrines & toutes les sciences doivent commencer par les sens, selon cette maxime qui dit : *Nihil esse in intellectu, quin prius non fuerit in sensu ;* je trouve très-à-propos qu'on ait les sens bien informés & bien instruits de plusieurs expériences avant qu'on se puisse occuper théoriquement & contemplativement sur toutes les choses naturelles, de peur qu'on ne tombe dans les mêmes fautes de ces Philosophes superficiels, qui se contentent de philosopher sur les principes de quelque science, dont l'expérience découvre la fausseté. Par exemple, n'est-ce pas une erreur manifeste, de se persuader que la flamme ou la fumée, qui sort de quelque mixte par une violente résolution, soit un feu ou un air élémentaire, & quelque chose de bien simple ; puisque si on les retient dans un alembic, ou dans quelqu'autre récipient, l'expérience fera voir aux sens que cette flamme ou cette fumée, ne sont pas des élémens purs, & que ce ne sont pas aussi des mixtes imparfaits ; mais que c'est quelquefois le corps même d'un mixte très-parfait, comme il paroît clairement par la sublimation du soufre, & par celle du sel armoniac ; aussi-bien que par les fumées du mercure, qui est le vif argent, qui ne sont autre chose que le même mercure, qui prend toute sorte de formes & de couleurs, com-

me le Prothée des anciens Poëtes ; mais qui
reprend néanmoins son premier être par la
revivification ?

Ce que nous venons de dire , fait voir
qu'il ne faut pas juger témérairement des
choses ; comme de dire que toute fumée est
air , pour quelque ressemblance qu'elle auroit avec l'air. Car quoique toute vapeur
& toute exhalaison soient semblables à la
vûe , cependant elles sont d'une nature
fort différente , comme cela se voit par
ceux qui les examinent à fonds , après les
avoir logées dans leurs vaisseaux ; & c'est
ce que nous ferons voir par les opérations ,
dont nous traiterons dans la suite.

Mais parce qu'on rencontre dans la pratique de ces opérations plusieurs termes ,
qui sont essentiels à l'art Chymique , &
qui sont assez difficiles à entendre , il est
nécessaire de les expliquer avant que de
commencer à parler de la pratique. Ainsi
nous traiterons dans ce Livre , premiérement des diverses especes de solutions &
de coagulations , parce qu'une des principales fins de la Chymie , est de spiritualiser
& de corporifier , pour séparer par ce
moyen le pur de l'impur. Après quoi nous
enseignerons les divers dégrés du feu , par
le moyen duquel on parvient avec l'aide de
plusieurs fourneaux , & de beaucoup de
vaisseaux différens à cette véritable exalta-

tion, qui tire du myftere de la nature de chaque mixte, l'arcane, l'élixir, la tein-ture, ou quelque fublime effence, qui foit graduée jufqu'à un tel point, qu'une feule goutte, ou un feul grain de ces remédes merveilleux, faffe plus d'effet fans compa-raifon, que plufieurs livres du mixte grof-fier & corporel, dont ces médicamens au-ront été tirés.

CHAPITRE I.

Des diverfes efpeces de folutions & de coa-gulations.

ENcore que la Chymie ait pour objet tous les corps naturels; cependant elle travaille particuliérement fur le corps mix-te, dont elle enfeigne l'exaltation, par le moyen de la folution & de la coagulation, qui contiennent fous elles diverfes efpeces d'opérations, qui tendent toutes, ou à la fpiritualifation, ou à la corporification des minéraux, des végetaux, ou des animaux; de maniere que l'exaltation de quelque mixte, n'eft autre chofe que la plus pure partie de ce même mixte, réduite à une fuprême perfection, par le moyen de di-verfes folutions & coagulations qui auront été plufieurs fois retirées. Pour parvenir à réduire quelque chofe au point de fon exaltation, il faut premièrement séparer le pur de l'impur, ce qui se fait matériellement ou formellement : matériellement, par la cribration, l'ablution, l'édulcoration, la détersion, l'effusion, la colation, la filtration & la despumation : formellement, par la distillation, par la sublimation, par la digestion, & par plusieurs autres opérations réitérées, dont nous parlerons ci-après.

Après avoir fait la séparation du pur & de l'impur, il faut rejetter l'impur pour parvenir à une exaltation parfaite, & mettre le pur, premièrement en solution, & puis en coagulation ; ce qui se fait, ou en le réduisant en fort petites parties, ou en liqueur ou en quelque corps solide, par le moyen des opérations qui suivent ; sçavoir, la limation, la rasion, la pulvérisation, l'alkoholisation, l'incision, la granulation, la lamination, la putréfaction, la fermentation, la macération, la fumigation qui est séche ou humide, la cohobation, la précipitation, l'amalgamation, la distillation, la rectification, la sublimation, la calcination, qui est actuelle ou potentielle, la vitrification, la projection, la lapidification, l'extinction, la fusion, la liquation, la cémentation, la stratification, la réverbération, la fulmination ou la détonation, l'extraction, l'expression, l'incé-

ration , la digeſtion , l'évaporation , la
déſiccation , l'exhalation , la circulation ,
la congélation , la criſtalliſation , la fixation , la volatiliſation , la ſpiritualiſation ,
la corporification , la mortification & la
revivification. Et c'eſt de tous ces termes
différens , dont il faut que nous donnions
une claire intelligence en ce Chapitre.

La *cribration* , eſt lorſqu'on paſſe la matiere battue au mortier à travers le tamis
ou par le crible ; l'une eſt la contuſion parfaite , & l'autre , la groſſiere.

L'*ablution* ou la *lotion* , ſe fait lorſqu'on
lave ſa matiere dans de l'eau , pour la nettoyer de ſes impuretés les plus groſſieres.
Et lorſque la matiere eſt deſcendue au fond
de l'eau par ſa peſanteur , & qu'on verſe
l'eau par inclination , cela s'appelle *effuſion*.

L'*édulcoration* eſt l'opération, par laquelle
on ſépare les parties ſpiritueuſes , ſalines &
corroſives des préparations chymiques , qui
ſe font par la calcination actuelle ou potentielle.

On purge par la *déterſion* , la matiere qui
ne peut ſouffrir l'eau , ſans altération de ſes
qualités , ou ſans déperdition de ſa ſubſtance ; de ſorte , que ſi la matiere ſe met dans
quelque liqueur convenable , & qu'on la
paſſe groſſiérement en ſuite , ſoit à travers
un linge , ou à travers de quelqu'autre
couloir de drap ou d'étamine , cela ſe

nomme *colation* ou *percolation* ; mais fi cette
opération fe fait à travers quelque chofe de
plus compact & de plus ferré, cela s'appel-
lera *filtration*, qui fe fait par le drap, par
le papier, ou par la languette ; celle qui fe
fait par le papier, eft la plus exacte & la
plus nette.

La *defpumation*, n'eft rien autre chofe,
que la féparation qui fe fait de l'écume,
ou des autres ordures qui furnagent au-
deffus des matieres, avec quelque inftrument propre à cet effet.

La *limation*, eft la folution de la continuité corporelle de quelque mixte par une
lime d'acier : elle a fon ufage dans les trois
familles des compofés ; car on lime les
os des animaux, les bois des végetaux,
auffi-bien que le corps des métaux les plus
durs & les plus folides.

La *rafion*, a beaucoup d'affinité avec la
limation ; mais elle fe fait avec quelque
inftrument plus tranchant, comme avec un
coûteau, ou quelque autre chofe de pareille
nature : on la peut auffi rapporter en quelque façon à l'*incifion*.

La *pulvérifation* ou la *contufion*, ne font
rien autre chofe que la réduction de quelque mixte en poudre, par le moyen de la
trituration dans un mortier, fur le marbre,
ou fur le porphire. Que fi on réduit la matiere en poudre très-fubtile, qui foit im-

palpable & imperceptible, cela s'appelle *alkoholisation*, qui se dit aussi quelquefois des choses liquides, comme on appelle l'*alkohol* de vin, ou des autres esprits volatiles & inflammables, lorsque ces esprits sont tellement dépoüillés de leur phlegme, qu'ils brûlent & eux & la matiere, qu'ils ont trempée, comme du linge, du papier ou du cotton.

On met par la *granulation*, les matieres minérales & métalliques en grenaille ; & par la *lamination*, on la bat & l'étend en petites lames déliées, comme sont l'or, l'argent & le cuivre en feüilles.

La *putréfaction* se fait, lorsque le mixte tend à sa corruption, par une chaleur humide sans aucun mélange : que si cela se fait par le mélange & l'addition de quelque levain, qui est le ferment, comme du tartre, du sel commun, de la levure de bierre, du levain, ou du ferment ordinaire & de la lie de vin, cela prend le nom de *fermentation*.

La *macération*, est lorsqu'on met quelque matiere en infusion dans un menstrue, qui n'est que quelque humeur, ou quelque liqueur convenable & appropriée à votre intention, pour extraire la vertu du composé sur lequel on agit : cette opération demande le tems propre & nécessaire pour l'extraction, selon le plus ou le moins de fixité du corps, fur lequel on travaille.

La *fumigation*, est une corrofion des parties extérieures de quelque corps, qui fe fait par quelque vapeur, ou par quelque exhalaifon âcre & corrodante : fi c'eft par une vapeur, comme par celle du vinaigre, c'eft une fumigation humide ; & fi c'eft par une exhalaifon, comme par la fumée du plomb ou de l'argent vif, c'eft une fumigation féche, qui calcine les métaux réduits en lames, & qui les rend fi friables, qu'on les peut après réduire facilement en poudre.

La *cohobation* fe fait, lorfqu'il eft néceffaire de rejetter fouvent le menftrue, qui a été tiré d'un ou de plufieurs mixtes, fur les propres feces ou le refte de ces mixtes, foit pour en tirer les vertus centriques, qui font enfermées dans ces compofés, foit pour faire que ces mêmes feces fe refourniffent, & reprennent ce qu'elles avoient laiffé volatilifer par le moyen de la chaleur dans la diftillation, & c'eft dans cette feule opération que la cohobation a lieu.

La *précipitation* fait quitter le menftrue diffolvant, au corps que ce menftrue avoit diffout, ce qui fe fait par l'analogie, qui eft entre les fels & les efprits ; car ce qui fe diffout par les efprits, eft précipité par les fels, & au contraire. Cette opération requiert une confidération particuliere de

F v.

celui qui défire travailler, parce qu'elle donne beaucoup de lumieres, pour bien comprendre la génération & la corruption des chofes naturelles.

L'*amalgamation*, eft une calcination particuliere des métaux, que quelques Auteurs appellent la calcination philofophique. Elle fe fait par le moyen de l'union du mercure, ou de l'argent vif dans les moindres particules des métaux ; ce qui les fépare de telle forte, que cela les rend onctueux & maniables à la main ; fi bien que faifant évaporer le mercure à la chaleur requife, les métaux font réduits en une chaux très-fubtile, ce qui ne fe peut faire par quelque autre moyen que ce foit.

La *diftillation* fe fait, lorfque la matiere, qui eft enclofe dans un vaiffeau, pouffe, chaffe & envoye des vapeurs dans un autre vaiffeau qui lui eft uni, par le moyen & par l'activité du feu. Il y en a de trois efpeces. La premiere eft celle qui fe fait, quand les vapeurs des chofes diftillées s'élevent en haut. La feconde, quand ces mêmes vapeurs vont par le côté ; & la troifiéme, quand elles tendent en bas. Le tout fe fait felon les matieres propres à la diftillation, & felon les vaiffeaux convenables à cet effet.

La *rectification*, n'eft autre chofe que la réitération de la diftillation, afin de rendre

les vapeurs diftillées, plus fubtiles, ou pour
priver quelque efprit de fon phlegme, ou
de fes parties les plus terreftres & les plus
groffieres, felon que ce font des efprits ou
acides fixes, ou que ce font des efprits volatiles inflammables.

La *fublimation*, eft une opération, par
laquelle le feu fait paffer en exhalaifons
féches tout un corps, ou quelqu'une de fes
parties qui fe condenfent au haut du vaiffeau, en fleurs déliées & fubtiles, ou en un
corps plus denfe, plus compact & plus ferré :
cette façon d'opérer eft oppofée à la précipitation.

La *calcination*, eft une action violente,
qui réduit le mixte en chaux & en cendres;
elle eft double, fçavoir, la calcination actuelle & la potentielle. Celle qui eft actuelle, fe fait par le moyen du bois enflam-
mé, ou par celui des charbons ardens, qui
font le feu matériel; & la calcination potentielle, eft celle qui fe fait par le moyen
du feu fécret & potentiel des eaux fortes,
fimples ou compofées, & par les vapeurs,
ou par les fumées corrofives, comme on le
remarque dans la précipitation & dans la
fumigation.

La *vitrification*, eft le changement d'un
métal, des minéraux, des végetaux, ou des
pierres en verre; ce qui fe fait par le moyen
de la projection après leur fufion, ou par

F vj

l'addition de quelques sels alkalis , ou fixes
& lixiviaux, qui pénetrent & qui purifient
ces diverses substances , & les vitrifient en
leur donnant la fusibilité & la transparence. Il y en a pourtant beaucoup qui font
opaques , qu'on appelle communément les
émaux.

La *lapidification* se fait , lorsqu'on change
les métaux en pierres & en pastes , qui tiennent en quelque façon le milieu entre les
verres métalliques & transparens , & les
émaux , à cause qu'elles prennent un beau
poli.

L'*extinction* , est la suffocation & le refroidissement d'une matiere embrasée dans
quelque liqueur , soit que ce soit pour tirer
la vertu de cette matiere & la communiquer à la liqueur , soit pour communiquer
quelque qualité nouvelle à ce qu'on trempe ; comme on éteint la tutie & la pierre
calaminaire dans de l'eau de fenoüil ou
dans du vinaigre , pour leur communiquer
plus de vertu pour les yeux ; comme on
trempe aussi tous les instrumens qui se for-
gent du fer & de l'acier , pour leur donner
le poli , la dureté & par conséquent le
tranchant.

La *fusion* se dit proprement des métaux
& des minéraux ; elle se fait par une grande
& violente ignition. Et la liquation ne se
dit que des graisses des animaux , de la cire

& des parties onctueuses, graffes & réfineuses des végetaux, qui se fait par une chaleur temperée.

On ôte par la *cémentation* les impuretés des métaux : elle sert aussi à leur examen, pour sçavoir s'ils sont vrais ou faux, comme on rétrecit aussi leur volume, par le resserrement de leurs parties; ce qui se fait par le moyen de la *stratification*, en faisant un lit de ciment, puis un autre de lames métalliques ; & continuant ainsi, *stratum super stratum*, ou lit sur lit, jusqu'à ce que le vaiffeau soit plein ; mais notez qu'il faut toujours commencer par le ciment & finir par le même; en suite de quoi, il faut luter bien exactement le pot ou le creuset, pour donner après cela le feu de roue par dégrés jusqu'à la fufion.

La *réverbération*, est une ignition, par laquelle les corps sont calcinés en un fourneau de réverbere à feu de flamme ; soit que cela se faffe pour en séparer les esprits corrofifs ; soit qu'il se faffe simplement, pour subtilifer & pour ouvrir ce même corps, par le moyen de cette opération.

La *fulmination* ou la *fulguration*, est une opération, par laquelle tous les métaux, excepté l'or & l'argent, sont météorifés, réduits & chaffés en vapeurs, en exhalaifons & en fumées, par le moyen du plomb fur la coupelle ou fur la cendrée, avec un

feu très-violent, animé de quelque bon &
ample soufflet.

On fait la *détonation*, pour séparer &
pour chasser toutes les parties sulfurées &
mercurielles, qui sont impures dans quelque mixte, afin qu'il ne demeure que la
partie terrestre, qui est accompagnée du
soufre interne & fixe, auquel réside principalement la vertu des minéraux : on fait
cette opération par le moyen du salpêtre
ou du nitre, comme cela se voit en la préparation de l'antimoine diaphorétique, qui
se fait par détonation & par fusion.

L'*extraction*, est lorsqu'on tire l'essence
ou la teinture d'un mixte, par le moyen
d'un menstrue ou d'une liqueur convenable, que l'Artiste fait évaporer, s'il est vil
& inutile, mais qu'il retire par distillation,
s'il est précieux, & capable de pouvoir encore servir aux mêmes opérations ; ce qui
demeure au fond du vaisseau, se nomme
extrait.

L'*expression* se fait pour séparer le plus
subtil du plus grossier, selon l'intention,
qu'on a de garder l'un ou l'autre ; on se sert
pour cela de la presse & des platteaux.

La *digestion*, est une des principales opérations, & une des plus nécessaires de la
Chymie, parce que les mixtes sont rendus
par elle traitables & capables de fournir ce
qu'on en désire ; elle se pratique par le

moyen d'un menftrue convenable, & d'une lente & longue chaleur : on la fait ordinairement dans quelque vaiffeau de rencontre, qui font deux vaiffeaux qui s'embouchent l'un dans l'autre, afin qu'il ne fe perde rien des efprits volatiles de la chofe qu'on digere : on fe fert ordinairement dans cette opération de la chaleur du bain aqueux, du bain vaporeux, de l'aërien, de la chaleur du fumïer de cheval, ou de celle des cendres, ou du fable. La digeftion a beaucoup d'affinité avec la *macération* : elles different néanmoins entr'elles, en ce qu'il fe fait en digérant une efpece de coction, ce qui ne fe fait pas dans la macération.

On retire le menftrue, qui a fervi à diffoudre, ou à extraire en vapeur, par le moyen de l'évaporation ; & par cette action, fe produit la *déficcation ;* mais par l'*exhalation* les efprits fecs font enlevés de la matiere par le feu, & font réduits en exhalaifons.

La *circulation*, eft une opération, par laquelle les matieres contenues au fond d'un pélican ou d'un vaiffeau de rencontre, font pouffées en haut par l'action de la chaleur, puis elles retombent fur leurs propres corps, ou pour les volatifer par le moyen des efprits, ou pour fixer l'efprit par le moyen du corps ; ce qui eft très-digne de la contemplation d'un homme qui veut être vrai Naturaliste.

La *congélation*, est la réduction des parties solides des animaux en gelée, par l'élixation avec quelque menstrue ; comme sont les gelées des cornes, des os, des muscles, des tendons & des cartilages ; mais notez que cette congélation ne se fait qu'à raison du sel volatil, qui abonde dans les animaux : comme la *cristalisation*, se dit aussi proprement des sels, lorsqu'on les purifie par diverses solutions, filtrations & cristalisations, après que la liqueur qui les contient, a été évaporée jusqu'à pellicule.

Les choses volatiles sont rendues fixes par la *fixation* ; comme au contraire, les fixes sont rendues volatiles par la *volatilifation*. On appelle *fixe*, ce qui est constant & permanent au feu ; comme on appelle *volatile*, ce qui fuit & s'exhale à la moindre chaleur. Mais remarquez ici, que comme il y a une grande diversité de dégrés de chaleur, aussi il y a-t'il beaucoup de sortes de choses fixes, & beaucoup de volatiles.

La *spiritualisation* change tout le corps en esprit, en sorte qu'il ne nous est plus palpable ni sensible ; & par la *corporification*, l'esprit reprend son corps, & se rend derechef manifeste à nos sens ; mais ce corps est un corps exalté, qui est bien différent en vertu de celui dont il a été tiré, puisque ce corps, ainsi glorifié, contient en soi le mystere de son mixte.

Par la *mortification*, les mixtes sont comme détruits, & perdent toutes les qualités & les vertus de leur premiere nature, pour en acquérir d'autres, qui sont beaucoup plus sublimes & beaucoup plus efficaces, par le moyen de la *revivification*. C'est cette opération qui a fait dire à Paracelse, que la force de la mort est efficace, puisqu'il ne se fait point de résurrection sans elle ; & comme dit l'Apôtre Saint Paul, il faut que le grain meure en terre, avant que de revivre, & de se multiplier dans l'épi qui en provient.

Empyreume & *empyreumatique*, terme tiré du Grec, est une odeur désagréable, que communique la violence du feu au mixte que l'on distille.

CHAPITRE II.

Des divers dégrés de la chaleur & du feu.

LE plus puissant agent que nous ayons sous le Ciel, pour faire l'anatomie de tous les mixtes, est le feu, qui a besoin pour son entretien, premiérement de matiere combustible, huileuse & sulfureuse, soit minérale, comme le charbon de terre ; soit végetable, comme le bois & le charbon,

& les huiles des végetaux ; soit enfin animale, comme les graisses, les axonges &
les huiles des animaux. En second lieu, le
feu a besoin d'un air continuel, qui chasse
par son action les excrémens & les fuligi-
nosités des matieres qui se brûlent, & qui
anime le feu, pour le faire plus ou moins
agir sur son sujet ; & c'est cette nécessité
qui a fait assez improprement dire à quelques-uns, que l'air étoit la vraye nourriture
& la véritable pâture du feu. Si nous voulons parler très-exactement, on ne peut pas
dire que le feu reçoive de soi, ni en soi du
plus ou du moins, ou comme disent les
Philosophes, qu'il puisse recevoir inten-
sion ou rémission ; cependant la matiere sur
laquelle il agit, peut recevoir plusieurs dégrés de chaleur, selon l'approche ou l'éloignement du feu, ou l'interposition des
choses qui peuvent recevoir l'impression de
la chaleur. D'où il s'ensuit nécessairement,
que le régime & la conduite de la chaleur,
consiste en une juste & convenable quantité de feu, qui soit administrée par l'Artiste, selon les conditions de la matiere
sur quoi il travaille, & selon les moyens
dont il se sert, ausquels il faut qu'il donne
une distance proportionnée.

Pour accroître & augmenter le feu, il
faut ou mettre une plus grande quantité de
charbon dans le fourneau, ou s'il y en a

affez , & qu'il n'agiffe pas felon la volonté
de celui qui travaille , il faut donner entrée
à un plus grand air , ou par la porte du
fourneau par où on met le feu ; ou ce qui
fera mieux , en le donnant par la porte du
cendrier ; & même en ouvrant les regiftres,
qui font en haut ou aux côtés des fourneaux , pour donner iffue aux exhalaifons
& aux vapeurs fuligineufes, qui fuffoquent
ordinairement le feu ; ou encore , en fouf-
flant avec des foufflets , qui foient amples,
& qui foient capables de beaucoup de vent.
Ce que je viens de dire , doit faire connoître qu'on peut affoiblir le feu par le contraire ; comme de fermer les portes & les
regiftres , pour empêcher l'entrée de l'air
& la fortie des fuliginofités ; ou bien , on
doit diminuer la matiere combuftik : , ou
couvrir le feu de cendres froides , ou d'une
platine de fer , ou d'une brique, pour empêcher le défordre & les accidens qui arrivent dans les opérations.

Pour ce qui concerne la diftance du vaiffeau qui contient la matiere , cela ne fe
peut juger que felon les moyens interpofés
& la nature de la matiere même. On peut
néanmoins recevoir pour regle générale,
qu'il faut qu'il y ait une diftance d'environ
huit pouces , entre la grille ou le réchaux
qui contient le feu , & le cul ou le fond du
vaiffeau qui doit recevoir la chaleur : car

le feu agit fur les matieres, médiatement
ou immédiatement : immédiatement, lorfque le feu agit fans oppofition fur la matiere, ou fur le vaiffeau qui la contient,
foit que ce foit un creufet, une cornue ou
quelqu'autre chofe ; & c'eft ce qu'on appelle communément le feu ouvert, le feu
de calcination & le feu de fuppreffion.
Médiatement, lorfqu'il y a quelque chofe
qui eft pofée entre le feu & la matiere, qui
empêche fon action deftructive ; ce qui
donne le moyen à l'Artifte de le gouverner,
comme un habile Ecuyer, qui fçait régir
& dompter un cheval, par le moyen des
rênes de la bride qu'il tient en fa main.

Nous comprendrons toutes les différences des dégrés de la chaleur fous *neuf claffes*
principales, que l'Artifte pourra diverfifier
encore en une infinité de manieres, felon
fon intention, & felon que le requiert la
qualité du mixte fur quoi il opere ; ces différences font celles qui fuivent.

Nous prendrons le *premier dégré* de la
chaleur, par l'extrême & par le plus fort,
qui eft le feu de flamme, qui calcine & qui
réverbere toutes les chofes ; & c'eft proprement celui qui eft capable de faire paffer
en vapeur & en exhalaifons, les corps qui
font les plus folides & les plus fixes.

Le *fecond*, eft celui du charbon, qui fert
proprement & principalement à la cémen-

tation, pour la coloration & pour la purgation ; auffi-bien que pour le rétréciffement des métaux ; auffi-bien que pour celle des minéraux, qui tiennent le plus de la nature métallique : on l'appelle quelquefois le feu de roue, & quelquefois le feu de fuppreffion, felon que le feu eft approprié deffus, deffous, ou à côté.

Le *troifiéme dégré du grand feu*, eft celui de la lame de fer rougie au plus haut point, qui eft une chaleur, qui fert pour expérimenter & pour éprouver les teintures métalliques, auffi-bien que le dégré de fixation des remédes minéraux.

Le *quatriéme* prend pour fon fujet la limaille de fer enfermée dans une capfule, ou dans un chaudron de même matiere ; & cela, parce que ce corps étant une fois échauffé, conferve fa chaleur beaucoup plus long-tems que les autres, & qu'il la communique avec une plus grande activité au vaiffeau, qui contient la matiere qui doit être diftillée ou digerée, ou qui doit être cuite.

Le *cinquiéme*, eft celui de fable, pour fervir de moyen interpofé ; il tient une chaleur moindre que celle de la limaille de fer, parce qu'il s'échauffe plus lentement, qu'il fe refroidit plutôt, & qu'il eft plus aifé de le tenir en bride par le moyen des regiftres bien appropriés.

La *sixiéme*, eſt la chaleur des cendres, qui commence d'être une chaleur temperée à l'égard des autres dégrés de feu, dont nous avons parlé ci-devant ; ce feu ſert ordinairement pour les extractions des mixtes, qui ſont de moyenne ſubſtance, ſoit de l'animal ou du végetable, & même pour leurs digeſtions & à leurs évaporations.

Le *bain marie*, ou en parlant plus proprement, le bain marin, fait la *ſeptiéme* de nos claſſes, & qui eſt la plus conſidérable de toutes les autres, comme étant celle qui fait la plus excellente & la plus utile partie du travail de la Chymie ; parce que l'Artiſte la peut conduire avec tant de jugement & avec tant de proportion, qu'il peut faire avec ſon aide une grande diverſité d'opérations, qui ſont impoſſibles par quelque autre voye imaginable ; car il peut être boüillant, demi - boüillant, frémiſſant, tiéde, demi-tiéde, & tenir encore le milieu entre tout ce que je viens de dire.

Le *huitiéme* dégré du feu bien gradué, eſt le bain vaporeux ; car on peut mettre les vaiſſeaux ſimplement à la vapeur de l'eau, qui eſt contenue dans le bain marin ; & pour le *neuviéme*, on peut mettre de la ſûre de bois à l'entour du vaiſſeau, qui reçoit la vapeur, ou de la paille d'avoine, ou de la paille hachée menu ; parce que ce ſont des corps qui attirent facilement cette vapeur & fa chaleur, & qui la confervent long-tems dans une grande lenteur, & dans une égalité prefque parfaite.

Il y a encore le *feu de lampe* par-deffus tout ce que nous venons de dire , qui peut être gradué , felon l'éloignement & l'approche de la lampe, qui aura un ou plufieurs lumignons ; ces lumignons feront compofés de deux , de trois, de quatre ou d'un plus grand nombre de fils , felon qu'on voudra plus ou moins échauffer la matiere ; cette chaleur fert principalement à cuire & à fixer.

Les Chymiftes ont encore inventé plufieurs autres fortes de chaleur qui ne leur coûtent rien : comme celle du Soleil , foit en expofant leurs matieres à la réflexion des rayons de fa lumiere, qui auroient été reçûs par quelque corps, plus ou moins capable de les renvoyer ; foit en concentrant les rayons de cette même lumiere , par le moyen du miroir ardent , qui ` un inftrument capable de donner de l'étonnement aux plus habiles, qui ne connoiffent pas la fphere de fon activité ; puifque ces effets les moins confidérables , font de fondre les métaux , felon la coupe & la grandeur du diamétre de ces inftrumens admirables.

Mais ce qu'il y a de moins concevable , c'eft que cette chaleur eft un feu magique,

qui eſt différent de tout autre feu ; puiſque
le dernier eſt deſtructif, & que ce premier
eſt conſervatif & multiplicatif, comme
l'expérience le fait voir en la calcination
ſolaire de l'antimoine, qui perd par cette
opération ſon mercure & ſon ſoufre impur,
qui s'exhalent en fumée ; ce qui devroit
diminuer de ſon corps, & qui acquiert une
vertu cordiale & diaphorétique, avec une
augmentation de ſon poids, ce qui ſe prouve ainſi. Si on calcine dix grains de ce minéral au feu ordinaire, il diminue de quatre ;
& par conſéquent, il n'en reſte que ſix, qui
feront encore cathartiques & émétiques ;
mais ſi vous en calcinez autant à ce feu céleſte, outre qu'il perd ſes mauvaiſes qualités
par l'exhalaiſon qui ſe fait de ſes impuretés,
qui ont du poids, & qui ſemblent avoir di-
minué les dix grains ; il ſe trouve qu'il y en
a douze après que la préparation eſt achevée, qui ſont doüés d'une vertu toute admirable, & c'eſt ce qui cauſe avec raiſon,
l'admiration des plus rares eſprits : car il
eſt augmenté de la juſte moitié. Mais on
ceſſe d'admirer, quand on a une fois connu
& qu'on a bien compris, que la lumiere
eſt ce feu miraculeux, qui eſt le principe
de toutes les choſes naturelles, qui ſe joint
& qui s'unit indiviſiblement à ſon ſemblable, lorſqu'il le rencontre en quelque ſujet
que ce ſoit.

Les

Les Artiftes fe fervent encore de la chaleur du *fumier de cheval*, qui eft une chaleur putréfactive, que Paracelfe recommande particuliérement, quand il s'agit d'ouvrir les corps les plus folides & les plus fixes, comme font ceux des métaux & des minéraux ; afin d'en extraire plus aifément les beaux rémedes qu'il nous enfeigne, on peut fubftituer à la chaleur du fumier, celle des bains & des fontaines minérales, qui font chaudes naturellement ; auffi-bien que celle du bain marin, qui eft artificielle, pourvû qu'on la fçache gouverner avec les proportions requifes.

CHAPITRE III.
De la diverfité des vaiffeaux.

COmme on ne met pas fouvent les matieres fur quoi l'Artifte travaille fur le feu nud & à découvert, mais qu'il faut néceffairement qu'elles foient enclofes dans des vaiffeaux propres & convenables à l'intention de celui qui travaille, qu'on ajufte & qu'on pofe artiftement & avec un grand jugement fur le feu, qui agit médiatement ou immédiatement ; afin que ce qui en fortira, ne fe perde pas inutilement, mais au contraire, qu'il foit foigneufement & curieufement confervé : il faut donc que nous traitions dans ce Chapitre de la diverſité de ces vaiſſeaux, & des différens uſages où ils peuvent être employés utilement.

Or ces vaiſſeaux doivent être conſiderés, ou ſelon leur matiere, ou ſelon leur forme, parce que ce ſont deux parties eſſentielles, qui font qu'on les employe dans les opérations de la Chymie ; & leur différence eſt auſſi grande, qu'il y a de différentes vûes dans les eſprits de ceux qui s'appliquent à ce travail. Et comme il y a pluſieurs ſiécles qu'on recherche la perfection des opérations de cet Art, il faut auſſi que nous tracions ſeulement en général la plus grande partie des inſtrumens néceſſaires, afin de laiſſer une liberté toute entiere, à l'intention de ceux qui voudront travailler à ce bel Art, après qu'ils y auront été introduits, pour parvenir juſqu'aux connoiſſances les plus cachées des belles préparations, qui ſe font par ſon moyen.

On doit toujours choiſir la plus nette matiere pour la conſtruction des vaiſſeaux ; il faut auſſi qu'elle ſoit compacte & ſerrée, afin que les plus ſubtiles portions de la matiere ne puiſſent pas tranſpirer, & que cette matiere des vaiſſeaux ne ſoit pas capable de communiquer aucune qualité étrangere à la matiere ſimple ou compoſée, ſurquoi le Chymiſte opere. Le verre eſt le corps,

qu'on doit employer exclufivement à tout
autre, à caufe de fon refferrement & de fa
netteté, s'il étoit capable de fouffrir toutes
les actions du feu ; mais fa fufibilité & les
accidens qui le caffent, nonobftant toutes
les précautions des Artiftes, fait qu'il faut
avoir de néceffité recours à d'autres matieres qui foient capables de réfifter au feu,
& qui ne fe puiffent rompre fi facilement ;
comme à la terre de potier, qui fournit à
la Chymie un bon nombre de vaiffeaux
pour fon fervice, felon la diverfité de ces
terres, & felon leur porofité : car fi on dit
qu'on les peut enduire de quelques vernis,
minéral ou métallique, qui empêcheront
la tranfpiration ; la réponfe fera, que cela
les rend de la même nature du verre, &
qu'ainfi elle fera fujette aux mêmes accidens ; car outre leur frangibilité commune,
il faut avoir encore égard à ne les pas ex-
pofer trop hâtivement du froid au chaud,
ni du chaud au froid ; parce que la com-
preffion ou la raréfraction ne manqueroit
pas de caufer la caffure des uns & des
autres.

Nous avons auffi befoin de vaiffeaux
métalliques, pour faire beaucoup d'opérations de l'Art Chymique, qui feroient bien
malaifées & prefqu'impoffibles fans ce
fecours ; tant à caufe de l'action du feu,
qui détruit & qui confume ce qui lui eft

foumis, qu'à cause des diverses matieres
fur quoi l'Artiste agit ordinairement. Car
on a besoin de verre ou de terre vernissée,
pour contenir les acides & les substances
salines, nitreuses, vitrioliques & alumi-
neuses. Au contraire, il faut avoir des vaisseaux métalliques, qui puissent long-tems
résister au feu ouvert, & qui contiennent
beaucoup de matiere, quand on doit tirer
l'esprit du vin en quantité. On ne peut aussi
tirer les huiles distillées des végétables sans
ces vaisseaux ; parce que ces opérations ont
besoin d'un feu violent & long, pour
désunir les parties balsamiques & étherées,
de celles qui sont salines & terrestres ; ce
qui ne peut être separé qu'avec une grande
quantité d'eau & par une grande ébullition. Mais observez de ne jamais vous
servir d'aucun vaisseau, ni d'aucun instrument métallique, lorsqu'on travaillera sur
le mercure, qu'on doit prendre dorénavant pour le vif-argent, parce que ce mixte
s'allie & s'amalgame facilement avec la plus
grande partie des métaux, avec les uns plus
facilement, & avec les autres plus diffici-
lement. Cela soit dit en passant, pour ce
qui regarde la matiere des vaisseaux.

Pour ce qui est de la diversité de la forme
des vaisseaux, qui doivent servir aux opérations de la Chymie, on la varie selon les
différentes opérations. Car on se sert de

cucurbites, couvertes de leur chapiteau ou de leur alambic pour la distillation , aussi-bien que de la *veßie de cuivre* , qui doit être couverte de la *tête de more* , faite du même métal ou d'étain , de crainte que les esprits ou les huiles qu'on distille , ne tirent quelque substance vitriolique du cuivre ; il seroit aussi nécessaire , que tous les vaisseaux de cuivre, dont on se servira en Chymie , fussent étamés pour empêcher ce que nous venons de dire ; il faut aussi se servir de bassins amples & larges , surquoi on posera une cloche d'étain proportionnée , pour la distillation des fruits récens , des plantes succulentes & des fleurs. Ces trois sortes de vaisseaux suffiront pour la distillation , qui se fait des vapeurs qui s'é-levent en haut.

Mais il faut avoir des *cornues* ou des *.retortes* , & de grands & amples *récipiens* , pour la distillation qui se fait des vapeurs , qui sont contraintes de sortir de côté , ce que les Artistes ont reconnu nécessaire ; parce que ces vapeurs ne peuvent pas être facilement élevées à cause de leur pesanteur : il est même quelquefois nécessaire d'avoir des *retortes ouvertes* par le haut , qui soient ou de métal , ou de terre ; comme aussi des récipiens à deux & à trois canaux, ou à deux & à trois ouvertures , pour en ajuster d'autres à ce premier , afin de con-

denfer plus facilement & plus fubitement;
les exhalaifons & les vapeurs qui fortent
de la matiere ignifiée ; car fi cela ne fe
faifoit pas, il faudroit de néceffité, ou que
le vaiffeau qui contient la matiere, fe rom-
pît, ou que le récipient fautât en l'air, s'il
étoit feul, parce qu'il n'y auroit pas affez
d'efpace pour contenir, recevoir & tempérer l'impétuofité des fumées, que le feu
envoye.

Il faut avoir des *matras* à long col, & qui
foient d'embouchure étroite pour la digeftion : on peut auffi fe fervir à cet effet de
vaiffeaux de rencontre, qui font deux vaiffeaux, qui s'embouchent l'un dans l'autre,
afin que rien ne puiffe exhaler de ce qui eft
utile.

On fe fert de *pélicans* pour la circulation,
& même des *jumeaux*, qui font deux cucurbites avec leurs chapiteaux, dont les
becs entrent dans le ventre de la cucurbite
oppofée. Les rencontres peuvent auffi fervir
à cette opération ; mais elles ne font pas
fi commodes, que les deux vaiffeaux précédens.

Il faut fe fervir d'*aludels* pour la fublimation, ou de quelques autres vaiffeaux
analogues ; comme de mettre des pots de
terre, qui s'embouchent les uns dans les
autres, ou des *alambics aveugles*, c'eft-à-
dire, fans becs : on fe fert auffi de papier

bleu, qui soit fort & bien collé, pour en faire des cornets qui reçoivent les exhalaisons des matieres sublimables, comme cela se verra, quand on sublimera les fleurs de benjoin.

Pour la fonte ou pour la fusion, aussi-bien que pour la cémentation & la calcination, il faut avoir des *creusets*, qui soient faits d'une bonne terre qui résiste au feu, & qui soit capable de retenir les sels en fonte, & d'empêcher l'évaporation de leurs esprits, & même de tenir les métaux en flus; il faut aussi avoir des couvercles pour les creusets, qui se puissent ôter & remettre avec les mollets, afin que les charbons, ou quelque autre corps étranger, ne tombent pas dans la matiere qui est au feu; ou qu'on puisse lutter ces couvercles bien exactement, comme cela se pratique dans les cémentations.

Il faut avoir finalement des *terrines* & des *écuelles*, des *cuillieres* & des *spatules* de verre, de fayence, de grais, ou de quelque autre bonne terre, qui soit vernissée ou non vernissée, qui serviront pour les dissolutions, les exhalations, les évaporations, les cristallisations, & particuliérement pour les resolutions à l'air.

Ceux qui voudront travailler aux véritables fixations, auront besoin des œufs philosophiques, ou d'un autre instrument qui

eſt de mon invention, que je ne peux appeller autrement que du nom de l'œuf dans
l'œuf, ou *Ovum in ovo* ; il participe de la
nature du pelican, pour la circulation, & de
celle de cet inſtrument, qu'on appelle un
enfer, à cauſe que tout ce qu'on y met
n'en peut jamais ſortir : ce vaiſſeau ſert à la
fixation du mercure ; il a auſſi la figure d'un
œuf qui eſt enfermé dans un autre, ſi bien
que c'eſt comme le racourci & la véritable
perfection de ces trois vaiſſeaux, qui peuvent ſervir à la fixation.

Or, comme la naïve deſcription de tous
ces vaiſſeaux ne peut être faite par écrit,
& que la démonſtration eſt beaucoup plus
avantageuſe que la lecture, on aura recours
pour cet effet à la planche qui eſt à la fin de
ce Chapitre, où l'on en verra la repréſenta-
tion, qui ſervira de modele.

CHAPITRE IV.

De la diverſité de toutes ſortes de fourneaux.

IL ne ſuffit pas que le Chymiſte ait de la
chaleur & des vaiſſeaux, il faut qu'il ait
auſſi des fourneaux pour régler & pour
gouverner ſa chaleur & ſon feu, pour appliquer & ajuſter les vaiſſeaux au dégré de
feu, qu'il jugera convenable à ſa matiere.

Les fourneaux ſont des inſtrumens, qui

Fourneau

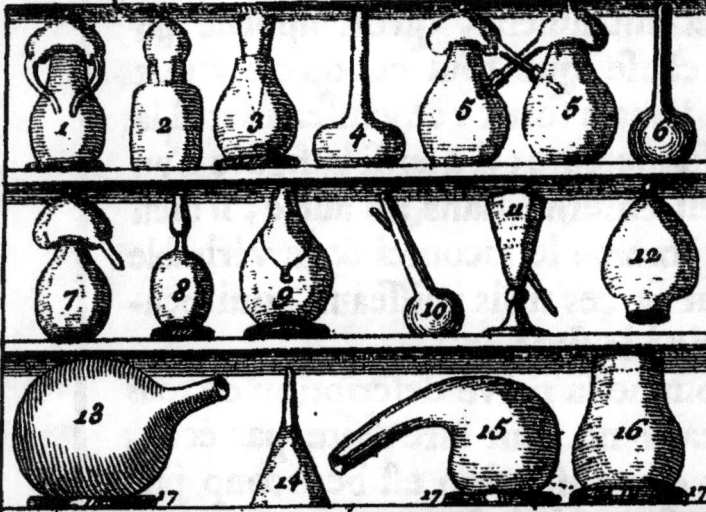

1. Pelican ou Vaisseau circulatoire.
2. Vaisseau de rencontre.
3. Enfer.
4. Matras qui a le cul plat.
5 5. Les jumeaux.
6. Matras ordinaire.
7. Alambic d'une piece.
8. Oeuf Philosophique.
9. Oeuf dans l'Oeuf.
10. Petit matras.
11. Verre separatoire.
12. Alambic aveugle ou Chapiteau sans bec.
13. Recipient.
14. Entonnoir de verre.
15. Cornue ou Retorte.
16. Cucurbite ou pot d'alambic.
17. Rond de paille qui soutient les Vaisseaux.

Figure I .   Tom. I. Pag.152 .   Figure 2 .

Fourneau &f pour les Sublimations.

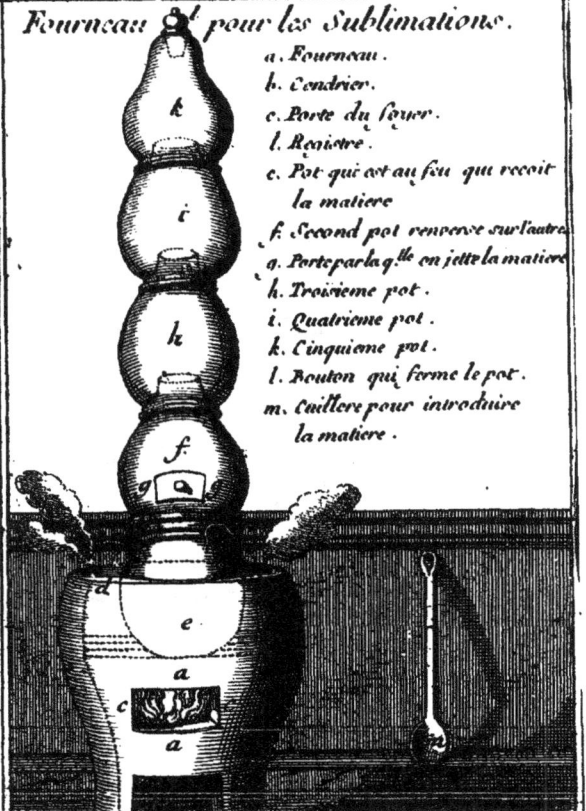

a. Fourneau.
b. Cendrier.
c. Porte du foyer.
l. Registre.
e. Pot qui est au feu qui reçoit
    la matiere.
f. Second pot renversé sur l'autre.
g. Porte par la q.lle on jette la matiere.
h. Troisieme pot.
i. Quatrieme pot.
k. Cinquieme pot.
l. Bouton qui ferme le pot.
m. Cuillere pour introduire
    la matiere.

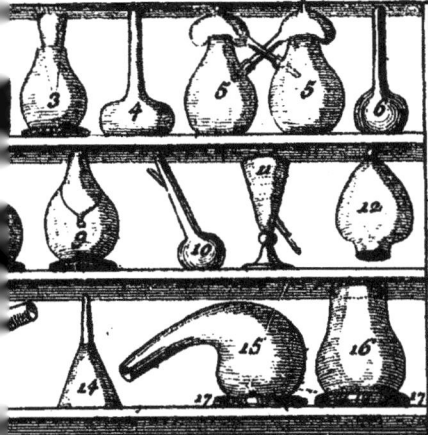

aisseau   11. Verre separatoire.
                 19. Alambic aveugle ou
rencontre.   Chapiteau sans bec.
                 13. Recipient.
a le cul   14. Entonnoir de verre.
                 15. Cornue ou Retorte.
                 16. Cucurbite ou pot d'alambic.
aire.   17. Rond de paille qui
ne piece.   soutient les Vaisseaux.
ophique.
l'Oeuf.

font deftinés aux opérations qui fe font par le moyen du feu, afin que la chaleur puiffe être retenue & comme bridée, pour la pouvoir gouverner felon le jugement, l'habileté & l'intention de l'Artifte. On leur donne divers noms, felon la diverfité des opérations aufquelles ils font appropriés. Car ils font fixes & immobiles, ou mobiles & portatifs. Nous ne parlerons ici que des fourneaux immobiles, puifque ce font ceux qui fervent plus utilement aux opérations de la Chymie; & nous laifferons les autres à la fantaifie de ceux qui feront curieux de s'appliquer à ce bel Art. La matiere des fourneaux eft triple; fçavoir, les briques, le lut, & les ferremens; leur forme fe prend de leur utilité.

Tous les *fourneaux* doivent avoir *quatre parties*, qui leur font abfolument néceffaires, de quelque forme qu'ils puiffent être conftruits, qui font premiérement, le *cendrier* avec fa porte, qui fert pour recevoir & pour retirer les cendres qui tombent du charbon : fecondement, il y a la *grille*, qui reçoit & qui foutient le charbon. Il y a en troifiéme lieu, le *réchaux* ou le *foyer* avec fa porte, pour jetter le charbon fur la grille, qui doit avoir fes *regiftres*, pour gouverner & pour régir la chaleur du charbon allumé, qui eft contenu dedans. Il y a finalement l'*ouvroir* ou le *laboratoire*,

qui doit contenir les vaiffeaux & les matieres fur quoi on travaille. Ce font-là les
remarques générales qui fe doivent faire
fur la matiere & fur la conftruction des
fourneaux. Il faut enfuite dire quelque
chofe de leur ufage, & faire la defcription
de leurs parties.

Il faut que nous commencions par le
fourneau, qu'on appelle ordinairement
ATHANOR, qui eft un mot Arabe, ou
plutôt dérivé du Grec, pour fignifier que
ce fourneau conferve une chaleur perpétuelle. On lui donne ce nom par excellence, parce que ce fourneau n'eft pas feulement plus utile que tous les autres, pour
une grande quantité d'opérations en même
tems ; mais auffi parce qu'il épargne le charbon, qu'il foulage les foins & l'affiduité
de l'Artifte, & que la chaleur qu'il communique, peut être régie avec une très-
grande facilité. Il faut que l'Athanor ait
quatre parties. La premiere, eft la *tour* qui
contient le charbon. La feconde, eft un
bain marie. La troifiéme, un *fourneau de
cendres*. Et la quatriéme, celui *du fable*.
La tour doit avoir quatre ou cinq pieds de
hauteur ou environ : un pied & demi de
quarrure en dehors, & dix pouces de diametre de vuide en dedans. Il faut qu'elle
ait fon cendrier & fa porte pour la communication de l'air, & pour retirer les

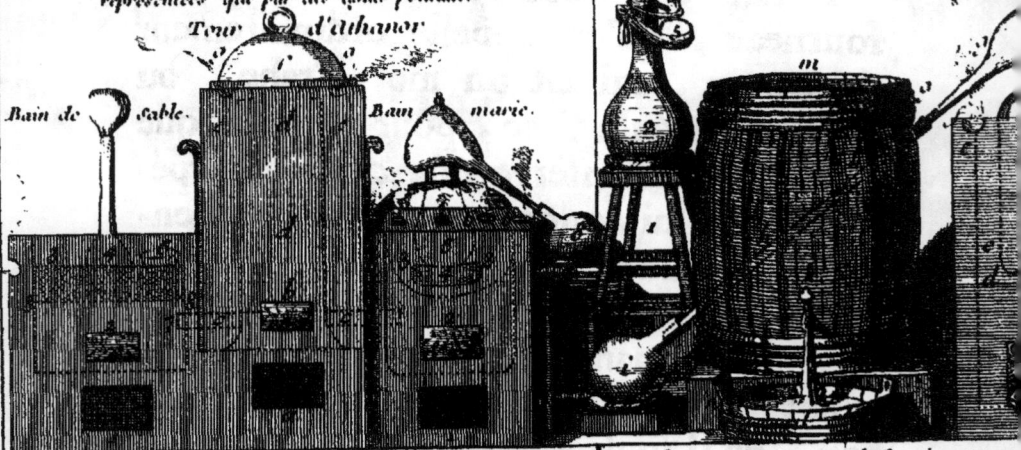

Tome I page 154.

Fig. 3.

Tome I page 160.

Avertissement pour ces Figures et les Suivantes.
Il y en a de geometrales et de perspectives avec peu d'ombre pour
mieux discerner leurs parties interieures lesquelles ne sont
representées que par des lignes ponctuées.

Tour d'Athanor.

Bain de sable.

Bain marie.

Vaisseau pour
separer les huiles
distillées

Fourneau
pour la distil
des Esprits et

1. Le Cendrier.	a Le Cendrier.	1. Le Cendrier.	b. Le feu.	l. Cuvier pour
2. Le Foyer.	b Le Foyer.	2. Le Foyer.	b. La Vessie.	m. Le Tonneau
3. Le lieu des cêdres ou du sable.	c Les ouvertures pour la communication du feu.	3. Le Chaudron du bain marie.	c. La tête de mort.	l'eau, pour
4. Un matras.	d Le vuide de la tour.	4. Rond qui soutient le corps de l'alambic.	d Barre de fer qui soutient la vessie.	n. Le soutient Vaisseau à
5. Une écuelle.	e Le Solide de la tour.	5. La Cucurbite avec son chapit.	e. Le vuide à l'entour de la vessie.	1. Escabeau qui le recipient.
6. Registres du feu.	f Le Couvercle de la tour.	6. Les registres du feu.	f. Les registres du feu.	2. Recipient a
7. l'entrée du feu qui vient de la tour.	g Deux cercles separés qui reçoivent le couvercle.	7. l'Escabeau qui porte le recipient.	g. Canal de la tête de mort.	3. Cotton, qui qui surnag
8. La platine qui soutient le sable.		8. Le Recipient.	h. Canal du tonneau.	4. Huile au a
			i. Recipient.	5. Une Phiole l'huille.
			k. Fontaine.	

Fig. 3. Tome I. page 150. Fig. 4.

pour ces Figures et les Suivantes,
en taille et de perspectives avec peu d'ombre pour
leurs parties interieures lesquelles ne sont
indiquées que par des lignes ponctuées

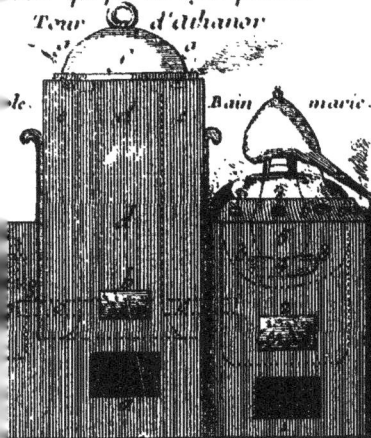

Tour d'Athanor

Bain marie.

Vaisseau pour separer les huilles distillées

Fourneau et Vaisseaux pour la distilation des eaux des Esprits et des huilles.

a. Le Cendrier	1. Le Cendrier.	a. Le feu.	l. Cuvier pour recevoir l'eau
b. Le Foyer	2. Le Foyer.	b. La Vessie.	m. Le Tonneau qui contient
c. Les ouvertures pour la communication du feu.	3. Le Chaudron du bain marie.	c. La tête de mort.	l'eau, pour rafraichir
d. Le vuide de la tour.	4. Rond qui soutient le corps de l'alambic.	d. Barre de fer qui soutient la vessie.	n. Le soutient du Tonneau Vaisseau des huiles
e. Le Solide de la tour.		e. Le vuide à l'entour de la vessie.	1. Escabeau qui soutient le recipient.
f. Le Couvercle de la tour.	5. La Cucurbite avec son chapiteau.	f. Les registres du feu.	2. Recipient avec de l'eau
g. Deux cercles separés qui reçoivent le couvercle.	6. Les registres du feu.	g. Canal de la tête de mort.	3. Cotton, qui tire l'huile et qui surnage l'eau
	7. L'Escabeau qui porte le recipient.	h. Canal du tonneau.	4. Huile au dessus de l'eau
	8. Le Recipient.	i. Recipient.	5. Une Phiole qui reçoit l'huile.
		k. Fontaine.	

cendres, & la porte du deſſus de la grille,
qui ne ſert que pour la nettoyer, & pour
ôter les terres & les pierrailles, qui ſe rencontrent quelquefois avec les charbons,
qui boucheroient la grille, qui empêche-
roient l'air, & qui par conſéquent étein-
droient le feu. Il faut auſſi que cette tour
ait trois ouvertures d'un demi pied de haut,
& de trois pouces de large aux trois autres
faces, qui ſoient faites au-deſſus de la
grille, afin qu'elles communiquent la chaleur au bain marie, au fourneau de cendres
& à celui du ſable, qui doivent être bâtis
contigus à cette tour, auſquels on fera auſſi
à chacun un cendrier & une grille avec ſa
porte, pour s'en ſervir en particulier ſans
la tour. Ces trous ſe doivent fermer avec
des platines de fer, qui ſe hauſſeront & ſe
baiſſeront, ſelon les dégrés du feu qu'on
voudra donner à l'un ou à l'autre de ces
fourneaux. On peut auſſi faire accommoder un chaudron quarré ou rond, qui ſervira pour boucher le deſſus de la tour, qui
peut être utile à beaucoup d'opérations, &
principalement aux digeſtions : ce chaudron s'emboitera entre deux fers, dont
l'un fera le bord du dedans de la tour, &
l'autre celui du dehors : il faut auſſi que le
vuide d'entre ces deux fers ſoit rempli de
cendres, ce qui empêchera l'expiration de
la chaleur par le haut de la tour; & ainſi

le feu fera contraint de pouffer fon action
par les côtés, y étant appellé par les regiftres, qui feront faits à chacun des trois
fourneaux. Cela fuffit pour comprendre la
ftructure & l'ufage de l'Athanor ; car pour
ce qui eft de la forme & de la figure, elle
dépend de l'Artifte.

On a encore befoin d'un fourneau diftil-
latoire, dans lequel on enferme la veffie
de cuivre, pour la diftillation des eaux de
vie, & pour celle des efprits ardens, qui fe
tirent par le moyen de la fermentation ;
auffi-bien que pour l'extraction des huiles
diftillées, qu'on appelle improprement
effences; & après avoir couvert la veffie de la
tête de more, il faut avoir un tonneau qui
ait un canal tout droit, ou qui foit fait en
ferpent, qui paffe au travers, qui reçoive
les vapeurs que le feu chaffe, & qui fe
condenfent en liqueur dans ce canal, par
le moyen de l'eau fraîche qui eft contenue
dans le tonneau.

Il faut que ceux qui veulent opérer fur
les minéraux & fur les métaux, ayent un
fourneau d'épreuve & de cémentation, qui
n'eft autre chofe qu'un rond de briques
d'un pied de diametre en dedans, & haut
de huit ou neuf pouces, auquel on laiffe
un trou pour le foufflet, après avoir fait le
premier rang de briques, qui doivent être
très-exactement jointes & liées enfemble

Fig. 5.   Pag. 157.   Fig. 6.

Four a vent   ou le Fourneau
de   fonte.

Four a   Lampe

a.   Portes du Cendrier.
b.   Porte du Foyer.
c.   Culotte, qui soutient
    le Creuset.
d.   Creuset.
e.   Pilliers, qui soutiennent
    le fourneau.
f.   Le corps du fourneau.
g.   Le couvercle en dôme.

h i k l Canaux, qui restraignent
    le feu, qui s'emboîtent les
    uns dans les autres.
m. Tenaille pour tirer le
    creuset du feu.
n. Pincette ou molets
o. Radoir, pour nettoier
    la grille.

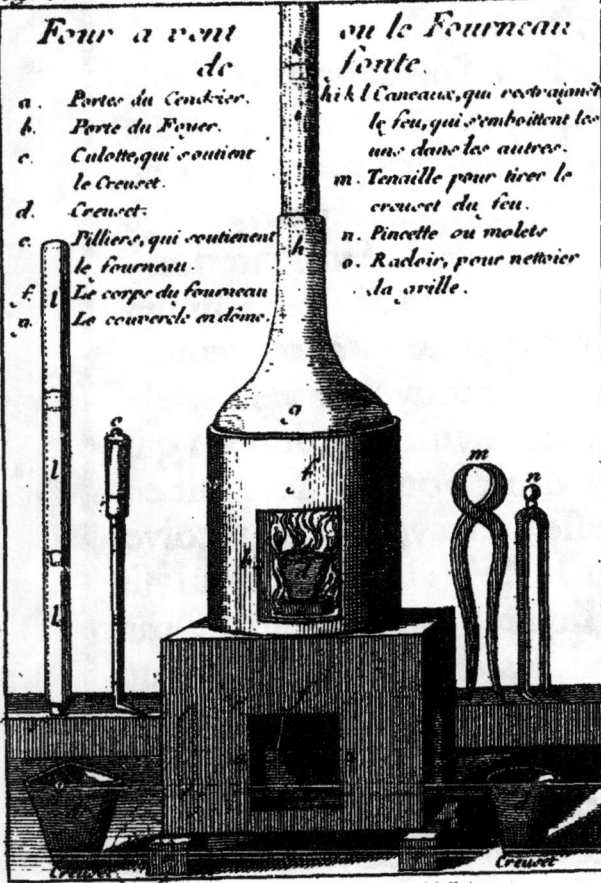

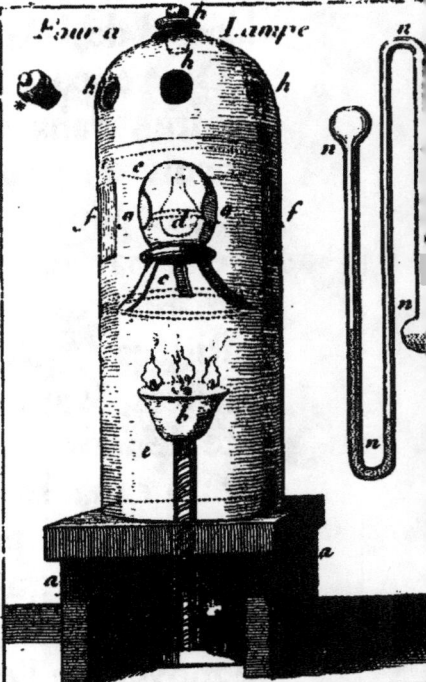

a.   Le soutient du fourneau.
b.   Lampe qui se hausse et baisse avec un
c.   Tripié qui soutient le vaisseau.
d.   Vaisseau avec l'Oeuf Philosophique
e.   Premiere seconde et troisieme piece a
f.   Fenêtre vitrées pour voir la matiere.
g.   Vitres ovale opposée aux autres
h.   Registres.   ✱ Bouton pour fermer les

Creuset

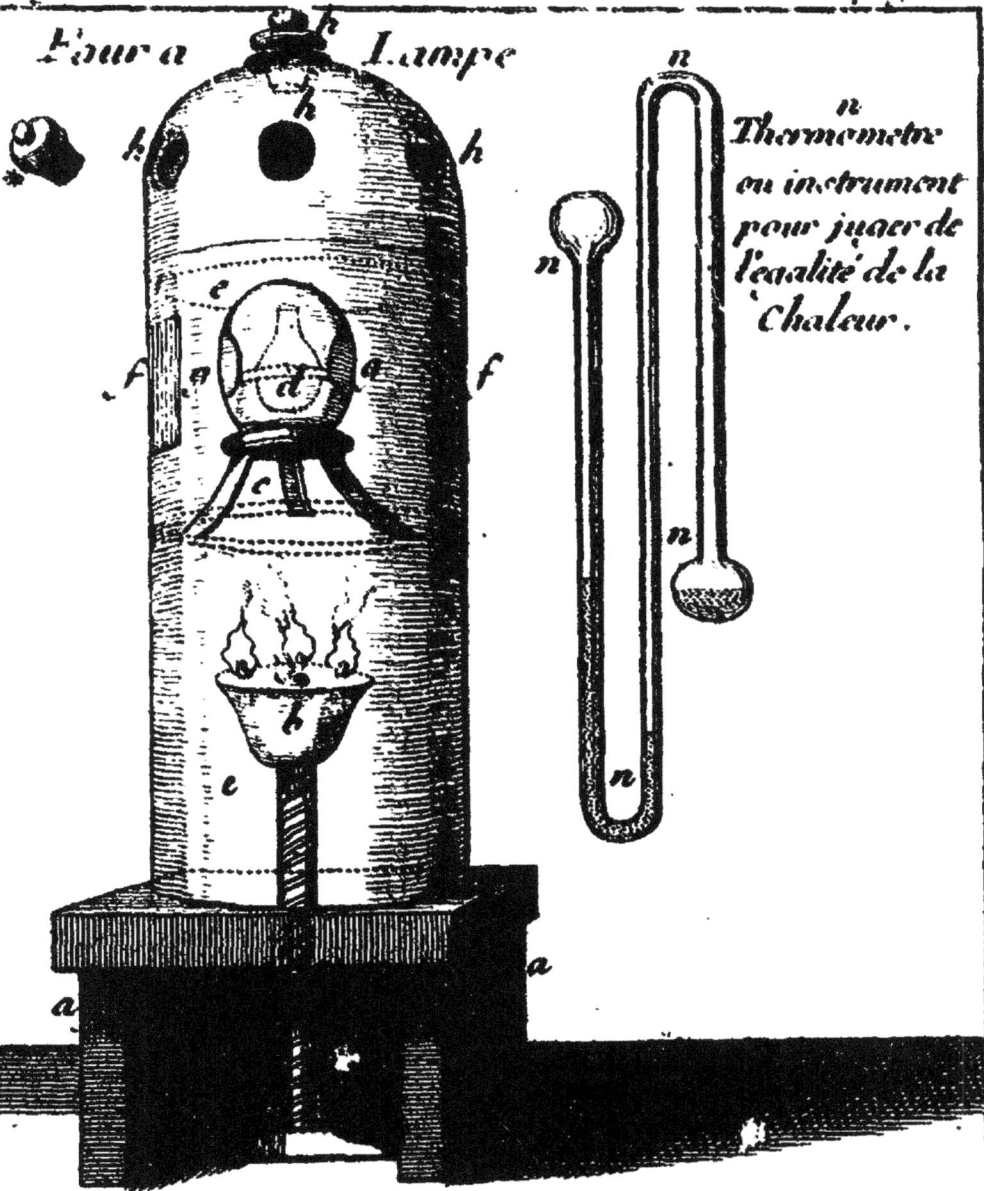

Fig. 6.

Tom I. p. 29 161.

Four a Lampe

Thermometre
ou instrument
pour juger de
l'egalité de la
Chaleur.

a. Le soutient du fourneau.
b. Lampe qui se hausse et baisse avec une visse.
c. Tripié qui soutient le vaisseau.
d. Vaisseau avec l'Œuf Philosophisque.
e. Premiere Seconde et troisieme piece du fourneau.
f. Fenetre vitrées pour voir la matiere.
g. Vitres ovale opposée aux autres
h. Registres.   ✳ Bouton pour fermer les registres.

par un bon lut qui réſiſte bien au feu : ce fourneau peut auſſi ſervir à coupeller & à calciner.

Un laboratoire ne peut être bien accompli, s'il n'eſt fourni d'un *fourneau de réverbere*, qui doit être clos ou ouvert. On appelle clos, celui dans lequel on peut diſtiller les eaux fortes & les eſprits des ſels, comme de nitre, de vitriol, du ſel commun & des autres choſes de pareille nature. Celui qu'on appelle ouvert, c'eſt celui dans lequel on peut réverberer & calciner, par le moyen de la flamme qui doit paſſer ſur la matiere du derriere en devant, y étant attirée par une ouverture d'un demi pouce de largeur, & de la longueur de tout le fourneau, qu'on laiſſe derriere la platine de fer, qui ſoutient les matieres qu'on veut réverberer ; & cette même flâme ſort par une autre ouverture de pareille dimenſion, qui ſera le long du haut du fourneau en devant, immédiatement au-deſſous de ſon couvercle, qui doit être plat ſans aucun autre regiſtre que cette longue ouverture du devant.

Il faut finalement avoir un *fourneau à vent*, pour les fontes minérales & pour les métalliques, pour les vitrifications & pour les régules. Il faut que la grille ſoit poſée ſur un quarré ſoutenu ſur quatre pilliers, afin que le vent & l'air ayent une libre

entrée, & qu'ainſi ils ſervent de ſoufflets ;
il faut qu'il y ait une ouverture d'un pied
en quarré aux quatre faces de ce ſoubaſſe-
ment ; puis on bâtira une tour ronde de la
hauteur de quinze pouces & de huit pouces
de diametre en dedans ; que la porte pour
l'entrée des creuſets, ſoit de ſept ou huit
pouces de largeur, & de dix de hauteur ; il
eſt néceſſaire de couvrir cette tour d'un
couvercle qui ſoit en dôme, avec un canal
au-deſſus, qui ſoit percé d'un trou de trois
pouces de diametre, ſur lequel on en emboitera un autre de la hauteur de trois ou
quatre pieds, afin de concentrer mieux
l'action du feu à l'entour du creuſet ou des
autres vaiſſeaux, qui contiennent la matiere
qu'on veut fondre. Il faut boucher l'entrée
des creuſets avec une porte de bonne terre
qui ſoit de trois pieces.

Mais comme ceux qui s'adonnent au travail de la Chymie, ne ſont pas toujours
ſédentaires, & qu'ainſi ils ne peuvent être
fournis de toutes les ſortes de fourneaux ;
il faut que je donne la maniere d'en bâtir
un, qui pourra ſervir ſucceſſivement à toutes les opérations de cet Art, pourvû qu'on
ait les vaiſſeaux néceſſaires, & qui ſoient
de la même meſure du fourneau que je dé-
crirai, ce qui ſe fait ainſi.

Il faut bâtir un fourneau d'un pied &
demi en quarré, faire le fond du cendrier

d'une brique plat, & continuer d'élever le mur d'alentour de deux briques, & laisser le vuide au milieu avec la porte en devant de quatre pouces de haut, qui sont deux briques : couvrez ensuite la porte d'une brique, & achevez le tour du quarré de la même égalité ; posez la grille qui soit de sept barreaux de fer de la grosseur du maître doigt, qui soient forgés carrément : il faut poser ces barreaux sur leur trenchant ou leur arrête, afin que les cendres puissent mieux couler, & qu'ainsi elles ne suffoquent pas le feu ; qu'il n'y ait que la distance de l'épaisseur du doigt indice entre chacun de ces barreaux ; puis après avoir égalé l'épaisseur de votre fer avec des tuilleaux ou avec du carreau, qui est à peu près de la même épaisseur, & bien lutté le tout ensemble, il faut commencer à bâtir en hotte, & ne laisser que six pouces de découvert de votre grille, faisant à chaque lit de vos briques une retraite de trois lignes, ce que vous continuerez jusqu'à dix pouces de hauteur, qui est un espace nécessaire, tant pour contenir le charbon, que pour le jeu du feu ; il faut aussi laisser une porte de la même grandeur, que celle du cendrier ; après avoir achevé cela, il faut poser de plat deux barres de fer de la grosseur d'un pouce, à la distance d'un demi-pied l'une de l'autre ; puis égaler le mur avec du gros carreau , ou avec quelque autre corps de pareille épaiſſeur ; & bâtir après cela tout à l'entour trois briques de côté , pour avoir plus d'eſpace pour poſer les vaiſ-ſeaux néceſſaires aux opérations qui ſui-vent.

Si on veut travailler au bain marie , il faut avoir un chaudron rond , qui ſoit pro-portionné de diametre au-dedans de votre fourneau , & qui n'ait qu'un pied de haut , afin de l'emboiter dans ce fourneau ; & l'eſ-pace qui ſera dans les coins , ſervira pour faire des regiſtres pour l'évocation, ou pour la rémiſſion de la chaleur.

Il faut avoir auſſi un autre chaudron , qui ait le fond de bonne taule ou de plan-che de fer , avec le contour qui ſoit de moindre épaiſſeur , qui ſoit approprié pour entrer dans le même fourneau , qui ſervira pour diſtiller & pour travailler aux cen-dres , au ſable & à la limaille de fer : ſi ce chaudron étoit d'un bon fer de cuiraſſe , & qu'il fût forgé tout d'une piece , il pourroit auſſi ſervir de bain marie.

Que ſi on veut travailler avec la retorte, on peut poſer un couvercle ue pots de terre, renverſé ſur les barres , & mettre ſur ce couvercle une poignée de ſable, qui ſervira de lut pour empêcher que le verre ne ſe caſſe , & que le feu n'agiſſe trop prompte-ment ſur le vaiſſeau & ſur la matiere qu'il contient : après quoi, il n'y a plus qu'à couvrir le dessus du fourneau d'une terrine de terre non vernissée, qui soit percée au milieu, afin que ce trou serve de registre avec les quatre autres angles, pour la direction du feu.

Si l'Artiste désire de se servir de fourneau, à la fonte, à la calcination, à la cémentation, ou à la réverbération, il pourra le faire après avoir ôté le haut des briques qui sont bâties de côté, comme aussi les barres, afin qu'il puisse introduire ses vaisseaux & ses matieres plus librement & plus facilement.

C'est ce que nous avions à dire des fourneaux, qu'on bâtit avec le lut & les briques, il ne reste plus qu'à dire quelque chose du *fourneau de lampe*, qui peut servir aux plus curieux à plusieurs opérations Chymiques. Ce fourneau doit être fait d'une bonne terre boleuse, qui soit compacte, bien pétrie, bien alliée, & qu'elle soit bien cuite, afin que la chaleur de la lampe ne puisse transpirer ; & afin que cela n'arrive pas, on pourra faire un enduit au-dedans & au-dehors du fourneau, après qu'il sera cuit avec des blancs d'œufs, qui soient réduits en eau par une continuelle agitation.

Ce fourneau doit être de trois pieces, qui fassent en tout la hauteur de vingt &

un pouces, qu'il soit de l'épaisseur d'un pouce, & qu'il ait en dedans huit pouces de diametre. Il faut que la premiere piece de ce fourneau qui est sa base, soit de la hauteur de huit pouces, qu'il soit percé par le bas de quatre pouces & demi de diametre, afin que cette couverture serve pour l'introduction de la lampe, qui doit être de trois pouces de diametre & de deux de profondeur, qu'elle soit ronde & couverte d'une platine qui soit percée au milieu d'un trou, qui puisse recevoir une méche de douze fils au plus, & qu'il y ait encore six autres trous de pareille grandeur, qui soient proportionnés à une distance également éloignée de celui du milieu. La seconde piece sera de sept pouces de haut, il faut qu'elle s'emboite juste dans la premiere piece, & qu'elle ait quatre pattes de terre qui soient d'un pouce hors œuvre, pour soutenir un vaisseau de terre ou de cuivre, qui aura six pouces de diametre & de quatre de haut, qui servira de bain marie & de capsule, pour les cendres ou pour le sable. Il faut aussi que cette seconde piece soit percée de deux trous à l'opposite l'un de l'autre, qui soient d'un pouce & demi de diametre, ausquels on ajustera deux cristaux de Venise. Ces deux trous se doivent faire entre la hauteur du quatriéme pouce & du dernier de la hauteur, qui serviront de

fenêtre, pour voir le changement des couleurs dans les opérations, comme aussi les
dissolutions, en opposant une chandelle
allumée d'un côté & regardant de l'autre,
parce que le vaisseau & la matiere qu'il
contiendra, seront entre deux. La troisiéme
piece du fourneau doit être de six pouces,
pour achever les vingt & un pouces de la
hauteur entiere, qui doit être faite en
dôme ou en hémisphere, qui soit percée
au haut, d'un trou d'un pouce de diametre,
qui reçoive plusieurs pieces de trois lignes
chacune, qui aillent toujours en étrécis-
sant jusqu'à un bouton fait en pyramide,
qui fermera le dernier. Il faudra qu'il y ait
encore quatre autres trous de la même
façon, qui soient faits dans le troisiéme &
quatriéme pouce de la hauteur, & qui
soient également distans les uns des autres:
ce sont ces trous qui servent de registre au
four à lampe, dont la chaleur est régie,
pour l'augmentation ou pour la rémission
de son feu, par l'éloignement & par l'approche de la lampe, qui doit être posée sur
un rond de bois, qui soit ajusté sur un à
vis qui l'éleve, ou qui l'abaisse autant qu'on
voudra, comme aussi en augmentant le
nombre des méches, & en faisant ces méches d'un ou de plusieurs fils, selon que les
opérations le demanderont.

Mais ce qu'il y a de plus considérable

pour la remarque du plus ou du moins de chaleur, se voit par le moyen du thermo-metre, qui est un instrument de verre, dans lequel on met de l'eau, qui marque très-exactement les dégrés de la chaleur, par l'a-baissement & l'élévation de cette eau. On pourra rectifier les huiles, dont on se ser-vira pour la lampe sur des sels fixes faits par calcination, afin qu'elles fassent moins de suie, & qu'elles agissent plus puissam-ment, puisque cette rectification leur ôte leur humidité excrémenteuse & leur super-flu. Les méches doivent être d'or ou d'alun de plume, ou d'amianthes, qui est un mi-néral qui se trouve dans l'Isle d'Elbe, aus-quelles on pourra substituer la moëlle in-terne de sureau ou de jonc, qui soit bien dessechée, qu'il faudra changer de vingt-quatre heures en vingt-quatre heures, ce qui fait qu'il faut avoir deux lampes, qu'on substituera l'une à l'autre, afin qu'il n'y ait aucune intermission de la chaleur. Si on se sert de la méche de moëlle de sureau, il faut qu'il y ait une petite pointe de fer aigue qui soit soudée au fond de la lampe, & qui réponde au milieu du trou du cou-vercle qui doit contenir la méche.

La figure de tous ces fourneaux se verra dans la planche, qui est à la fin de ce Chapitre. Il faut seulement dire encore deux mots des instrumens de fer qui sont

Figure 7. Tom. I. pag.

Le Refrigere complet de cuivre.

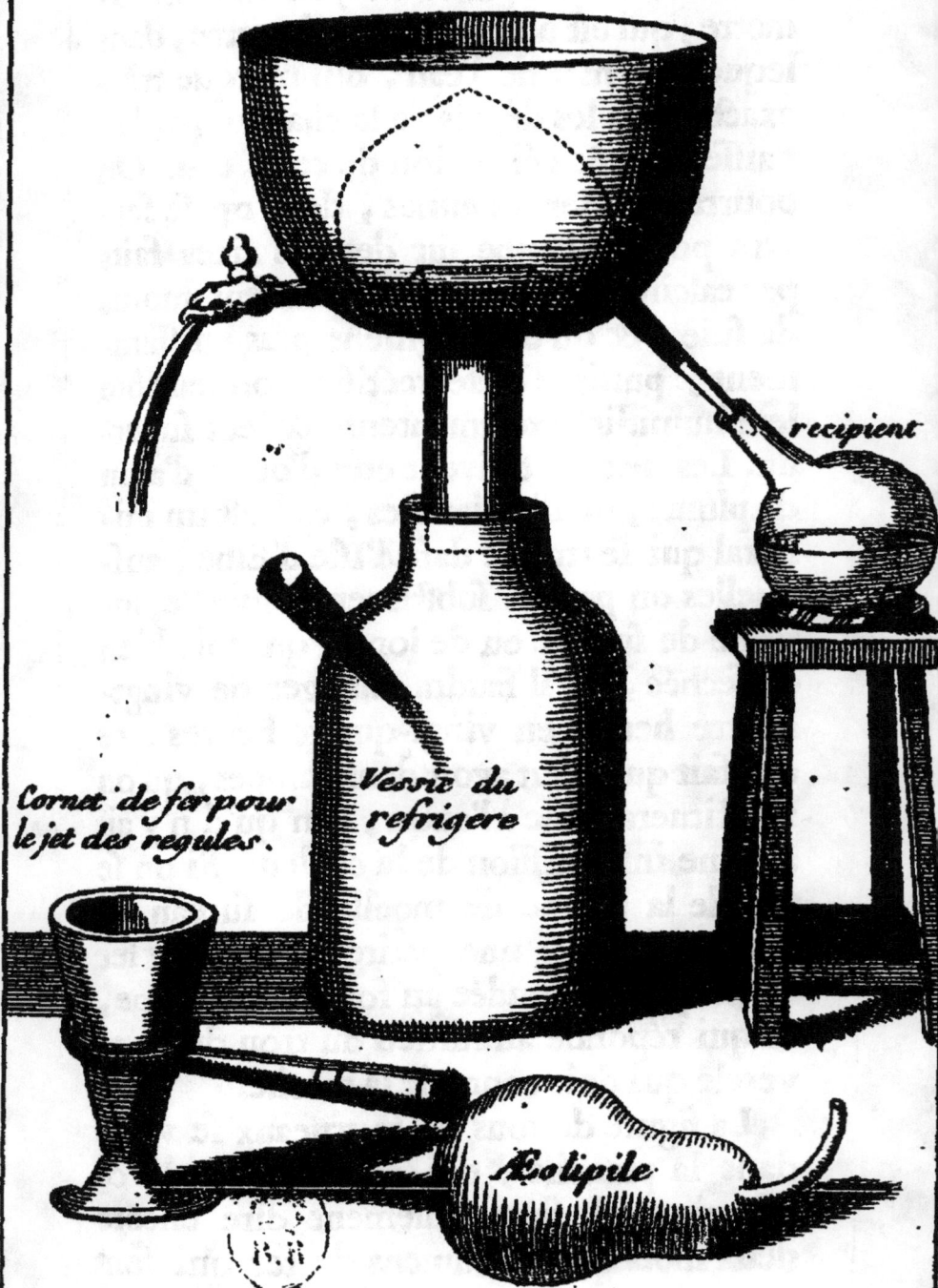

recipient

Cornet de fer pour
le jet des regules.

Vesie du
refrigere

Æolipile

seau pour   alkoholiser l'esprit de vin
s la   premiere distilation.

Fig. 8.

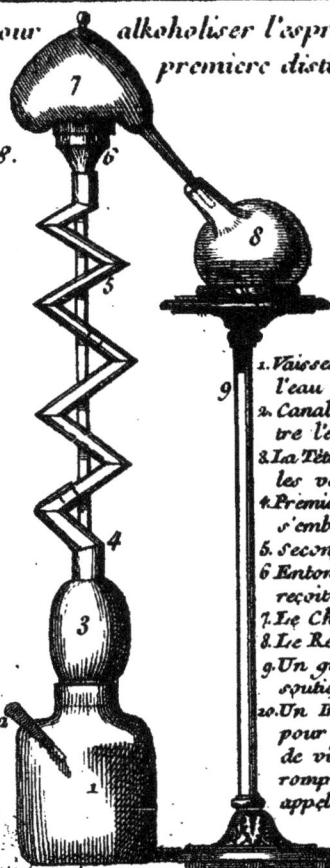

1. Vaisseau qui reçoit
   l'eau de vie.
2. Canal pour met-
   tre l'eau de vie.
3. La Tête qui reçoit
   les vapeurs.
4. Premiere piece qui
   s'emboitte.
5. Seconde piece.
6. Entonnoir qui
   reçoit le chapiteau.
7. Le Chapiteau.
8. Le Recipient.
9. Un gueridon qui
   soutient ce Recipiẽt
10. Un Instrument
    pour vuider l'eau
    de vie sans inte-
    rompre la distilatiõ
    appellé Siphon.

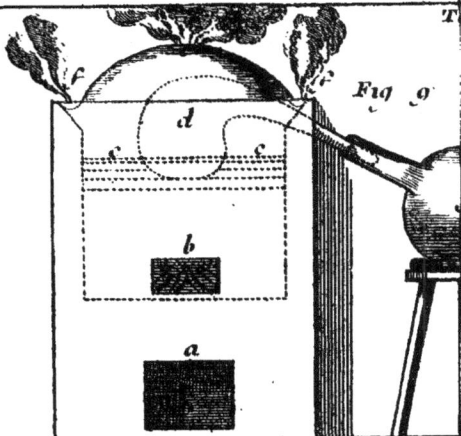

Fig. 9.

Fourneau commun pour toutes les o
pourveu qu'on y approprie les vaisseau
nous l'avons dit au chapitre des fo
voyés page 157.

a. Le Cendrier.
b. Le Foyer avec sa grille.
c. Barres de fer qui soutiennent la re
d. La retorte ou Cornüe.
e. Le couvercle du fourneau.
f. Les trous ou registres pour supprim
g. Le Recipient.
h. La Selle qui soutient le Recipient

pour alkoholiser l'esprit de vin
premiere distilation.

1. Vaisseau qui reçoit
l'eau de vie.
2. Canal pour met-
tre l'eau de vie.
3. La Tête qui reçoit
les vapeurs.
4. Premiere piece qui
s'emboîte.
5. Seconde piece.
6. Entonnoir qui
reçoit le chapiteau.
7. Le Chapiteau.
8. Le Recipient.
9. Un gueridon qui
soutient ce Recipiē
10. Un Instrument
pour vuider l'eau
de vie sans inte-
rompre la distilatiō
appellé Siphon.

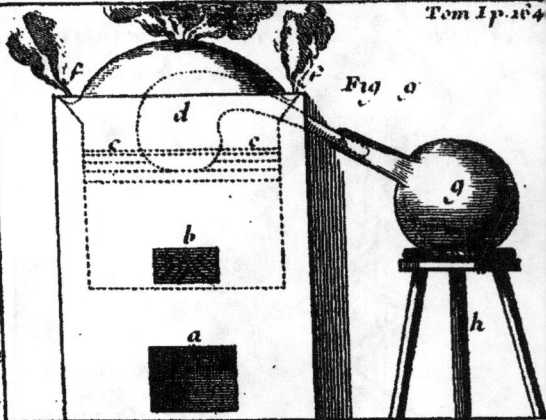

Fig. 9.

Fourneau commun pour toutes les operation
pourveu qu'on y approprie les vaisseaux comi
nous l'avons dit au chapitre des fournea
voyés page 157.

a. Le Cendrier.
b. Le Foyer avec sa grille.
c. Barres de fer qui soutiennent la retorte.
d. La retorte ou Corniie.
e. Le couvercle du fourneau.
f. Les trous ou registres pour supprimer le fe
g. Le Recipient.
h. La Selle qui soutient le Recipient.

néceffaires pour les fourneaux : car il faut
avoir des tenailles pour tirer les creufets du
feu, des mollets ou des pincettes, un ra-
cloir fait en crochet pour nettoyer les grilles,
& une pelle de fer pour tirer les cendres.
Il faut aufli avoir un cornet de fer, forgé
& bien foudé pour le jet de regules, dont
on verra aufli la figure avec les inftrumens
de verre.

CHAPITRE V.

Des lutations.

APrès avoir fait la defcription de la
variété des vaiffeaux & de leurs ufages, auffi-bien que de la diverfiré des fourneaux, il faut parler de toutes les lutations,
tant du lut ou du mortier qui fert à la fabri-
que des fourneaux, que du lut qui fert à la
confervation des vaiffeaux, & à radouber &
raccommoder leurs caffures, & même à leur
mutuelle conjonction.

Le lut qui doit être employé à la conftruction des fourneaux, fe doit faire avec
de la terre argileufe, qui ne foit pas trop
graffe, de peur qu'elle ne faffe des fentes,
& qui ne foit pas trop maigre, ni trop fa-
bleufe, de peur qu'elle n'ait pas affez de
liaifon : il faut détremper cette terre avec
de l'eau, dans quoi on aura détrempé de la

crotte de cheval en bonne quantité & de
la fuie de cheminée, afin que cela communique à l'eau un fel, qui donne la liaifon & la réfiftance au feu. Que fi on fe
veut fervir de ce même lut, pour enduire
& pour lutter les vaiffeaux de verre ou de
terre qu'on expofe au feu ouvert, & principalement pour les retortes, il y faudra
ajoûter du fel commun, ou de la tête morte
d'eau forte, du verre pilé & des paillettes
de fer, qui tombent en bas de l'enclume
quand on forge; & on aura un lut qui ré-
fiftera fi bien au feu, qu'il fera impénétra-
ble aux vapeurs, jufques-là qu'il fert de
retorte, lorfque celles de verre font fon-
dues par la longueur & la grande violence
du feu de flamme, qu'on donne fur la fin
des opérations qu'on fait fur les minéraux.
Quand nous avons parlé des vaiffeaux,
nous avons dit qu'il y en avoit qu'on de-
voit joindre enfemble pour une feule opération; & que lorfque les fubftances fur-
quoi on travaille, font fubtiles, pénétrantes
& étherées, il eft néceffaire que les jointures des vaiffeaux foient très-exactement
luttées. Il faut donc qu'il y ait trois fortes
de luts, pour joindre les vaiffeaux enfemble, lorfqu'ils ne font pas expofés au feu
ouvert; le premier, eft le lut, qui fe fait
avec les blancs d'œufs battus & réduits en
eau par une longue agitation, dans quoi il

faut tremper des bandelettes de linge, surquoi il faut poudrer de la chaux vive, qui
soit réduite en poudre subtile, puis poser
une autre bande de linge moüillé, puis
poudrer & continuer ainsi jusqu'à trois
fois ; mais notez qu'il ne faut jamais mêler
la poudre de la chaux vive avec l'eau des
blancs d'œufs, d'autant que le feu secret
de cette chaux les brûleroit & les durciroit,
qui est pourtant une faute que beaucoup
d'Artistes commettent : on peut aussi tremper de la vessie de porc, ou de celle de
bœuf dans l'eau de blancs d'œufs, sans se
servir de la chaux, & principalement dans
la rectification & dans l'alkoholisation des
esprits ardens, qui se tirent des choses
fermentées. Le second lut, est celui qui se
fait avec de l'amidon, ou avec de la farine
cuite & réduite en boüillie avec de l'eau
commune : ce lut suffit pour lutter les vaisseaux, qui ne contiennent pas des matieres
si subtiles. Le troisiéme, n'est rien autre
chose que du papier coupé par bandes plié
& trempé dans l'eau, qu'on met à l'entour
du haut des cucurbites, tant pour empêcher
que le chapiteau ne froisse la cucurbite,
que pour empêcher les vapeurs de s'exhaler : cette lutation n'a point de lieu, que
lorsqu'on évapore & qu'on retire quelque
menstrue, qui ne peut être utile à quelque
autre opération.

Il faut auffi faire un bon lut, pour les fiffures des vaiffeaux & pour les joindre enfemble, lorfqu'ils doivent fouffrir une grande violence de feu. Il y en a de deux fortes. Le premier, eft celui qui fe fait avec du verre réduit en poudre très-fubtile, du Karabé, ou du fuccin & du borax, qu'il faut détremper avec du mufcilage de gomme arabique, qu'on appliquera aux jointures des vaiffeaux ou à leurs caffures; & après que cela fera bien feché, il faudra paffer un fer rouge par-deffus, qui leur donnera une liaifon & une union prefque parfaite avec les vaiffeaux. Mais fi on ne veut pas tant prendre de peine, il faut faire fimplement un lut avec du fromage mol, de la chaux vive & de la farine de ségle, & l'expérience fera voir qu'il eft très-excellent pour cet effet.

Que fi vous adaptez le col de la cornue au récipient, pour la diftillation des eaux fortes & des efprits des fels, il faut prendre fimplement du lut commun & de la tête morte de vitriol ou d'eau forte, avec une bonne poignée de fel commun, qu'il faut bien pétrir enfemble avec de l'eau, dans quoi on aura diffout le fel, & boucher avec ce lut l'efpace qui joint le récipient & la cornue enfemble, & le faire fécher à une chaleur lente, afin qu'il ne faffe point de fentes; que s'il arrivoit qu'il fe fendît,

il

il faut avoir soin d'en bien refermer les fentes, à mesure qu'elles se font, parce que cela est de grande importance pour empêcher l'exhalaison des esprits volatils.

On peut encore ajoûter légitimement à toutes ces lutations, le lut ou le sçeau de Hermès, qui n'est rien autre chose que la fonte du verre, dont le col du vaisseau est fait : il faut pour cet effet donner le feu de fusion peu à peu, & lorsqu'on voit que le col du vaisseau commence à s'incliner par la chaleur du feu qui fond le verre, il faut avoir des ciseaux qui soient forts, & couper le col de ce vaisseau à l'endroit où le verre commance à couler : cela fait une compression qui unit les bords du verre inséparablement. Que si on aime mieux le serrer en pointe, en tortillant le col du vaisseau peu à peu, il faut après mettre le petit bout à la flamme de la chandelle ou de la lampe, afin qu'il se forme un petit bouton, qui bouche bien exactement un petit trou, qui demeure ordinairement au bout du tortis, & qui est presque imperceptible.

Or, comme les vaisseaux ne sont pas toûjours fabriqués selon que nous le désirerions, & qu'il en faut ôter souvent quelque partie, qui peut incommoder dans les opérations ; il faut aussi enseigner de quelle façon cela se pourra faire sans risquer le

vaiſſeau , ce qui ſe fait en rompant & caſ-
ſant le verre également en travers : on y
procede de trois façons , ſçavoir , ou en
appliquant un fer rouge pour commencer la fente ou la fiſſure , ou en faiſant
trois tours de fil ſoufré à l'entour du col du
vaiſſeau , s'il eſt gros & épais , ou finalement en échauffant & tournant le vaiſſeau
qu'on veut caſſer , à la flamme de la lampe
ou de la chandelle , s'il eſt petit & mince ; & lorſque le verre eſt bien échauffé par
l'un de ces trois moyens , il le faut eſſuyer,
& jetter deſſus quelques gouttes d'eau froide , qui feront une fente , qu'il faudra
continuer & conduire juſqu'au bout avec
de la méche d'arquebuſe allumée , en
échauffant le verre en ſoufflant ſur le charbon de la méche , & ainſi on ne riſquera
jamais les vaiſſeaux.

C H A P I T R E V I.

De l'explication des caraſteres & des termes, dont les Auteurs ſe ſont ſervis en Chymie.

Comme les anciens Sages cachoient les
ſecrets de la nature ſous des ombres
& ſous des obſcurités , de peur que le vulgaire ignorant ne profanât la ſacrée Philoſophie ; les Philoſophes Hermétiques ,
qui ſont les Chymiſtes , en ont uſé de mê-

me pour ne pas rendre leur science commune, & pour ne pas profaner les miste-
res admirables qu'elle contient : c'est pourquoi ils se sont servis de marques & de caracteres hieroglifiques, aussi-bien que de
quelques termes qui sont inusités aux autres, pour exprimer plusieurs choses, qui
sont de l'essence de la théorie ou de la
pratique de leur art. Ce qui fait que nous
avons jugé à propos d'expliquer, autant
que nous pourrons, ce que signifient ces
marques & ces termes obscurs, afin que
lorsque les curieux de la Chymie les ren-
contreront dans les Auteurs anciens ou
dans les modernes, cela ne les rebute pas,
& ne leur fasse commettre aucune faute :
assurant que ce que nous en dirons, donnera assez de lumiere aux nouveaux Chymistes, pour les introduire dans la claire
intelligence de tous les livres, qui traitent
de cette belle Physique.

Les Chymistes se servent encore, outre
toutes ces marques, de plusieurs termes
obscurs pour cacher leur science, qui semblent très étranges aux novices en cet art :
c'est pourquoi il faut aussi que nous en ex-
pliquions quelques-uns des plus cachés,
pour mieux faire connoître les autres. Ainsi ils ont appellé *Lili*, la matiere pour faire
quelque teinture excellente, soit de l'antimoine, ou de quelque autre chose ; l'eau

forte, l'eſtomac d'Autruche ; le ſel armoniac ſublimé, l'aigle étenduë ; la teinture d'or, le lion rouge ; celle du vitriol, le lion verre ; les deux dragons, le mercure ſublimé corroſif & l'antimoine ; le beure d'antimoine, l'écume envenimée des deux dragons ; la teinture de l'antimoine, ſang de dragon ; & lorſque cette teinture eſt coagulée, ils l'ont nommée la gelée du loup. Ils appellent encore la rougeur qui eſt dans le récipient, quand on diſtille l'eſprit du ſel de nitre, le ſang de la Salamandre. Ils ont appellé la vigne, le grand végétable ; & le tartre, l'excrément du ſuc du plan de Janus, & beaucoup d'autres noms qui ſont plus ou moins énigmatiques, que nous ne rapporterons pas ici, tant à cauſe que cela ſeroit inutile & ennuyeux, que parce qu'ils peuvent être facilement conçûs & entendus par la lecture & par le travail, qui ſont les deux fils qui peuvent faire ſortir de ce labirinthe. Ainſi nous finirons ce Chapitre & ce premier Livre, pour entrer par le ſecond de notre deuxiéme partie, dans la deſcription ingénuë que nous donnerons du travail, de la préparation des remedes, & des excellens uſages auſquels ils peuvent être appliqués. Et les caracteres ſont expliqués dans la Table ci-jointe.

Figure 20.

l'Explication des Caracteres chimiques

Terme		Terme		Terme		Terme
Acier fer ou mars		Chaux		Jumeaux, Sig. Celeste		Sagittaire, Sig
Aimant		Chaux vive		Lion, signe celeste		Savon
Air		Cimenter		Lit sur lit ou stratum		Scorpion Sig.
Alambic		Cinabre c'est le		super stratum SSS SSS		Sel alkali
Alun		Vermillon 33		Luter		Sel armoniac
Amalgame a a a		Cire		Marcassite		Sel commun
Ana, quantité égale		Coaguler		Mercure precipité		Sel gemme
Antimoine		Creuset		Mercure sublimé		Soude
Aquarius ou Verseau, Signe Celeste		Cristal		Sept Metaux		Souffre
Argent ou lune		Cuivre calciné ou Es ustum		Mois		Souffre noir
Argent vif ou mercure		Digerer		Minium		Souffre vif
Aries ou le Belier, Signe Celeste		Distiller		Nitre ou Salpetre		Souffre des P
Arsenic		Eau		Nuit		
Atrament, Couperose blanche		Eau forte		Or ou Soleil		Sublimer
Bain		Eau regale		Orpiment		Talk
Bain marie ou marin		Eau de vie		Plomb ou Saturne		Tartre
Bain vaporeux		Esprit SP		Poissons, sig celeste		Taureau, Sig c
Balance, Signe celeste		Esprit de vin		Poudre		Terre
Borax		Estain ou Jupiter		Precipiter		Tête morte
Briques		Farine de briques		Purifier		Tutie
Calciner		Feu		Q. S. quantité suffisante		Verre
Camphre		Feu de roue		Quinte essence Q E		Vierge, Signe
Capricorne, Sig. Cel.?		Fixer		R. c'est prenez		Verdet ou vert
Cancer, Signe Celeste 69		Filtrer		Realgar		Verseau, signe
Cendres		Fleur d'airrain		Retorte, Cornuë		Vinaigre
Cendres gravelées		Gomme		Sable		Vinaigre distil
		Heure		Saffran de Venus		Vitriol
		Huile		Saffran de Mars		Urine

Acier fer ou mars......♂	Chaux......CC	Jumeaux, Sig. Celeste..♊	Sagittaire, Sig...
Aimant......	Chaux vive......	Lion, signe celeste......♌	Savon......
Air......	Cimenter......	Lit sur lit ou stratum	Scorpion, Sig...
Alambic......	Cinabre......c'est le...	super stratum SSS SSS	Sel alkali...
Alun......	Vermillon......33	Luter......	Sel armoniac...
Amalgame aaa......	Cire......	Marcassite......	Sel comun...
Ana, quantité égale......	Coaguler......	Mercure precipité......	Sel gemme...
Antimoine......	Creuset......	Mercure sublimé......	Soude......
Aquarius ou Verseau,	Cristal......	Sept Meteaux......	Soufre......
Signe Celeste......	Cuivre calciné ou Es	Mois......⊠	Soufre noir......
Argent ou lune......☽	ustum......	Minium......	Soufre vif......
Argent vif ou mercure...☿	Digerer......	Nitre ou Salpetre......	Soufre des P...
Aries ou le Belier, Signe	Distiller......	Nuit......	
Celeste......♈	Eau......	Or ou Soleil......☉	Sublimer......
Arsenic......	Eau forte......	Orpiment......	Talk......
Atrament, Couperose....	Eau regale......	Plomb ou Saturne......♄	Tartre......
blanche......[]	Eau de vie......	Poissons, sig celeste..♓	Taureau, Sig...
Bain......B	Esprit......SP	Poudre......	Terre......
Bain marie ou marin..MB	Esprit de vin......	Precipiter......	Tête morte......
Bain vaporeux......VB	Estain ou Jupiter......♃	Purifier......	Tutie......
Balance, Signe celeste ♎	Farine de briques......	Q. S. quantite suffisante	Verre......
Borax......	Feu......△	Quinte essence......QE	Vierge, Signe...
Briques......	Eau de roue......	R. c'est prenez	Verdet ou vert...
Calciner......	Fixer......	Realgar......	Verseau, signe...
Camphre......	Filtrer......3	Retorte, Cornuë......	Vinaigre......
Capricorne, Sig. Cel?..♑	Fleur d'airrain......	Sable......	Vinaigre disti...
Cancer, Signe Celeste..♋	Gomme......	Saffran de Venus......	Vitriol......
Cendres......	Heure......	Saffran de Mars......	Urine......
Cendres grablées......	Huile......		
Ceruse......	Jour......		

....CC	Jumeaux, Sig. Celeste .Ⅱ	Sagittaire, Sig. Celeste ♐
....✶	Lion, Signe celeste ......♌	Savon ....◊
....Z	Lit sur lit ou stratum..	Scorpion, Sig. celeste ...♏
..st. le.	super stratum SSS SSS	Sel alkali ......🜔 🜕 🜖
..☿ 33	Luter ....⌒	Sel armoniac ....✳
......	Marcassite ......♂ ♁ 🜷	Sel commun ......⊕ ⊕ 🜶
..Æ Æ	Mercure precipité ☿ 🜹	Sel gemme ......🝆 🜔
♃ ♉ ♅	Mercure sublimé ....☿ ☿	Soude ....🝆
......Ƈ	Sept Metaux ....🜳	Souffre ......🜍 🜎 🜏
ou Es	Mois ....⊠	Souffre noir ....🜏
⊕☽☽3	Minium ....🜓	Souffre vif ....🜏
.....☽	Nitre ou Salpetre ......🜕	Souffre des Philosophes
∿∿∿∇	Nuit ....♊♊	......🜏
......♈	Or ou Soleil ....☉	Sublimer ....⊸⊸ oo
...V͞	Orpiment ......⊂⊐ ⊓	Talk ....✕
V̆ V̆	Plomb ou Saturne ♄ ♄	Tartre ....🝓 🜿 🜽
.....♈	Poissons, Sig. celeste ♓	Taureau, Sig. celeste ♉
∼SP	Poudre ....🜄	Terre ....🜃
.∇ ◇◇	Precipiter ....🝐	Tête morte ....🜄
...♃	Purifier ....♒	Tutie ....🝔
.......▦	Q. S. quantité suffisante	Verre ....o🝎
...△	Quinte essence ......Q E	Vierge, Signe Celeste ♍
...⊚	R. c'est prenez	Verdet ou vert de gris ⊕
...♆	Realgar ......♂ ♂♂ ♃	Verseau, Signe Cel ...∿
...3	Retorte, Cornuë ......⌒	Vinaigre ......✕ ✚
...♌	Sable ....🜍	Vinaigre distillé ..✳ ✚
.8♃8	Saffran de Venus ...🝚	Vitriol ....🜖
⚇ 🝡	.....♀ o⌔ ⊅	Urine ....⊡
⦿o 🜰	Saffran de Mars ♂ 🝞
...♈

℈ſ Demi grain .

℈j Grain, c'est la pesanteur d'un
grain de bled.

℈ſ Demi Scrupule fait 12. grains.

℈i. Un Scrupule ou 24 grains ;
c'est le tiers d'une dragme .

ʒſ Demi Dragme ou demi gros,
fait 36. grains.

ʒi. Une Dragme ou un gros
fait 72. grains.

℥ſ Demi once, faisant quatre
dragmes ou gros.
Les Allemands comptent
par Lot; et le Lot fait une
demi once .

℥i. Une Once faisant huit
dragmes ou gros.
Le Marc pese huit onces;
on ne le dit gueres que
pour la monnoie.
Jadis en Medecine la
livre etoit de 12. onces ;
aujourdhuy elle est de 16.
dans quelques provinces
la Livre n'est que de 14.
onces.

SECONDE PARTIE.
LIVRE SECOND.
Des Opérations Chymiques.

CHAPITRE I.

*Des observations nécessaires pour la sépara-
tion & pour la purification des cinq premieres substances, après qu'elles ont été
tirées des composés.*

LE feu est un puissant agent & une
cause équivoque , qui éleve facilement les substances évaporables, sublimables & volatiles, comme sont le phlegme,
l'esprit & l'huile. Le phlegme est élevé le
premier, à cause qu'il n'adhére pas beaucoup aux autres, & c'est pour cela qu'il ne
faut qu'un feu lent pour son extraction,
comme il faut aussi un feu plus fort pour
faire sortir l'huile, à cause de sa viscosité
& de son union avec le sel; & l'esprit
requiert encore un feu plus violent à
cause de sa pesanteur, puisque les esprits

H iij

ne font que des fels ouverts , comme les
fels ne font que des efprits coagulés.
Quelquefois le phlegme , l'huile & l'efprit
montent confufément enfemble avec beaucoup de fel , par la grande violence & par
la véhemence du feu ; & même on trouve
fouvent beaucoup de terre , qui s'eft fubli-
mée avec ces fubftances , comme on le peut
voir en la fuye des cheminées , dont on
peut faire aifément la féparation des cinq
fubftances.

On peut donc féparer le *phlegme* , qui
fort le premier à la chaleur du bain tiéde ,
ou à quelque autre , qui lui foit analogue.
On le fépare de l'*huile* par l'entonnoir , parce que l'huile furnage ; mais il le faut féparer de l'efprit par la chaleur temperée du
bain marie , ou quelque autre femblable ;
car cette chaleur eft capable de faire monter le phlegme,& ne peut pouffer l'*efprit* en
haut à caufe de fa pefanteur : il faut donc
un feu plus fort pour fublimer l'efprit ,
comme celui des cendres , du fable ou de la
limaille , ou même de quelque chaleur
plus vive , felon la nature particuliere de
l'efprit.

Le *fel* & la *terre* n'ont pas une étroite liaifon enfemble , c'eft pourquoi on les peut
facilement féparer par le moyen de quelque liqueur aqueufe , qui eft le menftruë
le plus propre pour diffoudre les fels , &

pour les séparer de la terre : & comme la terre est d'une nature indissoluble, elle se précipite au fond par sa pesanteur. Après qu'on aura séparé le sel de cette maniere, il faut filtrer la lessive, & faire évaporer jusques à pellicule le menstruë dans des écuelles de verre, de fayence ou de grais, puis les exposer au froid pour faire cristaliser le sel, qu'il faut dessécher à une chaleur lente, puis le mettre dans des vases de verre, qui soient bien bouchés, afin d'empêcher qu'ils ne se résoudent par l'attraction de l'humidité de l'air.

Mais il faut remarquer que les *esprits ardens*, qui sont faits des choses fermentées, sont encore plus légers que le phlegme, & qu'ainsi ils montent les premiers ou dans leur distillation, ou dans leur rectification. L'exemple en est familier & remarquable dans la façon dont se fait le vin : car si on prend du moût pour le distiller, avant qu'il ait été fermenté, il ne montera que du phlegme ; car l'esprit demeurera lié & attaché avec le sel essentiel de ce suc, qui s'épaissira en un extrait fort doux & très-agréable : au lieu que si l'on attend à distiller cette liqueur, après que la fermentation aura été faite dans les celliers, on tirera un esprit ardent le premier, le phlegme suivra, & il ne restera au fond qu'un extrait ingrat & mauvais, parce que ce sel essentiel

du moût aura été volatilisé en esprit par
l'action de la fermentation.

La difference des vaisseaux & les divers
dégrés du feu, servent aussi beaucoup à séparer & à rassembler ces diverses substances, après qu'elles sont déliées les unes des
autres : car la liaison étant une fois rom-
pue, chacune se retire à part ; mais lorsque le feu intervient, il met & réduit le
tout en vapeurs & en exhalaisons, que les
Artistes reçoivent en des vaisseaux divers,
selon la diversité de ces substances. Ainsi
on sépare facilement l'esprit de l'huile par
l'entonnoir, soit qu'elle surnage comme
les huiles des fleurs & des semences, soit
qu'elle aille au fond, comme celle qui se
tire des aromats & des bois. Mais on ne
sépare le sel de l'esprit que par une grande
& violente chaleur, à cause de la grande
sympathie, qui est entre l'esprit & le sel :
ce qui fait remarquer qu'il faut des sels
pour fixer les esprits, & qu'il faut aussi ré-
ciproquement des esprits pour volatiliser
les sels.

Chacun pourra recueillir de soi-même,
sur ce que nous avons dit ci-devant, plusieurs autres belles considérations pour ce
qui concerne les distillations des mixtes,
qui sont abondans en sel, en esprit, ou en
huile, ou en quelque autre substance moyenne entre cestrois ; mais il faut surtout re-

marquer géneralement, que les animaux
& leurs parties ne requierent dans les opérations que l'on fait fur leur fubftance,
qu'une chaleur très lente, à caufe qu'ils
font compofés d'une huile & d'un efprit,
qui font très-volatils, & que les végetaux
& leurs parties demandent une chaleur
d'un dégré plus exalté, fuivant le plus ou
le moins de fixité qu'ils ont en eux ;
mais les minéraux, & fur tout la famille
des fels, demandent la chaleur la plus violente.

Lorfque les huiles, les efprits & les autres
fubftances montent confufément enfemble,
il les faut rectifier, c'eft-à-dire, qu'on les
purifie par une diftillation réiterée. Or le
feu lent & léger emporte & enleve facilement le phlegme d'avec le fel, le fel fe cache dans le fein de la terre, & ne la quitte
point, jufqu'à ce que l'efprit & l'huile en
foient féparés par l'augmentation du feu,
qui acheve de défunir le compofé par la
violence de fon action ; & cela étant achevé, il faut verfer de l'eau fur la terre,
qu'on appelle ordinairement & affez improprement tête morte ; & cette eau réfout
& diffout le fel, après quoi on évapore le
menftrue, & le fel fe trouve au fond du
vaiffeau, tranfparent & criftallin, fi c'eft
un fel effentiel, qui eft toujours de la nature du nitre, pourvû qu'on y laiffe une

H v

portion du phlegme, afin que le sel se cristallise dedans : mais si le sel est un sel alkali, qui se fait par la calcination, il le faut évaporer à sec, & le sel se trouve au fond du vaisseau, en forme de pierre opaque & friable.

Toutes ces remarques sont très nécessaires dans la pratique, parce qu'on n'a souvent besoin que d'une de ces substances, qui soit séparée de toutes les autres : c'est pourquoi il faut la sçavoir tirer du mêlanlange des autres, d'autant que quand les autres y sont encore jointes, l'effet que nous désirons, est empêché par la connexion & la présence des principes associés : car une partie du mixte peut être astringente & coagulative; & l'autre sera dissolvante & incisive, selon la diversité des principes, qui composent ce mixte : ces parties demeurant jointes ensemble, préjudicient l'une à l'autre, si bien que quand on a l'intention de dissoudre, il faut connoître & sçavoir séparer le principe dissolvant à part, comme il faut prendre le principe coagulatif pour coaguler.

Les premieres dissolutions ont toujours quelques impuretés, & sentent ordinairement l'empyreume, & principalement celles qui sont faites sans addition de quelque menstrue avec grande violence de feu, comme les huiles qu'on tire par la retorte,

qui font craffes & remplies de quelque
portion du fel volatil du mixte , & quelquefois du fel fixe , qui monte par l'extrème action du feu. C'eft pourquoi il faut
fçavoir le moyen de féparer ces differentes
parties : car fi l'huile qui aura été diftillée,
eft remplie de ces impuretés , ou qu'elle
ait acquis une odeur empyreumatique ; il
faut la rectifier fur des fels alkali , comme
fur le fel de tartre , ou fur des cendres gra-
velées , ou encore fur le fel des cendres du
foyer : car la fimpathie qu'il y a entre les
fels , fera qu'ils fe joindront enfemble ;
ou pour parler plus philofophiquement ,
les fels fixes tuëront par leur action les fels
volatils , qui font ordinairement acides ,
& ainfi l'huile montera claire , fubtile, &
fans avoir cette odeur de fumée , & que
le fel volatil charrie avec foi comme une
éfpece de fuie. Que fi la premiere rectification n'eft pas fuffifante , il faudra la réiterer fur d'autres fels , ou fur le même fel
dont on fe fera déja fervi , pourvû qu'on
l'ait auparavant fait rougir dans un creufet , pour lui faire perdre l'impureté & la
mauvaife odeur , qu'il avoit acquife dans
la premiere rectification.

Il faut féparer les impuretés des efprits ,
par leur rectification fur des terres , qui
foient privées de tout fel , ou fur des cendres dont on aura tiré le fel par les leffives:

parce que si on les rectifioit sur des corps ;
qui eussent du sel en eux, ce sel retiendroit
une portion de l'esprit ; ou si l'esprit étoit
plus puissant, il volatiliseroit le sel, & le
sublimeroit avec soi, à cause de leur sim-
pathie mutuelle, qui fait qu'ils se lient &
qu'ils s'unissent très-étroitement ensemble. Ceux qui ont ignoré l'action, la réaction & les diverses fermentations qui se
font dans le travail de la Chymie, par le
moyen & par le mélange des sels & des
esprits, ont erré, & ont commis des fautes irréparables ; comme cela se peut remarquer par la lecture des Praticiens Chymiques.

On peut purifier les sels volatils, en les
dissolvant dans leurs propres esprits, après
quoi il les faut filtrer pour en séparer les
héterogenéités, ou matieres étrangeres,
puis les pousser dans des cucurbites basses,
ou dans des cornuës, qui ayent le col bien
large ; ainsi on fera deux opérations à la
fois : car on rectifiera l'esprit, & on sublimera le sel volatil, qui n'est autre chose
qu'esprit coagulé, ou qu'une substance qui
est d'une nature moyenne entre les sels &
ses esprits, par le mélange d'une petite
portion du soufre interne du mixte dont
il a été tiré.

Pour ce qui est des sels essentiels, comme sont ceux qu'on tire des sucs des plan-

tes vertes & succulentes, où le nitre & le tartre prédominent, qui contiennent en eux les principes, qui possedent l'essence & la principale vertu du mixte ; il les faut purifier ou avec de l'eau de pluie distillée, ou dans l'eau qu'on aura tirée des sucs des plantes ; puis il faut passer ces dissolutions sur des cendres du foyer, ou sur celles qui auront été faites par la calcination du marc des plantes, qui auront été pressées, afin que cela serve comme de filtration, pour ôter les terrestéités & les viscosités, qui pourroient empêcher la cristallisation de ces sels : il faut ensuite évaporer ce qui aura été coulé, jusqu'à la réduction du quart de toute l'humidité, puis verser le reste dans une terrine qu'on mettra en lieu froid, pour laisser cristalliser la substance saline, qui est contenue dans la liqueur.

Quant aux sels alkali ou fixes, qui se font par la calcination, il les faut purifier en réverberant les cendres jusqu'a ce qu'elles soient grises ou blanchâtres ; après cela il s'en fait une lessive qu'on filtre & évapore jusqu'à sec, si c'est le sel de quelque plante qu'on a distillée, il faudra réiterer la dissolution de ce premier sel dans l'eau propre de cette plante, afin que ce qui est spirituel & de sel essentiel dans cette eau, se joigne au sel fixe qui le retiendra, ce qui augmentera sa vertu : c'est même ce qui empêchera que ce sel ne se résoude à l'air aussi facilement qu'il feroit. Si le sel a été ainsi préparé, on le peut exposer au froid pour le cristallifer, après avoir été évaporé jusqu'à pellicule ; mais si c'est une simple lessive, il la faut évaporer jusqu'à sec, après qu'elle aura été filtrée.

Tout ce que nous venons de dire, doit faire connoître qu'il ne faut épargner ni peine, ni travail, pour séparer & pour purifier toutes ces diverses substances ; puisque c'est une chose qui est absolument nécessaire, afin que l'une ne soit pas contraire à l'autre, & qu'ainsi on puisse se servir de ces beaux remedes, selon les véritables indications de la Médecine : car ces substances étant jointes encore ensemble, nuisent quelquefois plus qu'elles ne soulagent, & ce mêlange empêche que ce qui peut faire à notre intention, n'agisse selon toute l'étendue de la vertu du sel, de l'huile ou de l'esprit, parce que la faculté de l'une de ces choses est empêchée & rabbatuë par la viscosité, ou par la sécheresse de l'autre.

Toutes ces remarques génerales peuvent être appliquées à toutes les préparations Chymiques, qui se font non seulement sur les animaux & sur les végetaux ; mais aussi à celles qui se font sur les minéraux ; &

autant pour ceux qui travaillent à la métallique, que pour ceux qui cherchent des remedes pour exercer la Médecine, qui ne travaillent que pour contenter leur curiosité, & pour l'examen des vérités physiques.

CHAPITRE II.

Apologie des remedes préparés selon l'art de la Chymie.

J'Ai crû qu'il étoit nécessaire de décharger ceux qui font profession de la Chymie, des calomnies & des impositions que les ignorans de ce bel Art leur imputent, avant que de faire la description des préparations des remedes, dont les véritables Médecins se servent ; afin de précautionner de défenses, & de munir de raisons ceux qui s'adonnent à cette science, contre la foiblesse de leurs ennemis. Je dis que ces ennemis des Chymistes & de la Chymie sont ignorans, parce qu'ils n'ignorent pas seulement la vraie préparation & les véritables effets de ces remedes, mais qu'ils ignorent encore de plus & la nature & ses effets, qui ne peuvent être découverts que par ceux qui travaillent sur les productions naturelles, & qui anatomisent exactement

& curieufement toutes les parties qu'elles
contiennent en particulier.

Mais avant que d'alléguer les raifons que
les Galéniftes & les Chymiftes peuvent
apporter de part & d'autre dans le differend
& le procès qui eft entre eux, il faut trouver premierement un Juge competent &
capable de décider la queftion; c'eft-à-dire,
qu'il faut que ce Juge ait une exacte connoiffance de la fcience & des opinions des
uns & des autres. Car un Galénifte ne pourroit blâmer & réfuter légitimement la théorie & la pratique de la Chymie, s'il n'a-
voit une parfaite connoiffance des deux
parties de cet Art. D'une autre part le Chymifte ne peut réfuter l'erreur des Galéniftes, s'il n'a la connoiffance de leur doctrine toute entiere. Mais afin que perfonne
ne fe fcandalife, il faut qu'on fçache qu'il
y a une grande difference entre les Galéniftes & la doctrine de Galien, & que ce
n'eft pas contre cet Auteur que la Chymie
déclame, parce qu'elle fçait le defir extrème qu'il a eu de pouvoir être Chymifte;
puifqu'il a recherché avec une grande avidité une fcience qui lui apprît à féparer les
diverfes fubftances, dont les mixtes font
compofés. Mais aujourd'hui tel fe dit être
Galénifte, qui n'a cependant jamais mis le
nez dans les œuvres de Galien; & tel fe
vante de fuivre la doctrine d'Hipocra-

te, qui n'a toutefois jamais examiné sa pratique. Il faut donc appeller Galénistes, ces Médecins qui ne le font que de nom seulement, & qui après avoir pris quelques écrits dans une Université, qui leur donne la créance que la Médecine n'est rien autre chose qu'une science du chaud & du froid, s'en vont après cela dans quelque ville pour y pratiquer, où tous leurs discours ne sont tissus que de la chaleur & de la froidure, tout leur entretien & toute leur science ne prêchent que le plus ou le moins de ces premieres qualités. Mais le grand Fernel, qui a été l'ornement de son siécle, confesse & fait paroître, après avoir reconnu cette erreur, qu'il y a beaucoup d'autres vertus dans les mixtes, pardessus ces premieres qualités, comme il le fait voir évidemment sur la fin de son second Livre, *De abditis rerum causis*, où il montre comment il faut tirer la vertu séminale qui est contenue dans les choses, & qui est avec vérité le siége de toute leur activité.

Il faut donc établir la Philosophie Péripatéticienne pour juge de cette controverse, pourvû qu'elle soit imbuë de la belle connoissance de la Médecine Galénique, aussi-bien que de celle de la Médecine chymique, afin qu'ainsi personne ne soit juge & partie. Pour cet effet il faut se dépoüiller de tous les préjugés qu'on pour-

roit avoir pour l'un ou pour l'autre de ces
deux Arts, pour les soumetre à l'examen
de la raison, qui est la pierre de touche,
qui découvre la bonté ou la faussété de
toutes les sciences.

Les Galénistes, tels qu'ils ont été dé-
peints, blâment premierement les remedes, qui ont été préparés selont l'art de la
Chymie, pour trois causes. La premiere
est, parce que ces remedes ne peuvent être
faits que par le moyen du feu : la seconde,
parce qu'on les tire des minéraux ; & la
troisiéme, parce qu'ils agissent avec trop
de violence.

C'est à quoi il faut répondre par ordre,
& dire premierement, que s'il falloit blâmer tout ce qui passe par le feu, & tout
ce qui ne peut être fait sans ce moyen,
les Cuisiniers qui apprêtent les alimens,
& les Apoticaires même qui préparent les
médicamens selon leurs régles, s'y oppo-
seroient. Secondement, que tous les remedes Chymiques ne sont pas tirés des minéraux, quoiqu'on leur puisse dire qu'ils s'en
servent eux-mêmes dans leur pharmacie ;
mais que la plus grande & la meilleure
partie des plus excellens remedes Chymiques sont tirés de la famille des animaux
& des végetaux. Et pour la troisiéme raison, il faut dire, que s'il y en a quelques-
uns qui agissent avec violence, & que le

Médecin Chymique s'en serve avec jugement dans quelque maladie opiniâtre &
défesperée, qu'il ne fait rien en cela qu'à
l'imitation de ce grand Hipocrate, qui se
servoit de l'élebore, qui est le plus violent de tous les végetaux. Que s'ils objec-
tent que ce grand Médecin ne se servoit
de ce remede, que faute d'en avoir quelque autre ; on peut aussi leur répondre raisonnablement, que les Médecins Chymiques ne se servent de ces remedes violens
qu'aux extrèmes maladies, & cela, *quia
extremis morbis extrema remedia.*

C'est être pourtant bien ignorant de la
Chymie, de dire que tous les remedes
qu'elle produit, sont violens ; car elle travaille à les préparer d'une maniere si belle
& si nécessaire, qu'ils en sont plus agréables
au goût, plus salutaires au corps, & moins
dangéreux dans leurs opérations. Et c'est
proprement en cela que la Pharmacie Chymique differe de la Galenique, qui prépare
bien les médicamens, & qui prétend en
corriger le vice & la violence ; mais elle
ne le fait pas avec la perfection requise,
puisqu'elle ne sépare pas le pur de l'impur,
ni l'homogene de l'hétérogene. Car, qui
est-ce qui ne confessera qu'un malade prendra plus gayement quelques grains de magistere, de scammonée ou de jalap, ou
quelque pilule d'un extrait panchymago-

gue, ou finalement une très-petite portion
d'une bonne préparation du mercure, qu'on
peut enveloper dans des conferves agréa-
les, ou dans des gelées délicates, ou bien
encore les diffoudre dans quelque liqueur
agréable, que d'avaler un bol de cinq ou
fix dragmes de caffe ou de catholicum double? Qu'il prendra de meillèur courage
trois ou quatre grains de quelque fudorifi-
que fpécifique, comme du bezoard minéral, que d'avaler un verre de quelque diffolution de thériaque, ou d'opiate de
Salomon? Qu'il répugnera moins à un
boüillon dans quoi on aura diffout un
fcrupule de tartre vitriolé, qu'à un grand
verre d'apozeme, ou de quelque fyrop ma-
giftral fait à l'antique, dont les recipés font
ordinairement de la longueur d'un pied &
demi.

Mais on dira de plus, que quoique les
Chymiftes fe vantent de la douceur & de
l'agrément de leurs remédes, il faut néanmoins qu'ils avouent qu'ils font plus dangéreux que les autres, à caufe qu'ils font
tirés des minéraux. Il eft vrai que la Chymie ne nie pas qu'elle ne tire beaucoup de
remedes de la famille des minéraux ; mais
elle ne veut, ni ne peut avoüer qu'ils foient
ni véneneux, ni contraires à la nature humaine, parce que c'eft une très-haute ignorance de l'affirmer de cette forte. Car fi les

Anciens les ont mis en usage tous cruds &
sans aucune préparation, comme on le peut
voir dans Galien même, dans Dioscoride,
dans Pline & dans plusieurs autres Autéurs.
Si les Galenistes modernes s'en sont aussi
servis, comme Rondelet qui se sert du
mercure crud dans ses pilules contre la vé-
rolle. Mathiole qui a pratiqué l'antimoine,
qu'il appelle par excellence la main de
Dieu ; si Gesnerus a employé le vitriol,
Fallope la limaille d'acier, & Riolan &
tant d'autres le soufre, pour les maladies
du poulmon ; pour quelle raison ne sera-t'il
pas permis aux Chymistes de se servir de
ces mêmes remedes, lorsqu'ils les ont préparés & corrigés, & qu'ils les ont dépoüillés de la malignité & du venin qu'ils contenoient, par la séparation du pur & de
l'impur ; qui vaut beaucoup mieux que la
prétendue correction des Galenistes, qui
tâchent de dompter le vice & la malignité
des mixtes, dont les Anciens se sont servis,
& dont ils se servent encore, par l'addition
de quelque autre corps, qui peut avoir &
qui a même en soi son vice particulier &
ses impuretés, comme cela se prouve par
l'ellebore, la thitimale, la scammonée, la
coloquinte, l'agaric, & quelques autres
qu'ils prétendent corriger par la simple addition du mastic, de la canelle, du girofle,
de la gomme tragacant & du gingembre ?

Mais pour montrer plus évidemment combien cette correction diffère de celle des Chymistes, on la compare ordinairement à un sot & à un ignorant Cuisinier, qui pour rendre les tripes qu'il voudroit apprêter, plûs délicates & de meilleur goût, se contenteroit de les faire boüillir avec des herbes odorantes & des aromats, sans les avoir lavées, & sans leur avoir ôté les ordures dont elles sont toujours pleines.

Les Galenistes poursuivront encore, & diront que les remedes Chymiques sont à craindre à cause de leur acrimonie ; mais on leur répond à cela, que si l'usage des choses âcres doit être banni des médicamens, qu'il le doit être encore beaucoup plus raisonnablement des alimens, & qu'il faut par conséquent exclure de la cuisine & des ragoûts le sel, le vinaigre, le verjus, l'ail, les oignons, la moutarde, le poivre & toutes les autres sortes d'épiceries, comme il faudroit aussi rayer beaucoup de médicamens de leurs antidotaires. Ils ne s'apperçoivent pas aussi qu'ils choquent Galien même par cet argument, qui a mis les cantarides au rang des médicamens, qui sont mortels à cause de la corrosion qu'elles exercent particuliérement sur la vessie : il les ordonne pourtant, & ses Sectateurs après lui en petite quantité, & les fait prendre dans quelque liqueur convenable, pour provoquer les urines, & les tient fort souveraines pour cet effet.

C'est ce que font les Chymistes, qui donnent leurs remédes âcres en petite quantité dans des liqueurs propres & spécifiques, pour faire produire les effets qu'ils esperent de leurs médicamens. Mais pour fermer tout-à-fait la bouche aux Galenistes, il faut leur prouver qu'ils se servent dans leur pratique, quoi qu'empyriquement, des remedes Chymiques, soit qu'ils soient naturels, ou qu'ils soient artificiels. Par exemple, ne se servent-ils pas de l'acier & du mercure crud, comme aussi de beaucoup d'autres mixtes naturels ? Ne se servent-ils pas aussi de l'esprit de vitriol, de l'aigre de soufre, du cristal minéral, de la crème & des cristaux de tartre, du safran de mars apéritif & de l'astringent, du sel de vitriol, & du sucre de Saturne ? Et quoique la plûpart d'entr'eux neconnoissent pas l'antimoine, ni ne sçachent pas le tems, ni la vraye méthode de donner cet admirable remede, ils ne laissent pas néanmoins de le donner en cachette, le masquant ordinairement de quelque infusion de senné, ou de quelque petite portion de leurs pilules ordinaires ; car ils mêlent le vin émétique dans leurs infusions, & la poudre

émétique dans leurs pilules. Mais ce qui
est encore plus confidérable & plus remarquable, c'est que les Galenistes envoyent
leurs malades aux bains & aux fontaines
minérales, lorfqu'ils font au bout de leur
rollet, & lorfqu'ils ne trouvent plus dans
leur méthode aucune chofe, qui foit capable de déraciner le mal qu'ils n'ont pas
quelquefois connu : cette pratique leur fait
tacitement avoüer qu'il y a dans les minéraux une vertu plus puiffante, plus pénétrante & plus active, que dans pas un des
autres remedes dont ils s'étoient fervis auparavant. Les remedes dont les Chirurgiens
fe fervent tous les jours, avec un très-
loüable fuccès, témoignent encore la vérité
de ce que je dis ; car ils font tous compofés
des minéraux & des métaux, & principalement ceux qui agiffent avec le plus d'efficace. Il est vrai que les Chymistes envoyent
auffi leurs malades aux eaux minérales, &
leur en font pratiquer l'ufage ; mais il y a
cette différence entr'eux & les Galenistes,
que les premiers fe fervent de ces remedes,
parce qu'ils connoiffent distinctement quel
foufre, quel fel, ou quel efprit prédomine
dans les eaux qu'ils ordonnent : ce que ne
font pas les derniers, qui ne connoiffent
que confufément la vertu, qui réfide dans
ces eaux ; & qui ne les prefcrivent, qu'à
caufe que d'autres s'en font fervis avant
eux,

eux, n'étant pas capables de raisonner sur
les effets qu'elles produisent, & encore
moins de prouver les causes efficientes internes de ces mêmes effets ; puisque cela
n'appartient qu'au Chymiste, qui peut
anatomiser les eaux minérales, & qui peut
aussi faire une démonstration de ce qu'elles
contiennent de fixe ou de volatil. Que si
l'Artiste ne trouve pas sa satisfaction dans
l'examen qu'il fait de ces eaux, il cherchera
de quoi se contenter par le travail qu'il fera
sur les terres circonvoisines des fontaines
minérales ; il tâchera de découvrir quel
métail abonde dans les marcassites, qui se
forment ordinairement en ces lieux - là ;
après l'avoir trouvé, il reconnoîtra quel
sel & quel esprit est le plus propre pour
dissoudre ce métal, afin de l'unir & de le
mêler indivisiblement avec l'eau : son esprit étant instruit de cette sorte, il ne manquera pas de rendre des raisons pertinentes
& démonstratives des effets & de la cause
des vertus que produisent les eaux minérales. Que si quelqu'un dit que les Galenistes rendent aussi raison de ces effets, &
que même ils les attribuent au sel, au
soufre, ou à l'esprit qui prédomine dans
ces eaux : je réponds à cela, qu'ils ne satis-
feront jamais parfaitement sur ce sujet, par
les raisonnemens qu'ils auront tirés des
connoissances qu'ils auront prises de l'Eco-

le ; mais qu'il faut qu'ils ayent tiré ces lumieres des Auteurs Chymiques ; & qu'ainsi ce ne sera plus un Galeniste qui parlera, puisqu'il ne raisonnera que par l'organe des Chymistes. Concluons donc pour les remedes Chymiques, & disons que ce sont les véritables armes, dont un Médecin se doit servir pour chasser & pour dompter les maladies les plus rebelles, & celles mêmes qui passent pour incurables ; selon la pratique & les remedes ordinaires de la Médecine Galenique. Ainsi nous finissons cette Apologie, en disant que ces merveilleux médicamens agiront toujours *citiùs*, *tutiùs & jucundiùs.*

CHAPITRE III.

Des facultés des mixtes, & des divers dégrés de leurs qualités.

IL faut que nous considérions, après tout ce que nous avons dit ci-dessus, quels fruits nous pouvons recueillir de la séparation des cinq principes qu'on peut tirer des composés, pour l'établissement des vertus & des facultés des médicamens, aussi-bien que pour les dégrés de leurs qualités. Quand donc on aura distingué la diversité des substances, que l'Artiste peut tirer des choses naturelles, & qu'on aura remarqué que

quelques-unes d'elles abondent plus ou
moins en soufre, en sel, en esprit, en
terre ou en phlegme, & que cela se rencontre dans tous les mixtes des trois familles de la nature, qui sont les animaux, les
végetaux & les minéraux ; il semble qu'on
peut déterminer légitimement quelque
chose pour l'usage de la Médecine, pour
faire reconnoître les vertus & les propriétés, qui sont spécifiques à chacune des parties qui ont été tirées des mixtes. Car comme la Médecine ordinaire a tout attribué
aux divers dégrés des premieres & des se-
condes qualités ; il faut aussi faire servir ce
Chapitre de quelque milieu, pour faire
connoître le commencement de la vérité
des vertus spécifiques de chaque principe
du composé, afin que ce que nous dirons
ici serve d'introduction, pour mieux pénétrer dans les pensées de tous les Auteurs
qui en ont écrit jusqu'ici : car on peut dire
assûrément, que ce qui abonde en huile,
tient aussi des qualités de l'huile ; & que
ce qui abonde en esprit, tient de celles de
l'esprit, & ainsi des autres parties constituantes ou separées. On pourroit même
inférer ici le catalogue de tous les mixtes,
où le soufre prédomine, aussi-bien que les
composés où les autres principes abondent.
On pourroit encore de plus anatomiser tous
les corps naturels, pour sçavoir précisément

en quelle dose ils sont participans de l'un ou de l'autre des cinq principes, & combien la nature en aura départi à chacun d'eux en particulier; & après un travail de cette maniere, on pourroit se vanter de connoître distinctement toutes les facultés des choses naturelles. Mais comme ce n'est pas seulement le travail de la vie d'un seul homme, & qu'au contraire, celle de plusieurs Artistes n'y suffiroit pas; & qu'outre ces considérations, il faudroit plusieurs Volumes pour contenir les remarques qui seroient nécessaires à cet effet; nous nous contenterons d'en dire quelque chose en passant, lorsque nous décrirons le travail qu'on peut faire sur chaque mixte, afin que nous ne passions pas les bornes que nous nous sommes prescrites, pour faire un Traité de la Chymie en forme d'abregé.

Pour donc revenir aux divers dégrés des qualités des mixtes, ou des cinq substances qu'on en peut tirer; disons premiérement que l'huile échauffe, ou qu'elle semble faire son opération par le moyen de la chaleur, qui est une qualité plus excellente que celle qu'on appelle élémentaire. Par exemple, nous voyons un effet sensible, & qui est connu de tous, qui est, que si on sépare du vin, son huile ou son esprit étheré, qui est sa partie sulfurée & son sel volatil,

exalté par la fermentation qu'on appelle
vulgairement eau-de-vie ; que ce qui restera, ne sera plus propre pour échauffer, &
encore moins pour communiquer la qualité
que nous attribuons aux huiles & aux esprits ; que si on rejoint cette portion d'esprit ou d'huile étherée à son phlegme, on
lui redonnera aussi en même tems la même
propriété d'échauffer, qu'il avoit auparavant ; ce qui nous oblige de conclure, que
plus un mixte abonde en huile étherée &
en esprit volatil, plus aussi il est capable
d'échauffer, de fortifier & d'augmenter
nos esprits, comme étant le plus analogue
& le plus approchant de la nature des esprits vitaux, comme aussi de celle des esprits
animaux, à cause que c'est cette seule portion du mixte, qui peut passer jusques dans
les dernieres digestions.

Le même jugement se peut faire dans
tout ce qui constitue le regne végetable ;
car on peut dire que les différentes parties
des plantes ont divers dégrés de qualités,
selon qu'elles ont été plus ou moins fermentées, digerées & cuites par la chaleur
extérieure du Soleil, & par celle qui leur
est intérieure & essentielle, qui est contenue dans leur sel, qui est l'envelope de leur
esprit fermentatif & digestif ; & selon que
ce sel est exalté par les actions de ces deux
causes efficientes ; ces parties des plantes ex

ont auſſi plus ou moins d'efficace & de
vertu. Ainſi la ſemence doit tenir le premier lieu, parce qu'elle eſt pouſſée juſqu'à
ſa perfection, & qu'elle contient en ſoi le
germe & l'eſprit ſpermatique, qui peut
produire & ſe multiplier en ſon ſemblable;
& que c'eſt auſſi dans le corps de la ſemence, que la nature a raſſemblé, cuit, digeré
& concentré tout ce qu'il y avoit de ſel, de
ſoufre & d'eſprit dans tout le corps de la
plante, comme cela ſe prouve par la diſtillation des ſemences, dont on tire une
grande quantité de ſel volatil, qui n'eſt
rien autre choſe que ces trois principes
volatiliſés, & unis enſemble par la chaleur
intérieure de la plante, & par la chaleur
extérieure du ſoleil; & c'eſt dans ce ſel volatil que toutes les vertus des choſes ſont
cachées, ce qui eſt cauſe que Helmont les
appelle les Lieutenans Généraux des arcanes. Il faut enſuite deſcendre par dégrés,
pour reconnoître les divers dégrés des qualités des autres parties des plantes, en leur
appliquant le raiſonnement que nous avons
fait ſur la ſemence; car la fleur eſt moindre que la ſemence, & la feüille eſt moindre que la fleur en vertu; le bois vaut
moins que l'écorce, & le fruit vaut mieux
que la feüille des arbres, & ainſi des autres
parties du végetable, qu'on eſtimera toutes
ſelon qu'elles abonderont en huile, en

efprit, en fel effentiel ou en fel volatil.

Mais il faut ici faire une digreffion, &
remarquer la différence qui eft entre les
plantes annuelles, & celle qui eft entre les
plantes perpétuelles; car il y en a qui ont
le fiége de leur vertu dans la racine; les autres l'ont dans la feüille, & la plûpart l'ont
dans la femence; c'eft pourquoi, il faut
être exact obfervateur de toutes ces cir-
conftances, afin d'en faire un jugement
folide, & de les examiner par les fens extérieurs & par le raifonnement, pour en
faire le choix néceffaire.

Tout ce que nous venons de marquer,
fe peut auffi appliquer aux autres principes
pour la diftinction des dégrés de leur facultés; car fi on prive, par exemple, un
mixte de fon fel, il perdra la faculté défic-
cative, déterfive, coagulative, & toutes
les autres propriétés qui proviennent du fel.
Or, il fe peut faire qu'un mixte aura deux,
trois, quatre ou cinq fois, plus ou moins
de fel, d'efprit, de foufre, de phlegme ou
de terre, en comparaifon d'un autre compofé, ce qui fera la raifon & la regle de
pouvoir fubdivifer les dégrés de fes facultés; quand on aura découvert par le travail
l'abondance, ou le défaut de ce qui produit la vertu dans les chofes naturelles,
parce que cela nous eft encore caché par la
négligence de ceux qui ont écrit, & par

l'ignorance de ces Phyſiciens bâtards, qui ne connoiſſent ni leur mere, ni les enfans qu'elle a produits : car nous voyons que le ſuc de berberis, celui des oranges & des citrons, que le vin aigre & celui qui eſt diſtillé, que l'eſprit de vitriol, celui du ſel commun, du ſel nitre, du tartre & celui de beaucoup d'autres ſemblables, méritent qu'on leur attribue divers dégrés de qualités, à cauſe de l'éminence de leurs actions, qui proviennent de l'abondance ou du défaut de quelque principe, qui eſt plus ou moins épuré, ce qui fait connoître que les mixtes ont plus ou moins d'efficace, d'action & de vertu, ſelon le trop ou le peu des principes efficiens. C'eſt pourquoi, on peut à bon droit tirer de la théorie & de la pratique de la Chymie quelque fondement véritable, pour orner & pour diverſifier la Médecine, pour redreſſer la Pharmacie commune, qui eſt ſur le penchant de ſa ruine, & pour examiner à fond la pratique des Naturaliſtes ordinaires.

CHAPITRE IV.

De l'ordre que nous tiendrons dans la deſcription des opérations Chymiques.

L'Ordre qu'on tient pour décrire les cinq principes, qui ſe tirent de tous les mixtes, par le moyen des opérations de la

Chymie, se peut donner en deux façons :
car on peut premiérement, assembler en un
Traité toutes les eaux simples, ou composées selon leurs especes ; en un autre, tous
les esprits : on pourroit aussi en faire un
pour les huiles en particulier, & un autre
pour les sels, & ainsi des autres principes.
On peut aussi décrire secondement ces cinq
substances, selon l'ordre qu'on les tire de
chaque individu que nous fournit la nature.
Ce sera ce dernier ordre que nous suivrons, comme celui qui satisfait mieux
l'esprit, & où il y a moins de confusion :
nous donnerons donc à chaque mixte en
particulier un Chapitre à part, dans lequel
nous ferons une exacte description de la
nature de ce mixte, & de toutes les opérations Chymiques, qui sont utiles & nécessaires à la Médecine, sans oublier aucune
chose de ce que l'Artiste doit observer,
pour bien & curieusement anatomiser le
mixte sur quoi il travaillera, jusqu'à ce qu'il
en ait separé toutes les différentes parties
que la nature lui a données.

Et pour faire les choses avec quelque
méthode, nous commencerons par les météores, où nous parlerons de la pluye, de
la rosée, du miel, de la cire & de la manne. Ensuite de quoi, nous enseignerons
les préparations qui se font sur les animaux
& sur leurs parties. Nous continuerons sur

I v

les végétaux, où nous montrerons comment il faut anatomiser toutes les parties de cette ample & riche famille ; pour finalement achever par les minéraux , & par l'examen que nous ferons de ce que contiennent d'essentiel les pierres , les sels , les marcassites & les métaux , dont nous séparerons les parties les plus fixes & les plus dures, pour en tirer les remedes merveilleux., qui sont enfermés dans le centre de ces véritables produits de la terre.

CHAPITRE V.

De la rosée & de la pluye.

Comme les Chymistes ne peuvent extraire ni dissoudre, sans quelque liqueur qui soit propre à ces deux actions, pour tirer la vertu des choses (ils appellent ordinairement la liqueur qui leur sert à dissoudre & à extraire un menstrue ; & ce sera de ce seul mot que nous nous servirons dans toutes les opérations que nous décrirons) : comme, dis-je, ils ne se peuvent passer de menstrue , aussi ont-ils recherché avec beaucoup de soin & de travail, pour en trouver un qui ne fût doüé d'aucune qualité particuliere , & qui fût propre à toutes sortes de mixtes; quoique les menstrues particuliers qu'ils possedent , soient

deſtinés pour l'extraction & pour la diſſolution de quelques compoſés. Les Artiſtes
n'ont pas crû pouvoir mieux parvenir à
leur but, que par le choix qu'ils ont fait de
la ſubſtance la plus pure & la plus ſimple
qui ſoit dans la nature, qui eſt l'eau de la
roſée & celle de la pluye, qui ſont deux
ſubſtances, qui contiennent en elles l'eſprit
univerſel, pour en tirer leur menſtrue univerſel, qui ſoit capable d'extraire la vertu
des choſes, & d'en être retiré ſans emporter aucune portion de l'excellence du mixte,
pourvû que ces deux liqueurs ſoient bien
& dûement préparées.

Il n'eſt pas néceſſaire que nous répétions
que la roſée & la pluye ſont deux météores, puiſque nous en avons parlé dans la
premiere Partie de ce Traité de Chymie:
il ſuffira que nous diſions qu'il fa : recueillir l'eau de pluye durant l'eſpace de huit
jours avant l'équinoxe de Mars, & huit
jours après, parce qu'en ce tems-là l'air eſt
tout rempli des vrayes ſemences céleſtes,
qui ſont deſtinées au renouvellement de
toutes les productions naturelles ; & lorſque l'eau a été élevée de la terre, & qu'elle
a été privée des divers fermens dont elle
avoit été remplie par les diverſes généra-
tions, qui s'étoient faites dedans & deſſus
la terre par ſon moyen ; elle retombe en
terre par l'air, où elle ſe refournit d'un

esprit pur , & qui est indifférent à être fait toutes choses. Cela suffit pour montrer la nécessité du tems de l'équinoxe , pour le choix de l'eau de pluye.

Qu'on prenne donc en ce tems-là une grande quantité d'eau de pluye , qu'on la mette dans quelque cuve de bois qui soit bien nette , en un lieu qui soit bien ouvert & où l'air soit bien perméable , & qu'on la laisse fermenter , afin qu'elle fasse un sédiment des impuretés les plus grossieres , qu'elle pourroit avoir acquises des toits & des canaux , qui la reçoivent & qui nous la fournissent ; elle jettera de plus une espece d'écume en haut , qui acheve de la dépurer tout-à-fait. Après cela , qu'on en emplisse des cruches de grais , des bouteilles , ou des barils , si on en veut garder comme elle est , vû qu'elle est déja propre à beaucoup d'opérations , & qu'elle est plus utile que pas une autre espece d'eau que ce puisse être , comme nous le ferons voir dans la suite de la pratique , à cause qu'elle est plus subtile que les autres eaux , & qu'elle abonde en un sel spirituel , qui est le seul agent capable de bien pénétrer dans les mixtes.

Mais si on veut rendre cette eau plus subtile & plus capable d'extraire les teintures & la vertu des choses , il faut la distiller dans la vessie avec la tête de more

& le canal, qui passe à travers du tonneau, & n'en retirer que les deux tiers de ce qu'on en aura mis dans le vaisseau, & réitérer cette distillation, jusqu'à ce qu'on ait réduit cent pintes à dix, qui serviront après à l'extraction des purgatifs.

On peut faire la même chose sur la rosée, qui est encore préférable à l'eau de pluye ; il la faut prendre au mois de Mai, parce qu'elle est alors beaucoup plus chargée de l'esprit universel, & qu'elle est remplit de ce sel spirituel qui sert à la génération, à l'entretien & à la nourriture de tous les êtres.

CHAPITRE VI.

Du miel & de la cire.

IL ne faut pas trouver étrange qu'on mette ici le miel entre les météores, puisque la rosée contribue beaucoup à sa génération : car elle s'épaissit sur les plantes, après qu'elle est dessus ; elle retient & condense en soi les vapeurs, que les plantes exhalent continuellement, ce qui se fait par la fraîcheur de la nuit ; & la chaleur du soleil digere & cuit le tout en miel & en cire, que les abeilles vont recueillir ensuite, & le portent dans leurs ruches pour leur servir d'aliment. On peut tirer

une conféquence de ce que nous avons
dit, pourquoi il y a plus de miel en une
faifon qu'en l'autre. Le meilleur miel eft
celui qui eft d'un blanc jaunâtre, qui eft
agréable au goût & à l'odorat, qui n'eft
ni trop clair, ni trop épais, qui eft conti-
nu en fes parties, & qui fe diffout facilement fur la langue. Celui des jeunes mou-
ches eft meilleur que celui des vieilles. On
en fait l'eau, l'efprit, l'huile, le fel & la
teinture. On tire de la cire, qui eft une
fubftance emplaftique, du phlegme, de
l'efprit, du beurre, de l'huile & une très
petite portion de fleurs, qui ne font rien
autre chofe que le fel volatil de ce mixte.

§. 1. *La maniere de tirer les principes du miel.*

Il faut prendre du miel, & le mettre
dans une cucurbite de verre, de fayence
ou de grais, & mettre par deffus environ
deux onces de chanvre, ou d'étoupes,
pour empêcher que le miel ne monte dans
le chapiteau par fon ébullition, & en lutter les jointures avec deux bandes de papier, qui foient enduites de colle faite
avec de la farine & de l'eau cuites enfemble. On mettra la cucurbite au fable, on
l'échauffera lentement, afin de tirer l'eau
par ce premier dégré de feu; puis on chan-
gera de récipient, & on augmentera le
feu, pour faire monter une feconde eau;

qui fera jaune, & qui contiendra l'efprit ;
& augmentant encore le feu, il en fortira
un efprit rouge avec l'huile, qu'il faudra
féparer par l'entonnoir & rectifier l'efprit.
Il faut calciner dans un réverbere ce qui
refte au fond de la cucurbite, pour en tirer
le fel avec fon phlegme, qu'il faudra évaporer jufqu'à fec, ou jufqu'à pellicule,
pour le faire criftallifer enfuite en quelque lieu froid.

L'une & l'autre des eaux du miel, fçavoir la claire & la jaune, font très-utiles
pour déterger & pour nettoyer les yeux,
& principalement pour en ôter les fuffu-
fions & les taches : elles fervent auffi pour
faire croître les cheveux ; l'efprit eft un
grand défopilatif, car étant pris depuis fix
jufqu'à quinze ou vingt gouttes, dans des
eaux apéritives, ou dans de la décoction
de racines d'ortie & de bardane, il ouvre
les obftructions, pouffe les urines, & chaffe la gravelle, les colles & les ~laires des
reins & de la veffie. Si on circ. e l'huile
de miel dans l'efprit de vin, l'efpace de
vingt ou trente jours, elle devient très-
douce & très-agréable, elle fert admira-
blement pour guérir les arquebufades, &
pour mondifier & nettoyer les ulcéres rongeans & chancreux : c'eft un excellent remede pour appaifer les douleurs de la goute ; auffi-bien que pour effacer les taches

du vifages, fi on la mêle avec de l'huile de camphre.

§. 2. *Pour faire l'hydromel vineux & le vinaigre du miel.*

Il faut prendre une partie de très-bon miel, & huit parties d'eau de pluie dépurée, ou d'eau de riviere, qu'on aura laiffé repofer quelques jours, afin de la dépoüiller de fes impuretés ; & les faire boüillir lentement jufqu'à la confomption de la moitié, après l'avoir écumée très-exactement. Il faut enfuite mettre la moitié de la liqueur dans un tonneau, à laquelle il faut ajoûter fur un tonneau de trente pintes une once de fel de tartre & deux onces de teinture de ce fel, pour aider à la fermentation, qui fera parachevée dans le mois philofophique, qui eft de quarante jours : mais obfervez qu'il faut tous les jours remplir le tonneau, pour remplacer ce que l'efprit fermentatif pouffe dehors : cela étant achevé, il faut mettre le tonneau dans la cave, & le boucher comme il faut ; puis on s'en peut fervir de boiffon, tant pour les fains que pour les malades.

Mais, quand on voudra faire du vinaigre du miel, il faut prendre dans le tonneau, dans quoi on aura mis le miel cuit à moitié avec l'eau, un noüet rempli de femence de roquette , qui soit battuë grossiérement , puis mettre le tonneau dans un lieu chaud , si c'est en hiver ; mais si c'est en été , il faut l'exposer à la chaleur du soleil , jusqu'à ce que la liqueur cesse de boüillir & de fermenter , & cela se change par dégré & doucement en un très-bon vinaigre , qu'on peut distiller comme l'autre ; ce sera un excellent menstruë pour la dissolution des cailloux , & pour celle de toutes les autres pierres , quand même elles n'auroient pas été calcinées auparavant ; c'est ce que Quercetan appelle dans ses ouvrages , le vinaigre Philosophique. Il faut aussi remarquer que ce même Auteur fait souvent mention du miel dans ses œuvres sous les noms de rosée & de manne céleste.

§. 3. *Pour faire la teinture du miel.*

Cette teinture n'est pas un des moindres remedes qui se tirent de ce météore , tant à cause de la vertu particuliere de ce mixte , que pour celle du menstruë , qu'on employe pour l'extraction des facultés de cette manne céleste , qui contient beaucoup plus d'efficace , que ne se le sont imaginés ceux qui croyent qu'elle se change facilement en bile , à cause de ce faux axiome de l'Ecole , qui leur fait passer pour véritable , que *omnia dulcia facilè bilescunt* ; parce qu'ils ne comprennent pas que ces change-

mens ne fe font pas en nous par le mêlange
des humeurs, mais par les diverfes fermentations, qui ont leur origine dans le ventricule, & que le levain qui les occafion-
ne, eft ou fain, ou malade, felon les idées
bonnes ou mauvaifes, que l'efprit de vie,
qui eft dans les hommes, aura conçûes.
Revenons donc à notre fujet, & difons
que le miel eft une des fubftances du monde, qui contient le plus de l'efprit univerfel, & que c'eft auffi celle qui eft la plus
capable d'être réduite en la nature de cet
agent géneral du monde, pour en tirer de
beaux remedes pour la Médecine ; pourvû
que nous lui confervions quelque chofe de
fa fpécification, qui nous le rende utile &
fenfible.

Il faut donc choifir du meilleur & du
plus beau miel qu'on puiffe trouver, fuivant les marques que nous en avons données, & en mêler une partie avec trois
parties de fable le plus net & le plus pur
qui fe puiffe avoir, dans un mortier de
marbre, & les battre enfemble, tant qu'on
en faffe une maffe qui puiffe être réduite
en boulettes de telle groffeur qu'elles puiffe entrer dans un matras à long col. Après
les avoir mis là-dedans, il faut verfer deffus de l'efprit de vin très-fubtil, tant que
le menftruë furpaffe la matiere de trois ou
de quatre doigts ; puis il faut mettre un

autre matras, qui entre dans le col du premier de deux travers de doigts ou environ,
il faut lutter ensuite les jointures des vaisseaux de deux bandelettes de vessie de bœuf
ou de porc, qui ayent été trempées dans du
blanc d'œuf, qu'on aura réduit en eau par
une violente & fréquente agitation ; &
que cette remarque & cette façon de lutter
les jointures des vaisseaux suffise pour
toutes les opérations qui suivront. Qu'on
lie le matras au couvercle du bain marie,
pour le suspendre à la vapeur, & qu'on
digere ainsi le miel avec son menstrue,
jusqu'à ce que l'esprit de vin soit bien empreint, bien teint & bien chargé du soufre
intérieur de ce mixte, que cet esprit atti-
rera par l'analogie qui est entre lui & ce
principe. Cela étant en cet état, il faut
laisser refroidir les vaisseaux, puis les ouvrir & filtrer la teinture par le papier, & le
mettre dans une petite cucurbite, qu'on
couvrira de son chapiteau ; on en luttera
très-exactement les jointures, & on adap-
tera un récipient propre, puis on retirera
la moitié de l'alkohol de vin à la très-lente
chaleur du bain marie ; le bain étant refroidi, il faut ouvrir les vaisseaux & garder précieusement ce qui sera resté de teinture dans une phiole, qui ait l'orifice étroit,
& qui soit bien bouchée avec du liége qui
ait été trempé dans de la cire bouillante,

pout en boucher les porofités & la couvrir
d'une double veſſie moüillée & d'un papier,
afin que rien ne puiſſe exhaler de ce remede, à cauſe de ſes parties, & qu'on s'en
puiſſe ſervir au beſoin.

L'uſage de cette teinture, eſt preſque
divin dans les affections de la poitrine, qui
ſont cauſées par des ſéroſités lentes & viſ-
queuſes, qui ſont amaſſées dans la capacité
du thorax ; car elle a la vertu de les ſubtili-
ſer & de les diſſoudre, parce qu'elle fortifie ſuffiſamment le malade pour lui faire
cracher ce qui lui nuiſoit, où il le chaſſe
& le met dehors par les urines, par les
ſueurs, ou par la tranſpiration inſenſible,
qui ſont les bons effets ordinaires que pro-
duiſent les remedes, qui approchent de l'u-
niverſel. Ce ſont ces rares médicamens,
qui font voir la vérité de cette belle maxime, qui dit que *natura corroborata eſt om-*
nium morborum medicatrix. La doſe de cette
teinture, eſt depuis un quart de cuillerée
juſqu'à une cuillerée entiere, pour les perſonnes qui ſont avancées en âge, & depuis
cinq goutes juſqu'à vingt pour les enfans.
On peut la donner toute ſeule, ou la mêler
dans des décoctions, ou dans des eaux ſpécifiques & appropriées à la maladie, comme ſont celles de fleur de tuſſilage, de racines de petaſites, de marrube blanc &
odorant, comme auſſi dans celles des bayes

de genévre & des racines d'énula, parce que tous ces simples abondent en esprit pénétrant & volatil : on la peut encore donner dans des boüillons, ou dans le breuvage ordinaire du malade.

§. 4. *Pour tirer l'huile de la cire.*

On peut tirer de la cire, aussi-bien que de beaucoup d'autres mixtes un phlegme, un esprit acide, une huile & des fleurs, que nous avons dit être son sel volatil. Mais comme les autres substances, excepté l'huile, ne sont pas de grande utilité dans la Médecine, nous ne nous arrêterons pas à leurs descriptions : nous nous contenterons seulement de donner une façon de faire l'huile de cire qui soit utile, facile & compendieuse.

Qu'on prenne une livre de cire jaune, qui soit bien odorante & bien nette de toute ordure ; qu'on la fasse fondre à chaleur fort lente, dans un bassin de cuivre, qui ait un couvercle qui le ferme juste ; & quand on a quelque autre opération au feu, il faut prendre des charbons tous rouges, & les noyer les uns après les autres dans la cire fondue, jusqu'à ce qu'ils soient bien imbus de la cire, & qu'ils en soient suffoqués & remplis ; il faut continuer ainsi jusqu'à ce que toute la cire soit entrée dans les charbons, avec cette précaution néan-

moins de couvrir le bassin toutes les fois
qu'on y mettra des charbons ardens, afin
d'éviter que la cire ne s'enflamme. Il faut
après cela mettre les charbons en poudre
grossiere, & les mêler avec leur poids égal
de sel décrépité ; qu'on mette ce mélange
dans une cornue de verre, qui ait un tiers
de sa capacité qui soit vuide ; puis mettre
la retorte au sable, & adapter à son col un
récipient assez ample, qu'il faut luter exactement avec de la vessie & du blanc d'œuf :
on laissera sécher le lut ; puis on donnera
le feu par dégrés, jusqu'à ce que les vapeurs
cessent d'elles-mêmes, ce qui arrive ordinairement dans l'espace de quinze ou vingt
heures : le tout étant refroidi, il faut séparer l'huile, qui est encore crasse & épaisse,
comme un beurre de la liqueur aqueuse,
& en réserver une partie en cette consistence, pour s'en servir extérieurement ; mais
il faut rectifier le reste dans une basse cucurbite, & le mêler avec trois ou quatre
livres de vin blanc & quatre onces de sel
de tartre, mettre la cucurbite aux cendres,
& distiller avec toute l'exactitude qui est
requise, pour la rectification d'une huile
très-subtile : on aura de cette maniere une
huile de cire aussi claire, aussi fluide & aussi
pénétrante que l'esprit de vin, & qui
possede des vertus très-particulieres, tant
pour l'intérieur que pour l'extérieur. On le

donne intérieurement depuis six goutes jusqu'à douze dans quelque liqueur diurétique, pour la rétention de l'urine ; ainsi on la peut donner pour cet effet dans de l'eau de persil & dans celle du bois de saffafras, même dans la décoction du bois néphrétique. Elle est fort résolutive, quand on l'applique extérieurement, ce qui fait qu'elle est excellente pour dissoudre les tumeurs schirreuses & les œdémateuses. Elle est aussi très-bonne pour redonner le mouvement aux membres perclus & paralitiques, & pour remédier à toutes les affections froides des parties nerveuses : on s'en sert aussi très-heureusement contre la sciatique, & contre les goutes froides des pieds & des mains.

Le beurre ou l'huile grossiere, qu'on a réservé sans rectification, guérit les fissures des engelûres ; il soude & cicatrice les fentes du bout de mammelles.

On peut rectifier la liqueur aqueuse, & l'on trouvera que le quart est un esprit de sel, qui n'est pas moins bon que celui qui se distille tout seul.

CHAPITRE VII.

De la manne.

PLine appelle la manne, avec raiſon, le miel de l'air, qui contient en ſoi une nature céleſte. J'ai dit que c'étoit avec rai- ſon qu'il la nommoit ainſi, parce que la manne n'eſt autre choſe qu'une roſée, ou une liqueur agréable, qui tombe dans le tems des équinoxes, ſur les rameaux & ſur les feüilles des arbres; de-là, ſur les herbes, ſur les pierres, & quelquefois ſur la terre même, qui ſe condenſe en peu de tems, & qui paroît grumelée comme la gomme.

On choiſit ordinairement celle qui eſt orientale, comme la Perſienne ou la Syria- que; mais on ſe peut légitimement con- tenter de celle qui vient de la Calabre, qui fait partie du Royaume de Naples; il faut qu'elle ſoit récente & blanche; car quand elle rouſſit, c'eſt une preuve qu'elle com- mence à vieillir, & qu'elle a perdu la partie céleſte & ſpiritueuſe, en quoi conſiſtoit ſa vertu.

Pour faire l'eſprit de la manne.

Prenez autant que vous voudrez de manne bien choiſie, mettez-là dans une cucurbite de verre, que vous couvrirez de
ſon

son chapiteau, & les lutterez enſemble
exactement, puis vous la mettrez aux cendres, & donnerez un feu très-lent, après
avoir adapté un récipient au bec de l'alambic, & il en ſortira un eſprit inſipide, qui
a des vertus très-notables; car c'eſt un excellent ſudorifique, & qui ſe peut donner
heureuſement, tant dans les fiévres peſti-
lentielles & malignes, que dans toutes les
autres fiévres communes; cet eſprit fait ſuer
abondamment, & chaſſe les excrémens des
dernieres digeſtions, comme on le peut
remarquer par l'extrême puanteur de la
ſueur qu'il provoque. La doſe, eſt depuis
une demie cuillerée juſqu'à une entiere.

Cet eſprit a de plus une vertu toute particuliere, qui eſt de diſſoudre le ſoufre,
dont on peut tirer par ce moyen une teinture jaune, qui n'eſt pas un des moindres
remedes pour la poitrine & pour les principales parties qu'elle contient; car cette
teinture eſt comme un baume reſtauratif,
pour corriger le vice des poulmons, &
pour conſerver leur action; on en peut
donner depuis deux goutes juſqu'à douze,
dans du ſuc d'ache dépuré & préparé,
comme nous l'enſeignerons au Chapitre des
végetaux.

On peut encore faire une eau de manne,
qui ſera laxative & ſudorifique tout enſemble. Pour cet effet, il faut prendre une

partie de manne bien choisie & deux parties de nitre bien pur ; puis les ayant mêlées enfemble, il les faut mettre dans une
veffie de bœuf, ou dans celle d'un pourceau, qui foient bien nettes l'une ou l'autre ; puis il faut lier bien exactement le
haut de la veffie, & la fufpendre dans l'eau
boüillante, jufqu'à ce que le tout foit diffout : il faudra diftiller cette diffolution de
la même façon que nous avons dit de l'efprit ; & on aura une eau infipide, qui lâche
le ventre, & qui fait auffi fuer copieufe-
ment : la dofe, eft depuis une drachme
jufqu'à fix, dans un boüillon, ou dans
quelque décoction pectorale. On peut fe
fervir de ce remede, pour évoquer les férofités fuperflues, qui caufent ordinairement les rhumatifmes.

CHAPITRE VIII.

Des animaux.

LE Traité des animaux, eft une partie
de la Pharmacie Chymique, qui contient les remedes qui fe tirent des animaux,
& la façon de les préparer. Or, comme la
Chymie a pour fon objet toutes les chofes
naturelles ; auffi travaille-t'elle fur les animaux & fur l'homme même, qui eft le
plus parfait de tous. Mais comme l'étendue

d'un abregé ne souffre pas de faire un dénombrement très-exact des animaux terrestres parfaits, ni celui des oiseaux, non plus que celui des poissons & des insectes, qui sont les quatre classes de cette grande, belle & ample famille des animaux ; aussi nous contenterons-nous de faire premiérement quelques observations sur la nature des animaux en général, & sur le choix que l'Artiste en doit faire, lorsqu'il en veut tirer les médicamens merveilleux qu'ils contiennent, pour le soulagement de la misere des hommes. De - là nous passerons aux opérations, qui se font sur quelques-uns de ces animaux, qui serviront d'exemple & de guide, pour travailler sur tous les autres qui sont de même nature.

Nous dirons donc en passant, que comme tous les animaux sont composés d'une substance plus volatile, plus subtile & plus aërée, que les végetaux dont ils se sont nourris ; qu'aussi n'ont-ils point en leur résolution artificielle tant de terre, ni tant de diversités de substance : si bien qu'on n'en peut tirer que trois médicamens, qui sont très - efficaces, sçavoir l'esprit, le sel volatil & l'huile. Nous ne perdrons point de tems à disputer, si les formes de ces animaux sont spirituelles ou matérielles, parce que ce sont des disputes, qui sont plus curieuses qu'elles ne sont utiles. Nous dirons seulement, qu'il faut que l'Artiste choisisse les animaux les plus sains pour en tirer ses remedes, qu'ils soient d'un âge médiocre, afin que les parties puissent avoir acquis la fermeté & la perfection qui est requise ; car on sçait que les animaux meurent tous les jours en vieillissant, après qu'ils ont passé un certain point de perfection, qui est leur non plus outre, selon la nature prescrite à chacun d'eux pour leur durée. Il faut aussi que l'animal meure de mort violente, & principalement qu'il ait été étranglé, parce que cette suffocation concentre les esprits dans les parties, & qu'elle empêche leur dissipation ; & que c'est dans la conservation de cette flamme & de cette lumiere vitale, que réside & que se fixe proprement la vertu des animaux & de leurs parties, comme cela se prouve par l'histoire que rapporte Bartholin dans ses centuries, de ce qui est arrivé à Montpellier : C'est qu'une femme ayant acheté de la chair d'un animal nouvellement tué, & qui étoit encore toute fumante, la pendit dans la chambre où elle couchoit ; s'étant éveillée la nuit, elle fut surprise de voir une grande lumiere dans sa chambre, quoique la Lune ne luisît point ; elle en fut effrayée, ne pouvant s'imaginer d'où cela pouvoit provenir ; elle reconnut enfin que cela venoit de la chair qu'elle avoit

pendue au croc, & en fit le lendemain récit à ses voisines, qui voulurent voir cette
chose qui leur sembloit incroyable ; mais
leur vûe confirma la vérité : un morceau de
cette chair lumineuse fut porté à défunt
Monseigneur le Prince, Lieutenant général pour Sa Majesté en la Province de Lan-
guedoc, en l'année 1641, qui perdit sa
lumiere peu à peu, comme elle approchoit
de sa corruption. Cette vérité ne peut être
contredite dans cette chair morte; & tous les
Curieux éprouveront, quand il leur plaira,
qu'il sort des étincelles de lumiere des animaux vivans, s'il prennent la peine de frotter le poil d'un chat à contre-poil dans un
lieu bien obscur, ce qui n'est que trop suffisant pour vérifier de plus en plus, que la
lumiere n'est pas seulement le principe de
composition dans toutes les choses, mais
qu'elle est aussi le principe de leur conservation, & principalement de celle de la vie.
L'histoire précédente me fait souvenir de
la plainte que faisoient des garçons Bou-
chers à Sédan, de ce qu'entrant de nuit
dans le lieu où on tue les animaux, ils
appercevoient des lueurs extraordinaires,
ce qu'ils rapportoient superstitieusement à
des apparitions de démons, & s'en ef-
frayoient, dont je suis témoin oculaire ;
mais lorsqu'il y avoit de la chandelle allumée dans le lieu, la lueur disparoissoit ; ce

qui fait voir qu'elle ne provenoit que de la chair des animaux, qui avoie été nouvellement tués.

ﾞ. 1. *De l'Homme.*

L'Artiste tire de l'homme, qui est ou mâle, ou femelle, diverses substances sur quoi il travaille, ou durant sa vie, ou après sa mort. On tire du mâle & de la femelle durant leur vie ce qui suit; à sçavoir, les cheveux, le lait, l'arrierefaix, l'urine, le sang & la pierre de la vessie. On en tire aussi après leur mort, ou le corps entier, ou ses parties, qui sont les muscles ou la chair, l'axonge ou la graisse, les os & le crâne. C'est de ces différentes parties que l'Artiste tirera des remedes, comme nous l'allons enseigner exactement l'un après l'autre, ce qui doit servir d'exemple pour le pareil travail, qui se peut faire sur les autres animaux & sur leurs parties. Il y a néanmoins encore plusieurs autres parties dans les animaux, qui sont utiles à la Médecine; mais comme elles ne sont point soumises ordinairement aux opérations Chymiques, aussi n'avons-nous pas jugé nécessaire d'en faire le rapport en ce Chapitre, qui n'est qu'une petite partie de l'Abregé de la Chymie.

ﾞ. 2. *Des cheveux.*

Pour tirer quelque remede des cheveux,

il les faut distiller, afin de ne rien perdre ;
car par cette opération, on en tire l'esprit
& l'huile, & on en conserve la cendre, ce
qui se fait ainsi. Prenez des cheveux du
mâle ou de la femelle, comme on les trouve chez les Perruquiers, & en emplissez
une cornue de verre, plutôt que de terre,
à cause de la subtilité des esprits qui en
sortent, & les mettez au fourneau, que
nous appellerons fourneau de sable, à laquelle vous adapterez un ample récipient,
dont vous lutterez exactement les jointures ; & lorsque le lut sera sec, vous com-
mencerez à donner un feu moderé, que
vous augmenterez peu à peu, jusqu'à ce
que les vapeurs commenceront d'entrer en
abondance dans le récipient ; alors continuez le feu selon ce même dégré, jusqu'à
ce qu'il ne sorte plus rien de la cornue, &
que le récipient commence à devenir clair
de soi-même ; poussez alors le feu avec
plus de violence, afin que rien ne demeure,
& que la calcination de ce qui reste dans
la retorre s'acheve parfaitement ; cessez
alors le feu,& laissez refroidir les vaisseaux,
vous trouverez dans le récipient deux substances différentes, qui sont l'esprit armoniac des cheveux , & l'huile qui n'est rien
autre chose que la portion sulfurée de ce
mixte , mêlée avec la plus grossiere du sel
volatil. On pourra se servir de ces deux

K iiij

subſtances en Médecine, après les avoir
ſéparées ; mais il ſera pourtant néceſſaire
de les rectifier, à ſçavoir l'eſprit au bain
marie ſur d'autres cheveux, qui ſoient
coupés fort menus dans une petite cucurbite, couverte de ſon chapiteau avec toutes
les précautions requiſes ; & l'huile ſur ſes
propres cendres, mais à feu de cendres,
donnant d'abord une chaleur moderée.

L'eſprit des cheveux ne ſe donne point
intérieurement, tant à cauſe de ſa mauvaiſe odeur & de ſon mauvais goût, qu'à
cauſe auſſi que l'Art tire des autres parties
de l'homme d'autres eſprits, qui ſont moins
déſagréables pour l'uſage. On ne ſe ſert
donc de celui-ci que mêlé avec du miel,
pour oindre les parties où les cheveux ſont
en trop petite quantité, ou celles dont ils
ſont tombés. L'huile eſt excellente, pour
extirper radicalement les dartres en quelques endroit qu'elles ſoient ſituées, ſi l'on
en fait un limement avec un peu de ſel de
Saturne, & qu'on en applique deſſus, après
avoir purgé le patient avec quelque remede
qui évacue les ſéroſités. La cendre étant
mêlée en forme de cérat avec du ſuif de
mouton, produit de beaux effets, pour radouber les luxations, & pour fortifier le
membre démis ou diſloqué. On peut encore
ajoûter, que les cheveux entiers ſont un
remede très-prompt pour arrêter le flux de

fang des playes, du nez, & même le flux immoderé des femmes.

§. 3. *Du lait.*

Le lait de femme eft de foi-même un très-excellent remede pour les yeux, foit pour en appaifer la douleur & pour en ôter l'inflammation, foit celle de la fubftance même de l'œil, ou celle qui provient des petits ulceres qui fe font aux paupieres, ou dans les coins des yeux : on peut fubftituer quelqu'autre forte de lait, quand on ne peut avoir de celui d'une femme. Mais il y a une eau vitriolée, qui fe diftille avec le lait de femme ou avec quelqu'autre lait, foit de celui de vache, d'âneffe ou de chévre, qui peut être toujours prête, & qui fait des merveilles pour ôter les maux des yeux ; elle fe fait de cette façon.

Prenez du lait & du vitriol blanc en poudre, de chacun partie égale ; mettez-les enfemble dans une cucurbite de verre, avec tout l'ajuftement requis à la diftillation ; puis tirez-en l'eau dans le fourneau des cendres avec une chaleur graduée, juf-qu'à ce que les nuages blancs apparoiffent : après quoi, il faut finir le feu, afin que l'eau ne devienne pas corrofive : cette eau corrige la rougeur des yeux, & en ôte les inflammation d'une façon merveilleufe.

K v

§. 4. *De l'arrierefaix.*

Pour préparer quelque remede de l'arrierefaix, il faut en avoir un qui vienne
du premier accouchement d'un mâle, que
la femme dont il fortira foit d'un âge médiocre, comme depuis dix-huit ans jufqu'à
trente-cinq ; que la femme foit faine, de
poil noir ou châtain ; il en faut excepter
les roufſes, que ſi on n'en peut avoir du
premier, que ce foit toujours d'un mâle,
s'il ſe peut ; mais ſi la néceſſité preſſe, on
pourra même ſe ſervir de celui qui ſuit une
fille ; car à parler véritablement, le mâle
& la femelle ſont nourris d'un même ſang
& dans un même corps, il ny a que la différence de la force & de la vigueur.

Prenez donc une arrierefaix avec les
conditions requiſes, mettez-le dans une
cucurbite de verre, & le diſtillez au B. M.
jufqu'à ſec, & en reſervez l'eau dans une
bouteille, qui foit bien bouchée d'un liége
qui ait été trempé dans de la cire fondue.
Que ſi ce qui reſte au fond de la cucurbite,
n'eſt pas aſſez ſec pour être mis en poudre,
il le faut ſécher dans un triple papier à une
chaleur moderée ; mais remarquez qu'il ne
faut pas qu'il ſoit retourné en diſtillant
non plus qu'en le deſſéchant, afin que les
eſprits & le ſel volatil ſe concentrent,
parce que c'eſt proprement ce ſel qui conſ-

tîtue la vertu de la poudre qu'on en doit
faire.

L'eau d'arrierefaix eſt un excellent coſ-
métique, qui déterge doucement la peau
des mains & du viſage, qui en unit auſſi
les rides & en efface les taches, pourvû
qu'on y ajoûte un peu de ſel de perles &
un peu de borax. Mais elle eſt auſſi très-
excellente pour faire ſortir l'arrierefaix,
quand le travail de la femme a été long &
difficile, & qu'il y a eu de la foibleſſe,
pourvû qu'on mêle avec cette eau le poids
d'une demie drachme de la poudre du
corps dont elle a été tirée, ou le même
poids d'un foye d'anguille deſſeché avec
ſon fiel, qui eſt un remede qui ne manque
jamais ſon effet.

La poudre de l'arrierefaix donnée au
poids depuis un ſcrupule, juſqu'à deux ou
à trois, eſt un ſouverain remede contre
l'épilepſie, ou dans ſa propre eau, ou dans
celle de fleurs de pivoine, de fleurs de
muguet, ou dans celle de fleurs de tillot, il
en faut donner ſept jours continuels à jeun
dans le décours de la Lune.

Que ſi on calcine l'arrierefaix dans un
pot de terre non verniſſé, qui ſoit bien
couvert & bien lutté ; les cendres ſeront
un remede ſpécifique contre les écroüelles
& contre les goitres, ſi on en donne durant
le dernier quartier de la Lune, le poids de

demie drachme dans de l'eau d'auronne
mâle tous les matins à jeun.

§. 5. De l'urine.

Quoique l'urine soit un excrément qu'on
rejette tous les jours, cependant elle contient un sel qui est tout mystérieux, & qui
possede des vertus qui ne sont connues que
de peu de personnes. Il ne faut pas que son
nom ou sa puanteur fassent peur à l'Artiste,
qui aura connu ses propriétés ; cela n'est
propre qu'à ceux qui se vantent d'avoir
éminemment la connoissance de la Pharmacie & de ses préparations, sans oser se
noircir les mains, ni séparer les différentes
parties qui composent les choses. Et pour
prouver généralement combien l'urine a de
vertus médécinales, nous dirons seulement
en passant, qu'elle dessèche la gratelle,
lorsqu'on la lave avec cette liqueur nouvellement rendue ; qu'elle résout les tumeurs,étant appliquée chaudement ; qu'elle
mondifie, déterge & nettoye les playes &
les ulceres vénimeux ; qu'elle empêche la
gangrêne ; qu'elle ouvre & lâche le ventre
doucement & sans tranchées, si on la donne
en clysteres devant qu'elle soit refroidie ;
parce qu'autrement, elle seroit privée de
son esprit volatil, en qui réside sa principale vertu ; qu'elle empêche, ou pour le
moins qu'elle affoiblit les accès de la fiévre

tierce, si on l'applique chaudement sur les pouls & en frontal ; qu'elle guérit les ulcéres des oreilles, si on en verse dedans ; qu'elle ôte la rougeur & la demangeaison des yeux, si on en distille dans leurs coins ; qu'elle ôte le tremblement des membres, si on les en lave, étant mêlée avec de l'esprit de vin ; qu'elle résout & dissipe la tumeur & l'enflure de la luette en gargarisme ; & qu'enfin, elle appaise les douleurs que causent les météorismes de la rate, si on l'applique dessus, étant réduite en cataplasme fait avec des cendres. Que si l'urine est comme un trésor pour les maladies du dehors, elle n'est pas moins efficace pour celles du dedans ; car elle est excellente pour ôter les obstructions du foye, de la rate & de la vessie du fiel, pour préserver de la peste, pour guérir l'hydropisie naissante, & pour ôter la jaunisse ; jusques-là même qu'il y en a qui ont observé que l'urine du mari est très-spécifique, pour faire accoucher la femme dans un travail long & difficile ; & que l'expérience fait voir qu'elle produit des effets surprenans pour la guérison des fiévres tierces, si on en donne un verre de toute nouvelle dès les premiers mouvemens de l'accès.

Nous n'avons avancé tout ce qui est ci-dessus, que pour faire voir combien l'urine bien préparée & séparée de ses impuretés grossieres , sera plus excellente & produira de meilleurs effets, que lorsqu'elle est encore corporelle ; comme aussi pour prouver de plus en plus , que tout ce que les mixtes ont de vertu ne provient que de leurs esprits & de leurs sels.

Ceux qui voudront se servir de l'urine, en prendront , s'ils peuvent , de celle des jeunes hommes , des adolescens , ou de celle des enfans de l'âge depuis dix ans jusqu'à quinze , qui soient sains & qui boivent du vin ; que si cela ne se peut , ils en prendront comme ils la pourront avoir, car l'urine a toujours ses esprits & son sel ; elle en aura pourtant moins & sera plus grossiere ; mais l'expérience du travail fera voir qu'on y trouvera les mêmes remedes, soit pour s'en servir de médicament en dehors ou en dedans , ou pour en faire les opérations qui suivent.

₰. 6. *Pour faire l'esprit igné de l'urine & son sel volatil.*

Prenez trente ou quarante pintes d'urine , qui ait les conditions que nous avons dites , & la faites évaporer à lente chaleur, jusqu'en consistence de syrop ; mettez ce qui vous restera dans une cucurbite , qui soit haute d'une coudée , que vous couvrirez de son chapiteau & que vous lutterez très-exactement ; mettez votre vaisseau au

bain marie ou aux cendres, pour en tirer
l'esprit & le sel volatil par la distillation :
si c'est au bain marie, il faut qu'il soit
boüillant ; mais si c'est aux cendres, il faudra graduer le feu avec plus de précaution.
Ainsi vous aurez un esprit qui se coagulera
en sel volatil dans l'alambic, qui se coagule au froid, & qui se résout en liqueur à
la moindre chaleur. Mais il faut noter qu'il
ne faut évaporer l'urine, que lorsqu'elle est
nouvelle ; car si elle avoit été fermentée ou
digerée, le meilleur s'évaporeroit.

On peut aussi distiller l'esprit de l'urine
dans un alambic au bain marie boüillant,
sans l'évaporer ; mais il faudra le rectifier.

On peut encore distiller l'esprit d'urine
sans feu apparent, qui est une opération
merveilleuse, ce qui se fait ainsi : il faut
évaporer l'urine très-lentement jusqu'aux
deux tiers, après quoi mettez trois ou quatre doigts de haut de bonne chaux vive
dans une cucurbite ; & versez votre urine
évaporée sur cette chaux, couvrez preste-
tement le vaisseau de son chapiteau, & lui
adaptez un récipient ; ainsi vous aurez de
l'esprit d'urine en peu de tems & sans feu,
qui sera très-subtil & très-volatil, qui ne
cédera point aussi en bonté à celui qui aura
été fait d'une autre maniere : ceux qui auront la corne ouverte de Glaubert, le dis-
tilleront plus facilement & en plus grande

quantité. Il est fort difficile de garder le sel
volatil de l'urine, à cause de sa subtilité &
de la pénétrabilité de ses parties ; c'est
pourquoi, il est nécessaire de le digérer
avec son propre esprit, & de les unir ensemble, pour les conserver dans une fiole
qui ait l'embouchûre étroite, qui n'ait
point d'autre bouchon que de verre, & une
double vessie moüillée par dessus.

Cet esprit salin volatil, ou ce sel spirituel, a des vertus qui sont presqu'innombrables ; car il est premièrement très-souve-
rain pour appaiser les douleurs de toutes
les parties du corps, & principalement
celles des jointures, lorsqu'il est mêlé avec
quelque liqueur convenable. Il ouvre plus
que tout autre remede toutes les obstructions tartarées des entrailles & du mésentere ; c'est ce qui fait que son usage est admirable dans le scorbut & dans toutes les
maladies hypocondriaques, dans les mauvaises fermentations qui se font dans l'estomach,& dans les deux sortes de jaunisse : il
n'est pas moins bon pour atténuer & pour
dissoudre le sable & les glaires, qui se forment dans les reins ou dans la vessie. On
peut même en faire un remede très-excellent contre l'épilepsie, l'apoplexie, la manie
& contre toutes les autres maladies qu'on
dit prendre leur origine du cerveau : mais
il le faut préparer comme il suit.

Prenez du vitriol, qui ait été purifié par diverses dissolutions, filtrations & cristallisations faites avec de l'eau de pluye distillée, ou ce qui seroit encore meilleur, avec de celle de la rosée ; imbibez-le d'esprit d'urine, jusqu'à ce qu'il surnage seulement la matiere ; bouchez très-exactement le vaisseau, & le mettez digérer durant huit ou dix jours ; après quoi mettez la matiere digerée dans une haute cucurbite & la distillez aux cendres jusqu'à sec, & vous aurez un très-excellent céphalique, qui guérit la migraine & les autres douleurs de la tête par le seul flair ; & qui concilie le sommeil, si on le tient quelque peu de tems sous le nez. Il faut mettre ce qui restera dans le fonds de la cucurbite, dans une retorte que vous mettrez au sable avec son récipient bien lutté, & vous en tirerez encore le sel volatil & une espece d'huile brune, qui n'est pas méprisable dans la Médecine & dans la métallique ; vous pourrez aussi faire une dissolution de ce qui restera, que vous filtrerez, évaporerez & cristalliserez en un sel, qui sera un véritable stomachique pour chasser les viscosités & les superfluités nuisibles, qui s'attachent ordinairement aux parois de l'estomac, on le donne dans du boüillon ou dans de la bierre chaude. La dose est depuis huit grains jusqu'à vingt, &

même jufqu'à une demie drachme.

La dofe de l'efprit d'urine, eft depuis deux gouttes jufqu'à douze ou quinze dans des émulfions, dans des boüillons, ou dans quelques autres liqueurs appropriées ; celle du fel volatil, eft depuis deux grains jufqu'à dix, de la même façon que l'efprit.

§. 7. *Pour faire l'eau, l'huile, l'efprit, le fel volatil & fixe du fang humain.*

Prenez au mois de Mai une bonne quantité de fang de quelques jeunes hommes, qui fe font ordinairement faigner en ce tems-là, & le mettez diftiller aux cendres dans une ample cucurbite de verre ; mais il faut mettre deux ou trois poignées de chanvre par-deffus le fang, pour empêcher fon élévation dans le chapiteau, qu'il faudra lutter exactement, & y adapter un récipient : il faut graduer le feu avec jugement, & furtout empêcher que la maffe qui reftera, ne fe brûle, mais qu'elle fe deffèche feulement. Ainfi vous aurez l'eau & l'efprit, qu'il faudra rectifier au bain marie ; l'eau fervira pour extraire le fel de la tête morte calcinée ; l'efprit peut être gardé comme il eft, pour s'en fervir contre le mal caduc & contre les convulfions des petits enfans, la dofe eft depuis une demie drachme jufqu'à une drachme entiere ; il eft auffi fpécifique pour les mêmes

maux, en y mêlant des fleurs de muguet
& de lavande, pour en tirer la teinture. Il
sera pourtant meilleur de le cohober par la
retorte, sur ce qui sera resté dans la cucurbite, jusqu'à neuf fois, ou jusqu'à ce qu'il
ait acquis une couleur de rubis, & que
l'huile sorte sur la fin avec le sel volatil,
qui adhérera au col de la cornue, ou aux
parois du récipient, qu'il faudra mêler
avec l'esprit, & les rectifier & joindre ensemble par la distillation que vous en ferez au bain marie. C'est cet esprit empreint
de son sel volatil, qui est tant vanté pour
la cure de la paralysie, pris intérieurement
depuis six gouttes jusqu'à dix, dans des
bouïllons, ou dans de la décoction de racine de squine, ou bien dedans du vin
blanc.

Il faut achever de calciner au feu de
roue, ce qui sera resté dans la cornue, puis
en extraire le sel avec l'eau qu'on aura tirée
du sang; il faut filtrer la dissolution, l'évaporer & laisser cristalliser le sel, qu'il faut
garder pour ce qui suit.

Prenez l'huile distillée du sang, & la rectifiez sur du colchotar au sable dans une
retorte, jusqu'à ce qu'elle soit subtile &
pénétrante; mêlez le sel fixe avec cette huile
& les digerez ensemble, jusqu'à ce qu'ils
soient bien unis; ainsi vous aurez un baume, qui fait des merveilles pour appaiser

la douleur des gouttes des pieds & des mains, & pour en ôter l'enflûre & la rougeur ; mais ce qui est de meilleur, c'est que ce remede amollit, dissipe & résout les tophes & les nœuds des gouteux ; comme aussi ceux des vérolés, pourvû qu'on les ait purgés auparavant avec de bons remedes tirés du mercure ou de l'antimoine.

Il faudra pourtant ne s'arrêter pas toujours à la saison du printems pour avoir du sang, car on en pourra prendre dans les autres saisons de l'année, si la nécessité le requiert. On peut aussi se servir lu sang de cerf, de bouc, de celui de pourceau, de bœuf ou de mouton, qu'on pourra distiller de la même façon que le sang humain ; car leurs digestions se font de même que dans les animaux parfaits ; & leur sang est doüé des mêmes facultés, sinon que celui des hommes est plus subtil, à cause de la délicatesse de ses alimens.

℞. 8. *Pour faire le sel & l'élixir de la pierre de la vessie.*

C'est une chose admirable, que ce qui cause tant de maux aux hommes, soit pourtant capable de leur servir de remede ; cela se voit en la pierre de la vessie, qui peut être donnée sans autre préparation, que d'être mise en poudre, au poids depuis un scrupule jusqu'à une drachme dans du vin

blanc, ou dans de la décoction de racines
de bardane & d'ortie brûlante, pour diſſoudre & pour faire ſortir la gravelle & les
glaires des reins & de la veſſie ; mais les
remedes qu'on en tire par la préparation
Chymique, ont beaucoup plus de vertu,
& agiſſent avec beaucoup plus de promp-
titude.

Prenez donc une partie de pierres de la
veſſie, & les mettez en poudre, que vous
joindrez avec deux parties de charbon de
hêtre pulvériſé ; mettez-les enſemble en un
creuſet, que vous lutterez, & les calcinez
au feu de roue ou au feu de réverbere,
cinq ou ſix heures durant ; & lorſque le
creuſet ſera refroidi, broyez ce qui reſtera,
& en faites une leſſive avec quelque eau
diurétique, ou avec du phlegme de ſalpêtre ou d'alun, que vous filtrerez & l'é-
vaporerez juſqu'à pellicule, puis la mettrez
criſtalliſer en un lieu froid, & continuerez
ainſi juſqu'à ce que vous ayez tiré tout le
ſel ; que s'il n'étoit pas aſſez net, il le faut
mettre dans un creuſet, puis le faire rougir au feu ſans le mettre en fuſion ; il le
faut purifier par pluſieurs diſſolutions, filtrations, évaporations & criſtalliſations. Il
faut mettre ce ſel bien deſſéché dans une
fiole, qui doit être bien bouchée, de peur
qu'il ne ſoit humecté par l'attraction de l'air.
La doſe de ce ſel, eſt depuis quatre grains

jufqu'à huit dans des liqueurs appropriées, pour faciliter l'excrétion de l'urine ; comme auffi pour diffoudre & pour faire fortir le fable & les glaires, qui font ordinairement la caufe occafionnelle de la génération & de la fermentation de la pierre dans les reins, ou dans la veffie.

Mais fi vous en voulez faire une effence ou un élixir, qui foit encore plus efficace que ce fel, il faudra que vous calciniez la pierre avec fon poids égal de falpêtre très-pur dedans un bon creufet, au feu de roue durant l'efpace de fix heures ; puis il faut extraire le fel de la maffe avec de l'efprit de vin fimple, qu'il faut filtrer, évaporer & criftallifer ; & lorfque les criftaux feront deffechés, il les faut mettre digérer durant douze jours dans un vaiffeau de rencontre à la vapeur du bain marie, avec de l'efprit de vin rectifié ; après quoi mettez un chapiteau fur le vaiffeau, & retirez l'efprit de vin à la chaleur de l'eau du bain, & le cohobez tant de fois, que vous réduifiez le fel en une liqueur fubtile & claire, que vous garderez précieufement. Il en faut donner depuis cinq gouttes jufqu'à dix, pour les mêmes maux & dans les mêmes liqueurs que nous avons dites ci-deffus.

Il ne faut pas que l'Artifte faffe aucune difficulté de fe fervir du nitre, pour calciner le calcul, de peur que fon fel ne fe

joigne à celui de cette pierre : car outre que
tout ce qu'il y a de volatil, d'âcre & de
corrosif dans le nitre, s'évanoüit par la calcination ; c'est que ce qui reste avec la pierre calcinée, étant réduit à la nature universelle par l'action du feu, cela ne peut
qu'augmenter la vertu de ce remede, plutôt
que de la diminuer.

Après avoir achevé de traiter des choses
qui se tirent de l'homme durant sa vie, il
faut que nous achevions ce Chapitre, par
l'examen que nous ferons de celles que
nous en tirons après sa mort ; & nous commencerons par la chair, qui nous fournit
beaucoup de belles préparations, ainsi que
la suite le fera voir.

§. 9. *De la chair humaine & ses préparations.*

La mumie qu'on prépare avec la chair
du microcosme, est un des plus excellens
remedes qui se tirent des parties de l'homme. Mais parce que la mumie est en horreur à quelques-uns, & qu'elle n'est ni
connue, ni conçûe des autres ; il n'est pas
hors de propos de dire quelque chose de
ses différences, avant que de venir à la
description de sa véritable préparation.

Ceux des Anciens qui ont le plus docte-
ment écrit de la mumie, n'en marquent que
quatre sortes. La premiere, est celle des
Arabes, qui n'est rien autre chose qu'une

liqueur, qui eſt ſortie des corps qui ont été embaumés avec de la mirrhe, de l'aloë & du baume naturel, qui ont été mêlés, diſſous & unis avec la ſubſtance des chairs du corps embaumé, qui contenoient en elles l'eſprit & le ſel volatil, qui ſont la partie mumiale & balſamique, qui compoſent avec la mirrhe, l'aloë & le baume, cette premiere ſorte de mumie des Anciens, qui véritablement ne ſeroit point à rejetter, s'il étoit poſſible de la recouvrer : mais on n'en trouve point du tout à préſent.

La ſeconde, eſt la mumie des Egyptiens, qui eſt une liqueur épaiſſie & ſéchée, ſortie des corps, qui ont été confits & remplis d'un baume, qu'on appelle ordinairement Aſphalte ou Piſſaſphalte. Or, comme les ſoufres ſont d'une nature incorruptible ; c'eſt auſſi par leur moyen & par leur faculté balſamique, que les corps morts ſont préſervés de la corruption : cette ſeconde n'approche pas de la premiere, & n'eſt propre que pour l'extérieur ; parce qu'elle n'a pû tirer du cadavre les vertus de la vie moyenne, qui étoit reſtée dans ſes parties, à cauſe de la ſolidité compacte & du reſſerrement des parties de ces bitumes ſulfurés, qui ſont ſecs & friables.

La troiſiéme, eſt tout-à-fait ridicule & mépriſable, parce que ce n'eſt rien autre choſe que du piſſaſphalte artificiel, c'eſt-à-dire,

dire, de la poix noire mêlée avec du bitume, & boüillie avec de la liqueur qui fort des corps morts des esclaves, pour lui donner l'odeur cadavereuse ; & c'est cette troisiéme sorte qu'on trouve ordinairement chez les Epiciers ; qui la fournissent aux Apothicaires, qui sont trompés par l'odeur de cette drogue falsifiée & sophistiquée. J'ai appris ce que je viens de dire d'un Juif d'Alexandrie d'Egypte, qui se moquoit de la crédulité & de l'ignorance des Chrétiens.

La quatriéme sorte de mumie, & celle qui est la meilleure & la moins sophistiquée, est celle des corps humains, qui se trouvent avoir été desséchés dans les sables de la Lybie : car il y a quelquefois des caravanes entieres, qui sont ensevelies dans ces sables, lorsqu'il souffle quelque vent contraire, qui éleve le sable, & qui les couvre inopinément & en un instant. J'ai dit que cette quatriéme étoit la meilleure, parce qu'elle est simple, & que cette suffocation subite concentre les esprits dans toutes les parties, à cause de la surprise & de la peur que les Voyageurs conçoivent, qui selon le dire de Virgile :

Membra quatit gelidusque coit formidine sanguis.

Et que de plus, l'exsiccation subite qui s'en fait, soit par la chaleur du sable, soit par l'irradiation du Soleil, communique

Tome I.   L

quelque vertu aftrale, qui ne fe peut donner par quelque autre façon d'agir que ce
foit. Ceux qui auront de cette derniere
mumie, s'en ferviront pour faire les prépa-
tions qui fuivront : mais comme on ne
trouve pas toujours de ces corps morts ainfi
deffécliés, & que les remedes qu'on en tire
font très-néceffaires ; l'Artifte pourra fubftituer une cinquiéme forte de mumie, qui
eft celle que Paracelfe appelle *mumiam pa-
tibuli*, & qu'on peut légitimement appeller
la mumie moderne, qu'il préparera de cette
forte.

§. 10. *Préparation de la mumie moderne.*

Il faut avoir le corps de quelque jeune
homme de l'âge de vingt-cinq ou trente ans,
qui ait été étranglé, duquel on diffequera
les mufcles, fans perte de leur membrane
commune ; après les avoir ainfi féparés, il
les faut tremper dans de l'efprit de vin,
puis les fufpendre en un lieu, où l'air foit
perméable & bien fec. afin de les deffé-
cher, & de concentrer dans leurs fibres ce
qu'il y a de fel volatil & d'efprit, & qu'il
n'y ait que la partie féreufe & inutile qui
s'exhale. Que fi le tems eft humide, il faut
fufpendre ces mufcles dans une cheminée,
& les parfumer tous les jours trois ou quatre fois avec un petit feu fait du bois de
geneyre, qui ait fes branches, avec fes feüil-

les & ses bayes, jusqu'à ce qu'ils soient secs,
comme la chair du bœuf salée, de laquelle
on charge les navires, qui sont employés aux
longs voyages. Ainsi vous aurez une mumie, qui ne cédera nullement à la quatriéme en bonté, & que j'estime même davantage, parce qu'on est assûré de sa préparation ; qu'on peut de plus en avoir plus facilement, & qu'il semble que les esprits,
le sel volatil & la partie mumiale & balsamique, y doivent avoir été mieux conser-
vés, parce que les chairs n'ont pas été
séchées avec une si grande chaleur.

§. 11. *Pour faire le baume de la mumie des modernes.*

Prenez une livre de la cinquiéme mumie, concassez-là dans le mortier avec un
pilon de bois, jusqu'à ce qu'elle soit réduite en fibres très-déliés, qu'il faut couper
fort menu avec des ciseaux, puis la mettre
dans un matras à long col, & verser dessus
de l'huile d'olive empreinte de l'esprit de
thérébentine, qui est proprement son huile
étherée, jusqu'à ce qu'elle surnage de la
hauteur de trois ou quatre doigts ; scellez
le vaisseau hermétiquement, & le mettez
digérer dans le fumier, ou dans de la sieure
de bois à la vapeur du bain, durant l'espace
du mois philosophique qui est de quarante
jours, sans discontinuer la chaleur. Après

quoi ouvrez le vaisseau, versez la matiere dans une cucurbite, que vous mettrez au bain marie sans la couvrir, & laisserez ainsi exhaler la puanteur qu'elle aura contractée,& que toute la mumie soit dissoute; alors coulez le tout par le cotton, & mettez digérer au bain marie cette dissolution dans un vaisseau de rencontre, avec partie égale d'esprit de vin rectifié, dans quoi vous aurez dissout deux onces de vieille thériaque, & mêlé une once de chair de viperes en poudre, pendant l'espace de trois semaines; au bout de ce tems, vous ôterez l'alambic aveugle, & couvrirez la cucurbite d'un chapiteau à bec, & retirerez l'esprit de vin à la très-lente chaleur du bain, & coulerez ce qui restera par le cotton; ainsi vous aurez un beaume très-efficace, de quoi vous pourrez vous servir au-dedans & au-dehors.

C'est un très-excellent remede intérieur contre toutes les maladies vénimeuses, & particuliérement contre les pestilentielles & toutes celles qui sont de leur nature. Il est aussi très-bon d'en donner à ceux qui sont tombés & qui ont du sang caillé dans le corps, aux paralytiques, à ceux qui ont des membres contracts & atrophiés, aux pleurétiques & à toutes les autres maladies, où la sueur est nécessaire : c'est pourquoi, il est à propos de bien couvrir les malades, ausquels on en donnera. La dose est depuis une drachme jusqu'à trois, dans des bouïllons, ou dans de la teinture de sassafras, ou de baye de genevre.

Mais on ne peut assez exalter les beaux effets qu'elle produit pour le dehors ; car c'est un baume, qui est même préférable au baume naturel, pour appaiser toutes les douleurs externes qui proviennent du froid, ou de quelque vent enclos dans les espaces des muscles ; comme aussi contre celles qui sont occasionnées par des foulures & des meurtrissures ; il en faut oindre aussi les membres paralitiques, les parties contractes & atrophiées, c'est-à-dire, qui ne reçoivent point de nourriture ; il en faut encore frotter les endroits du corps, qui sont douloureux, où néanmoins on ne voit aucune enflure ni rougeur ; mais notez qu'il en faut donner en même tems intérieurement, afin que la chaleur interne coopere avec l'externe ; car il faut couvrir le malade, & le laisser en repos quelques heures, afin de provoquer la sueur, ou que ce qui cause la douleur & le vice des parties, s'exhale insensiblement.

§. 12. *Comment il faut préparer & distiller l'axunge humaine.*

L'axunge ou la graisse humaine, est de soi, sans autre préparation, un remede

extérieur qui eſt très-conſidérable ; car elle
fortifie les parties foibles & diſſipe leur
ſéchereſſe extérieure ; elle appaiſe leurs
douleurs, réſout leurs contractions, &
redonne l'action & le mouvement des parties nerveuſes, adoucit la dureté des cica-
trices, remplit les foſſes, & rétablit l'iné-
galité de la peau, qu'a laiſſée le venin de la
petite vérole.

La *premiere préparation*, eſt ſimple &
commune ; car il faut ſeulement la décou-
per & la faire boüillir avec du vin blanc,
juſqu'à ce que les morceaux ſoient bien
frits, & que l'humidité du vin ſoit évaporée ; puis la preſſer entre deux platines d'é-
tain, qui ayent été chauffées, & garder
cette axunge pour la néceſſité.

La *ſeconde préparation*, eſt lorſqu'on en
veut faire un liniment anodin, réſolutif &
refrigérant, dont on peut très-utilement ſe
ſervir aux enflures, aux inflammations,
aux duretés, & aux autres accidens, qui
arrivent ordinairement aux playes & aux
ulcéres, ou par l'intempérance du malade,
ou par l'impéritie & la négligence du Chirurgien mal expérimenté. Pour le faire,
prenez du phlegme de vitriol ou d'alun,
qui ſoient empreints de leur eſprit acide,
environ une demie livre ; mettez-la digérer
au ſable avec environ deux onces de lithar-
ge lavée & ſéchée, qu'il faudra remuer ſou-

vent ; & lorfque la liqueur fera bien chargée , il la faudra filtrer , & en faire le liniment en forme de nutritum. Que fi vous
le voulez rendre plus fpécifique , il y faudra joindre à mefure qu'on l'agitera , quelque portion de la teinture de mirrhe &
d'aloë , faite avec du très - bon efprit de
vin.

La *troifiéme* & la derniere *préparation* de
la graiffe humaine, que je tiens la plus exacte
& la meilleure , eft la diftillation , ce qui fe
pratique ainfi. Prenez une partie d'axunge
humaine, & deux ou trois parties de fel décrépité , que vous pifterez & mêlerez bien
enfemble ; vous mettrez ce mêlange dans
une cornue de verre , que vous placerez au
fable avec fon récipient , qui foit lutté très-
exactement ; puis vous donnerez le feu par
dégrés , jufqu'à faire rougir le fond de la
retorte , ce qui ne requiert qu'environ huit
heures de tems ; ainfi vous aurez une huile
d'axunge humaine qui fera très - fubtile ,
qui eft un remede fouverain pour ranimer
& pour dégourdir les membres paralitiques , qui font ordinairement refroidis &
atrophiés , & cette huile vaut mieux que
le corps dont elle a été tirée , pour s'en
fervir à tout ce à quoi nous avons dit ci-
deffus qu'elle étoit propre. Que fi on veut
rendre cette huile plus pénétrante & plus
fubtile , il la faudra circuler au bain marie

avec partie égale d'esprit de vin durant quelques jours, puis la rectifier en la distillant aux cendres dans une cucurbite de basse coupe; elle deviendra par ce moyen si pénétrante & si subtile, qu'à peine la peut-on conserver dans le verre, vû qu'elle devient imperceptible, aussi-tôt qu'elle est appliquée, tant elle est pénétrante.

Les préparations que nous venons de décrire, serviront d'exemples pour toutes les autres huiles, beurres, graisses & axunges, qu'on rendra par ce moyen plus efficaces & plus pénétrantes.

§. 13. *Pour faire l'esprit, l'huile & le sel volatil des os & du crâne humain.*

La préparation du crâne ne sera point différente de celle des os; c'est pourquoi, nous ne perdrons pas le tems pour en faire deux descriptions: l'une & l'autre préparation se fait ainsi.

Prenez des os humains, qui ayent été pris d'un homme qui soit fini de mort violente, & qui n'ayent point été enterrés ni boüillis, ni mis dedans de la chaux vive, & les faites fier par morceaux d'une grosseur convenable, qui puissent entrer dans une cornue, qui soit luttée, & qui ne soit remplie que jusqu'aux deux tiers; vous la mettrez au réverbere clos à feu ouvert; & après lui avoir adapté & lutté bien exacte-

ment son récipient, vous couvrirez le
réverbere, & laisserez au-dessus un trou
d'un pouce & demi de diamettre, qui servira de registre pour gouverner le feu, qui
doit être gradué modérement, jusqu'à ce
que tous les nuages blancs soient passés ;
alors il faut changer de récipient, ou vuider la matiere qui sera contenue dans le
premier, puis le lutter exactement, & continuer & augmenter le feu, pour faire sortir l'huile & le sel volatil avec le reste de
l'esprit ; ce qu'il faut poursuivre jusqu'à ce
que le récipient devienne clair de soi-même ; ce qui arrive dans l'espace de douze
heures, depuis le commencement de l'o-
pération.

Mais notez qu'il faut garder la sieure des
os, ou en faire limer ou raper ; afin que
cela serve à la rectification de l'esprit, de
l'huile & du sel volatil. Il faut aussi calciner & réverberer jusqu'à blancheur à feu
ouvert, entre des briques, les morceaux qui
seront restés dans la cornue, afin qu'ils
servent pour arrêter & fixer en quelque
façon le sel volatil, qu'on ne peut garder
autrement, à cause de sa subtilité, comme
nous en donnerons la description en parlant de la distillation & de la rectification
de ce qui se tire de la corne de cerf.

Je ne sçaurois passer sous silence une expérience, que j'ai vûe en la personne d'un

L v

Cornette, qui avoit été blessé d'une mousquetade à la cuisse, proche du genoüil, & qui avoit la jambe & le genoüil en si mauvaise situation après sa guérison, que le talon approchoit de la fesse, ce qui le rendoit presque inutile à sa charge. Mais leur Chirurgien Major, qui étoit Allemand, entreprit de lui rendre le mouvement du genoüil ; & pour parvenir à ses fins, il lui fit prendre tous les jours dans des boüillons, six semaines durant, le poids d'une drachme de la poudre des os de la jambe & de la cuisse d'un homme, qui avoit été disséqué quelques années auparavant ; ce qui lui redonna non-seulement le mouvement pliant du genoüil, mais qui le mit de plus en état avant les six semaines achevées, de faire des armes, de joüer à la paume & de monter à cheval. Ce qui doit faire remarquer, que cette poudre ne peut avoir produit un si rare effet, qu'à cause du sel volatil, spirituel & pénétrant qu'elle contenoit, puisque la partie matérielle ne pouvoit jamais passer jusques dans les dernieres digestions. Je n'ai rapporté cette histoire, que pour mieux faire croire & pour mieux faire comprendre les effets, que produisent les remedes qu'on tire des os & du crâne humain, par la distillation qui sépare le pur de l'impur. On donne l'esprit & le sel volatil du crâne humain, pour la cure de l'épilepſie dans de l'eau de fleurs de tillot, de muguet ou de pœone. Celui des os ſe donne auſſi avec heureux ſuccès, pour réhabiliter les membres racourcis & deſſéchés, pourvû qu'on les frotte auſſi du baume de la mumie moderne. L'huile du crâne & celle des os ne s'applique qu'extérieurement, pour nettoyer & pour guérir les ulceres vilains & rongeans, pourvû qu'on y mêle un peu de colchotar en poudre, & qu'on donne des potions vulnéraires & purgatives au malade de deux jours en deux jours. La doſe de l'eſprit, eſt depuis trois gouttes juſqu'à dix ; & celle du ſel volatil arrêté, depuis quatre grains juſqu'à huit.

§. 14. *La maniere de bien préparer les reme- des qui ſe tirent de la corne de cerf.*

Quoique nous ayons donné le modelle de faire toutes les opérations Chymiques, pour tirer les remedes des parties des animaux ; cependant comme il y en a pluſieurs qui auroient de l'averſion de travailler ſur les parties de quelques animaux, qui ſont en quelque façon différentes de celle-là, & qui ont en elles une plus grande portion de ce qui peut être utile à la cure des maladies : j'ai crû qu'il étoit néceſſaire de décrire exactement les bons remedes, qui ſe tirent de la corne de cerf, qu'on peut légi-

timement substituer à ceux qu'on prépare
des parties de l'homme. Car il faut avoüer
qu'il y a quelque chose de très-beau & de
merveilleux dans la production annuelle
du bois de cerf, qu'il renouvelle tous les
printems, comme une espece de végéta-
tion. Et pour faire voir cette vérité, il faut
remarquer que les armes de cet animal, ne
lui deviennent inutiles & insupportables,
que lorsqu'il est tombé en pauvreté, comme disent les Veneurs, qui est une façon
de parler qui est assez physique ; car ils
veulent dire qu'ils manquent de bonne &
de suffisante nourriture durant l'hiver,
lorsque la terre est long-tems couverte de
neige ; & qu'ainsi, ces pauvres animaux
n'ont plus d'esprits naturels, ni d'humide
radical en assez grande quantité, pour
pousser jusques dans leur bois, vû qu'ils
n'en ont pas même assez pour les susten-
ter & pour entretenir leur vie, puisqu'ils
sont en ce tems-là maigres & langoureux.
Mais lorsque la riche saison du printems
leur donne la pointe de l'herbe & les bour-
jons des arbrisseaux des taillis, ils sont
comme ranimés d'un nouveau feu si abondamment, que la sublimation des esprits
poussé jusqu'à leur tête, & leur donne des
demangeaisons qui font qu'ils mettent bas
leur vieille rameure, qui est toute rare,
spongieuse & privée de sa meilleure & de

sa principale partie, qui est son sel volatil spirituel, en quoi consiste toute la vertu médicinale, qu'on desire en tirer : après quoi, ils poussent un nouveau bois, qui est au commencement mol & tout rempli d'un sang très-subtil, qui se durcit peu à peu, & qui acquiert toute la perfection requise. Ce qui fait juger de la nécessité du choix qu'on doit faire du bois de cet animal ; car il ne faut pas prendre pour vos opérations de ce qui aura été mis bas ; il ne faut pas aussi le prendre avant qu'il ait acquis la fermeté requise ; il faut même encore négliger celui qui approche de l'hyver : mais le vrai tems de le prendre en sa perfection, est entre les deux Fêtes de Notre-Dame d'Août & de Septembre : c'est en ce tems qu'il est suffisamment fourni d'esprit, de sel volatil & d'huile, pour en faire les médicamens que nous allons décrire, il faut que le cerf ait été tué, ou pris par les chiens ; mais il faut avant que d'en venir là, montrer comment il faut distiller l'eau de tête de cerf, lorsqu'elle est encore tendre & qu'elle est couverte de son poil, parce que cette eau est de grande vertu, & qu'elle n'échauffe pas tant que les autres remedes que nous décrirons, à cause que ses esprits ne sont encore qu'embrionnés, & qu'ils ne sont pas, ni cuits, ni digerés jusqu'à leur derniere perfection.

ĝ. 15. Comment il faut diſtiller la corne de cerf, qui eſt encore molle pour avoir l'eau de tête de cerf.

Il faut prendre ce nouveau bois du cerf pour le diſtiller, depuis le quinziéme de Mai, juſqu'à la fin de Juin ; il le faut couper par roüelles, de l'épaiſſeur de la moitié d'un travers de doigt, & les poſer l'un ſur l'autre en échiquier, dans le fond d'une cucurbite de verre qu'il faut mettre au bain marie ; & lorſque tout ſera prêt, il faut donner le feu juſqu'à ce que l'eau commence à diſtiller, & continuer la même chaleur juſqu'à ce qu'il n'en ſorte plus rien : on pourra de plus mettre la cucurbite aux cendres, pour achever de tirer l'humidité qui reſteroit, afin que les morcèaux ſoient plus ſecs, & ſe puiſſent mieux conſerver. Il y en a qui ajoûtent du vin, de la canelle, du macis & un peu de ſaffran à cette diſtillation, pour rendre l'eau plus efficace ; tant pour faciliter les accouchemens difficiles, que pour faire ſortir l'arriere-faix, quand les femmes ont perdu leurs forces ; comme auſſi pour faire nettoyer la matrice des ſéroſités, dont ſes membranes ont été imbues durant la groſſeſſe, qui cauſent avec le ſang qui reſte, les tranchées qui tourmentent les femmes accouchées. L'Apothicaire curieux pourra faire la ſimple &

la composée, afin qu'il puisse satisfaire aux intentions des Médecins qui les voudront employer. La dose de la simple, est depuis une demie jusqu'à une & deux cuillerées entieres : on peut même passer plus avant, parce que cette eau fortifie sans altérer & sans échauffer ; outre qu'elle est bonne aux femmes en travail, elle n'est pas moins excellente à toutes les maladies qui participent du venin. Ceux qui la voudront conserver long-tems, ajoûteront une dragme & demie de borax en poudre à chaque livre de cette eau ; ce qui la rendra encore meilleure, puisque le borax est de soi un spécifique, pour faciliter l'accouchement. La dose de l'eau composée, doit être moindre ; car il ne faut pas aller au-dessus de deux dragmes ; c'est un vrai contrepoison dans toutes les fiévres malignes & pourpreuses, & principalement dans la rougeole & dans la petite vérole.

Il ne faut pas rejetter les morceaux, qui sont restés au fond du vaisseau ; il les faut au contraire employer en poudre très-subtile au poids, depuis un demi scrupule jusqu'à une demie dragme, pour tuer les vers des enfans, même pour en empêcher le seminaire ; il leur faut faire boire cette poudre dans de la décoction de rapure de corne de cerf & d'yvoire : cette poudre n'a de la vertu, qu'à cause que la chaleur du bain

marie n'a pas été capable d'élever le fel
volatil , qui étoit dans les plus folides parties de ces morceaux.

§. 16. *La préparation philofophique de la corne de cerf.*

Il y a beaucoup d'Artiftes ,. qui croyent
qu'on ne peut rendre la corne de cerf ten-
dre & friable , pour la pouvoir aifément
mettre en poudre ,. fans la calciner : mais
comme cette calcination - là prive de fes
efprits & de fon fel , les plus expérimentés
ont trouvé le moyen d'en faire une efpece
de calcination philofophique , qui lui conferve fa vertu ; ce qui doit faire remarquer
l'extrème différence qu'il y a entre l'ancienne Pharmacie , & celle qui eft éclairée des
lumieres de la Chymie.

Prenez-donc de la corne de cerf bien
choifie ,. & qui foit en fon vrai tems ; fiez-
là par morceaux de la longueur d'un empan
vers les extrêmités ; puis mettez deux bâ-
tons en travers du haut de la veffie , qui
fert à la diftillation des efprits & des eaux,
aufquels vous fufpendrez avec de la fiffelle
les morceaux des andoüilletes du cerf,
lorfque vous diftillerez quelques eaux cordiales ,. comme font celles de chardon bénit , d'ulmaria ou de petite centaurée ; ou
ce qui vaudroit encore mieux , lorfque
vous diftillerez quelques matieres fermen-

tées, qui doivent avoir par ce moyen des
vapeurs plus pénétrantes & plus subtiles;
il faut couvrir la veſſie & donner le feu,
comme pour la diſtillation ordinaire de
l'eau de vie ; & les vapeurs pénétreront la
corne de cerf juſques dans ſon centre , &
la rendront auſſi friable, que ſi elle avoit
été calcinée à feu ouvert, & qu'elle eût été
broyée ſur le porphyre ; mais il faut continuer la diſtillation quatre ou cinq jours
conſécutifs, ſans ouvrir le vaiſſeau ; ce qui
eſt cauſe qu'il faut que la veſſie ſoit percée
en haut ſur le côté, afin d'y pouvoir mettre
de l'eau chaude à meſure qu'elle diminue
par la diſtillation , & qu'il ne faut pas que
la liqueur approche de demi pied de la matiere qui eſt ſuſpendue. Que ſi on objecte
que les vapeurs peuvent enlever avec elles
la portion la plus ſubtile des eſprits de la
corne de cerf , nous répondons que cela ſe
peut ; & qu'ainſi les eaux cordiales & ſudo-
rifiques, ou les eſprits diſtillés de la fermentation des bayes de genevre , ou de
celle de ſureau, n'en auront que plus de
vertu : mais que cette chaleur vaporeuſe
n'eſt pas ſuffiſante pour en emporter le ſel
volatil, qui eſt retenu dans la matiere par
la liaiſon très-étroite qu'il a avec l'huile ou
le ſoufre , qui ne peut être déſuni que par
une chaleur beaucoup plus violente.

Cette corne de cerf ainſi préparée , eſt

encore plus excellente, que celle qui est restée de la distillation précédente, tant pour fortifier & pour être diaphorétique, que pour en donner aux enfans pour tuer les vers, & pour empêcher toutes les corruptions qui se font ordinairement dans leur petit estomac. La dose, est depuis un demi scrupule jusqu'à une demie dragme & deux scrupules, dans des eaux cordiales & sudorifiques, ou dans quelque conserve spécifique, contre toutes les maladies pestilentielles & vénimeuses.

§. 17. La façon de préparer l'esprit, l'huile & le sel volatil de la corne de cerf.

Prenez autant qu'il vous plaira de corne de cerf, qui soit de la condition qui est requise ; siez-là, ou la faites sier par roüelles ou par talleoles, de l'épaisseur de deux écus blancs ; emplissez-en une cornue de verre, qui soit luttée ; mettez-là au réverbere clos à feu nud ; & graduez le feu jusqu'à ce que les gouttes commencent à tomber les unes après les autres dans le récipient, qui soit bien lutté avec de la vessie moüillée, & que vous puissiez compter quatre entre l'intervalle que les gouttes feront en tombant ; continuez & réglez le feu de cette même égalité, jusqu'à ce que les gouttes cessent ; alors ôtez le récipient & le vuidez, puis remettez-le, luttez-le

avec de bon lut falé comme il faut ; &
augmentez le feu d'un dégré , jufqu'à ce
que l'huile commence à diftiller , avec
encore quelque peu d'efprit ; & le fel volatil commencera de s'attacher aux parois
du col de la cornue , & de là paffera en
vapeurs dans le corps du récipient , où il
s'attachera en forme de cornes de cerf & de
branchages des arbres , qui font chargés de
petite gelée ou de neige , qui eft une opération qui eft très-agréable à voir ; car il
tombe même de ce fel volatil en forme de
neige au fond du récipient, qui fe joint à
l'efprit qui eft au-deffous de l'huile. Continuez le dernier dégré du feu , jufqu'à ce
qu'il n'en forte plus rien , & que le récipient paroiffe clair fans aucune vapeur.

Or, ce n'eft pas affez d'avoir tiré ces diverfes fubftances de la corne de cerf ; il
faut les fçavoir rectifier , tant pour en ôter,
autant qu'on le peut faire , l'odeur empyreumatique, que pour en féparer la groffiereté : & pour commencer par la premiere
fubftance qui en eft fortie , qui eft l'efprit,
il faut la rectifier aux cendres à feu lent
dans une cucurbite de verre , dans laquelle
on aura mis la hauteur de trois ou quatre
doigts , de la fieure ou de la rapure de
corne de cerf ; & cet efprit fortira beau,
clair , net , & privé de la plus grande partie de fa mauvaife odeur ; celui qui vient

le premier, est préférable au dernier, parce que c'est un esprit volatil, de qui la nature est de monter toujours le premier ; il faut rejetter le reste comme inutile, & mettre cet esprit rectifié dans une fiole d'embouchure étroite, qui soit bien bouchée. C'est un remede excellent, pris intérieurement ou appliqué au-dehors ; car il nettoye & rectifie toute la masse du sang des superfluités séreuses, par les urines & par la sueur, aussi-bien que par la transpiration insensible ; c'est pourquoi, il est très-spécifique contre le scorbut, contre la vérole & contre toutes les autres maladies, qui tirent leur origine de l'altération du sang ; enfin cet esprit volatil peut être dignement substitué à celui qu'on pourroit tirer de toutes les parties des autres animaux, pour servir d'excellent médicament à tout ce que nous avons dit que les autres étoient propres. Mais son usage est aussi merveilleux au-dehors, car il nettoye comme par miracle tous les ulceres malins, rongeans, chancreux & fistuleux ; si on les en lave, ou qu'on le seringue dedans : il sert aussi pour les playes récentes, soit de feu, de taille ou d'estoc ; car il empêche qu'il n'arrive aucun accident : il est ami de la nature, ce qui fait qu'il aide cette bonne mere à la réunion des parties ; & comme ce n'est pas son intention de faire suppurer, ni de

faire une colliquation des chairs & des
parties voisines ; c'est aussi ce que cet esprit
empêche : mais remarquez qu'il en faut
aussi donner en dedans, depuis six gouttes
jusqu'à douze dans des potions vulnéraires,
ou dans la boisson du malade. Enfin, cet
esprit n'est rien autre chose qu'un sel volatil, qui est en liqueur, comme le sel volatil, n'est qu'un esprit ferme & condensé ;
ce qui fait qu'on les peut donner l'un pour
l'autre, si ce n'est que la dose du sel volatil
doit être un peu moindre que celle de
l'esprit ; si bien que les vertus que nous attribuerons à l'un, peuvent être attribuées à
l'autre.

Nous n'avons point d'autre observation
à donner, pour rectifier le sel volatil &
l'huile, sinon qu'il faut que l'opération se
fasse dans une retorte sur de la rapure de
corne de cerf, & avec les mêmes circonstances pour le réglement du feu. Ainsi vous
aurez l'huile belle, claire & d'un beau
rouge de rubis, qui surnagera le sel volatil
qui sera allé dans le récipient, ou qui se
sera sublimé dans le col de la cornue ; il
faut dissoudre le sel avec son propre esprit
rectifié, par une dissolution faite à la chaleur de l'eau tiede pour le séparer de l'huile ; il faudra filtrer cette dissolution par le
papier, qu'il faut humecter de l'esprit,
avant que de rien verser dedans, & vous

aurez l'huile à part & le sel dans son propre esprit, qui n'en est que meilleur, & qui se conserve mieux que s'il étoit seul, si ce n'est qu'on l'arrête & qu'on le fixe, comme nous l'enseignerons ci-après. Pour cet effet, il faut mettre la dissolution de l'esprit & du sel dans une cucurbite au bain marie, pour redistiller l'esprit & pour sublimer le sel dans le chapiteau, ou si on veut par la cornue : il est impossible de conserver ce sel, tant il est pénétrant & subtil, c'est pourquoi il le faut arrêter de cette sorte.

Prenez les roüelles qui sont restées de la distillation, qui sont très-noires, & les calcinez à feu ouvert jusqu'à blancheur ; mettez-en une partie en poudre, que vous mêlerez avec son poids égal de sel volatil, que vous sublimerez ensemble, & recommencerez ainsi avec de la nouvelle corne de cerf calcinée en blancheur jusqu'à quatre ou cinq fois, & vous aurez un sel volatil arrêté que vous pourrez garder, transporter & envoyer avec moins de risque que l'esprit : néanmoins je conseille de se servir plutôt de l'esprit rempli & comme saoulé du sel volatil, à tout ce que nous allons dire.

On pourroit véritablement appeller ce remede une panacée, ou une Médecine universelle, par les merveilleux effets qu'il

est capable de produire ; car il est très-
excellent contre l'épilepsie, l'apoplexie, la
léthargie, & généralement contre toutes
les maladies qu'on dit tirer leur origine du
cerveau : il ôte toutes les obstructions du
foye, de la ratte, du méfentere & du pancréas. Il résiste à tous les venins, à la peste
& à toutes les sortes de fiévres, sans en
excepter aucune. Il nettoye les reins &
la vessie, dont il évacue toutes les limosités
& les glaires, qui sont les causes de la pierre. Il corrige tous les vices du ventricule,
& principalement ses indigestions, qui
causent la puanteur à la bouche ; c'est un
spécifique pour le poulmon, si on le digere
avec du lait de soufre. Il appaise le flux de
ventre immoderé, comme aussi celui des
femmes, parce qu'il évacue les sérosités
superflues qui en sont la cause ; mais ce
qui est de plus merveilleux & de moins
concevable, c'est qu'il ouvre le ventre
constipé, & qu'il provoque les purgations
lunaires, parce qu'il remet toutes les fonctions naturelles en leur état, & qu'il ôte
toutes les matieres terrestres & grossieres,
qui en empêchoient l'effet. Je ne doute pas
que je ne me rende ridicule à tous ceux
qui ne conçoivent pas la puissance & la
sphere d'activité des sels volatils ; mais je
sçais d'ailleurs, que ceux qui sçauront avec
moi, que ce sel est la derniere envelope de

l'esprit & de la lumiere, ne trouveront pas étrange que j'aye attribué tant de beaux effets à ce remede admirable.

Mais il faut que je fasse concevoir ce mystere, autant que je le pourrai, par la description de ce qui se fait tous les jours dans la cuisine, pour les personnes saines, aussi-bien que pour les malades. Ne sçait-on pas que les Cuisiniers ne sçauroient faire une bisque, ni un bon ragoût, s'ils ne se servent du boüillon & du jus des meilleures viandes ? Or, ce n'est que par le sel volatil des chairs, que cet agrément & ce chatoüillement du palais se communique. Ne fait-on pas aussi des gelées, des pressis, des jus de viandes & des consommés pour les malades, dont on jette les restes qui sont matériels & terrestres, & qui sont épuisés de ce sel qui demeure dans les gelées, & qui est l'unique principe de congélation ? On donne ces choses au malade, afin que son estomac réduise plutôt les puissances de ces alimens en acte, & que cela passe plus subitement dans la substance des parties par la facilité des digestions. C'est ce que l'Artiste fait, quand il prépare les sels volatils, qui sont capables de faire voir leurs vertus, d'autant qu'ils pénétrent toutes les parties de notre corps, & qu'ils charient avec eux cette merveilleuse puissance, que nous leur avons attribuée.

Ne

Ne voit-on pas aussi que toute la Médecine, tant l'ancienne que la moderne, a
fait entrer la corne de cerf dans toutes les
compositions cordiales qu'elle a prescrites ;
qu'elle a fait un grand état de l'os du cœur
du cerf, & qu'on fait encore tous les jours
de la gelée de corne de cerf, qui sert plutôt à fortifier le malade qu'à le nourrir ?
Mais laissons tout cela à la vérité de l'expérience, qui est le véritable fondement
de tout le raisonnement que nous avons
avancé.

§. 18. *Pour faire la teinture du sel volatil de
la corne de cerf.*

Prenez le sel volatil rectifié, mettez-le
dans un vaisseau de rencontre, ou ce qui
seroit encore mieux, mettez-le dans un
pélican ; versez deux fois son poids d'alkohol de vin par-dessus, & les mettez extraire
& digérer ensemble à lente chaleur de la
vapeur du bain durant douze ou quinze
jours ; si néanmoins tout le sel n'étoit pas
dissout, il faudra retirer ce qui est teint par
inclination & reverser de l'alkohol dessus,
pour achever l'extraction & la dissolution.
Ainsi vous aurez une teinture, qui sera
plus exaltée que les remedes précédens, qui
est bonne à tout ce que nous avons dit ;
mais qui de plus, est un remede très-excellent & très-présent dans les apoplexies, par

fa fubtilité qui eft fi grande, qu'à peine le peut-on garder dans les fioles les mieux bouchées.

On peut faire la même chofe du fel volatil arrêté & comme fixé ; mais il ne fe diffoudra pas tout : la teinture n'en fera pas auffi, ni fi efficace, ni fi pénétrante ; mais elle fera beaucoup plus agréable, & n'aura pas une odeur fi mauvaife. La dofe de la premiere, eft depuis trois gouttes jufqu'à huit ou neuf. Et celle de la feconde, eft depuis fix gouttes jufqu'à douze.

§. 19. *La maniere de faire l'élixir des propriétés, avec l'efprit de la corne de cerf.*

Après avoir connu par des expériences redoublées, les admirables vertus de ce grand remede, que Paracelfe appelle par excellence *Elixir proprietatis* au fingulier ; nous avons néanmoins crû le devoir appeller, Elixir des propriétés au plurier, puifqu'il eft très-vrai qu'il les poffede fans nombre ; & particuliérement celui que j'ai fait, depuis que je fuis en Angleterre, où je me fuis fervi de l'efprit rectifié de la corne de cerf, chargé & rempli de fon fel volatil, autant qu'il en peut diffoudre, en la place de l'efprit, ou de l'huile de foufre ; ce qui fe fait ainfi.

Prenez de très-bon faffran, du plus fin aloë fucotrin & de la myrrhe, la plus

récente & la mieux choisie ; de chacune de
ces choses balsamiques trois onces : coupez
le saffran fort délié & menu , & mettez les
deux autres en poudre fine ; mettez - les
dans un matras à long col, qui soit large
de deux pouces de diamettre ; versez dessus
dix onces d'esprit de corne de cerf bien
rectifié chargé de son sel volatil, autant
qu'il en peut dissoudre , & vingt onces
d'esprit de vin alkoholizé sur le sel de tartre ; bouchez exactement votre vaisseau
avec un vaisseau de rencontre , & le luttez
avec du blanc d'œuf & de la farine, & une
vessie moüillée par-dessus ; placez cela à la
vapeur du bain marie un peu plus que
tiéde , & le digerez durant trois jours naturels : le quatriéme jour ôtez la rencontre , & appliquez un alambic ou chapiteau
proportionné au col du matras ; luttez très-
soigneusement les jointures, adaptez un
récipient au bec, & en retirez lentement
environ quinze onces de la liqueur ; & si le
sel volatil s'est sublimé dans le chapiteau,
dissoudez avec l'esprit distillé, rejettez le
tout dans le matras,& le digerez encore trois
jours ; réiterez la distillation jusqu'à vingt
onces , que vous remettrez encore sur vos
matieres en digestion durant trois jours :
pour la derniere fois, laissez refroidir &
filtrez votre élixir par le coton dans un entonnoir couvert, qui soit posé sur une fiole

à col étroit, pour empêcher qu'il ne s'évapore, & ainfi le gardez au befoin dans cette même fiole bien bouchée.

C'eft fans hyperbole, qu'on peut attribuer à ce noble & grand remede des vertus & des facultés comme rénovatives ; car le faffran, l'aloë & la myrrhe extraits & exaltés par le fel volatil de la corne de cerf, & par l'efprit de vin alkoholifé fur le fel de tartre, ne peuvent que produire de très-bons effets, tant pour la confervation que pour la reftauration. C'eft pourquoi, ce remede eft très-bon dans les maladies, qui alterent la maffe du fang, comme font le fcorbut, la jauniffe & les pâles couleurs, dans toutes les obftructions du corps, contre la paralyfie, la contraction des nerfs & les atrophies ; mais furtout, il eft fans pareil contre toutes les irrégularités & les météorifmes de la matrice & de la rate. Il faut le prendre à jeun dans du vin blanc, la dofe eft depuis cinq gouttes jufqu'à trente : on peut déjeuner deux heures après.

§. 20. *Des préparations qui fe font des viperes.*

Nous fermerons le Chapitre de la préparation Chymique des animaux, par l'examen des divers remedes, qui fe tirent des viperes par le travail de la Chymie : car ce reptile poffede un fel volatil très-fubtil &

très-efficace pour la guérison de plusieurs maladies très-opiniâtres. Galien même rapporte plusieurs histoires de la guérison des ladres, pour avoir bû du vin, où des viperes avoient été suffoquées. Cardan prouve aussi cette vérité dans une consultation, qu'il envoya à Jean, Archevêque de S. André, en Ecosse, en ces mots : Je vous dirai un très-grand secret, qui guérit radicalement les tabides, les ladres & les verolés, qui les engraisse & qui les rétablit contre toute espérance : c'est qu'il faut prendre une vipere bien choisie, lui couper la tête & la queue, l'écorcher, jetter les entrailles & garder la graisse à part : coupez-là par tronçons comme une anguille ; faites-là cuire dans une quantité suffisante d'eau, avec du benjoin & du sel, & y ajoûtez sur la fin des feüilles de persil : lorsqu'elle sera bien cuite, il faut couler le boüillon, & faire cuire un poulet dans ce boüillon ; donnez du pain trempé dans ce jus au malade, & lui faites manger le poulet : continuez sept jours consécutifs ; mais il faut que le malade soit dans une étuve, ou dans une chambre bien chaude, & qu'on l'oigne avec la graisse de la vipere le long de l'épine & les autres jointures, comme aussi les arteres des pieds & des mains & la poitrine. Par ce moyen on guérit les ulceres des poulmons ; car ils sont poussés jusqu'à l'exté-

rieur du cuir en tubercules & autres irrup-
tions qui surviennent. Quercetan parle aussi
très-avantageusement des viperes dans sa
Pharmacopée dogmatique. Plusieurs autres
Auteurs ont suivi les précédens ; mais il
faut avoüer qu'ils ont tous choqué contre
un même écueil, puisque tous ont crû
que la vipere étoit de soi, ou venimeuse
toute entiere, ou qu'elle l'étoit pour le
moins en quelques-unes de ses parties. Mais
l'expérience que rapporte Galien, doit
confondre les Anciens & les Modernes,
puisque la vipere étoit & vive & entiere,
quand elle fut suffoquée dans le vin qui
guérit les ladres. Les Dames Angloises font
hônte aux Médecins, puisqu'elles ne font
pas de difficulté de boire du vin, dans lequel on a souffoqué des viperes vives &
entieres, pour se conserver l'embonpoint
& l'enjouement, pour empêcher les rides
& pour se conserver en santé. Mais ce qui
est encore de plus remarquable, c'est que
les plus fameuses Courtisanes Italiennes se
préservent de la maladie vénérienne & de
ses accidens, en prenant au printems & en
automne des boüillons de volaille, avec de
la chair de viperes & de la squine. Il n'y a
eu que le célébre Potier, & le très-docte &
très-subtil Médecin & Philosophe Helmont, qui ayent bien expliqué dans quoi
consiste le poison des viperes, qui ne réside

que dans l'aiguillon de la colere, qui imprime une idée empoisonnée dans l'imagination de l'animal. Fabricius Hildanus, & plusieurs autres Auteurs graves, doctes & célébres, autorisent par leurs observations la vérité des effets ; mais il n'y a eu que les deux précédens, qui nous ayent enseigné le siége du poison, qui ne peut être que dans l'esprit de la vie de l'animal, comme l'enseigne le proverbe Italien, qui dit que, *morta la bestia, morto il veneno*, vû que l'homme même, le chien, le cheval, le loup, le chat, la bellette & plusieurs autres animaux, n'impriment aucun venin par leurs morsures, que lorsqu'ils sont en colere, & que leur imagination est empestée du désir de la vengeance & de la rage.

Cela soit dit en passant, pour vérifier de plus en plus, que toute la vertu des choses est logée dans les esprits & dans la vie, qui ne sont rien autre chose qu'une portion de l'esprit universel & de la lumiere corporifiée. Venons ensuite aux préparations qui se font sur les viperes & sur leurs parties.

§. 21. *La façon de dessecher les viperes, pour en faire la poudre & les trochisques.*

Le choix des viperes ne consiste qu'à les prendre quelque tems après qu'elles sont sorties de leurs trous, afin qu'elles soient mieux nourries ; n'importe qu'elles soient

mâles ou femelles , pourvû que la femelle
ne soit pas pleine ; il faut les prendre en
un lieu qui soit haut & sec , & rejetter
celles des marais & des autres lieux aquatiques.

Prenez autant de ces viperes que vous
voudrez, ou que vous pourrez ; écorchez-
les & les vuidez de leurs entrailles ; réservez le cœur & le foye : mettez-les dans
une cucurbite de verre qui soit ample , afin
de les pouvoir arranger sur des petits bâ-
tons , pour qu'elles ne se touchent pas l'une
l'autre : ajustez la cucurbite au bain marie,
& desséchez ainsi les viperes après les avoir
poudrées d'un peu de nitre bien pur , ou
d'un peu de fleurs de sel armoniac ; réservez l'eau qui en sortira , pour les usages
que nous dirons ci-après. Notez qu'il faut
retourner les viperes de douze heures en
douze heures , afin de les dessécher également. Ainsi , vous aurez de quoi faire une
véritable poudre de viperes, qui ne sera point
par filamens , qu'on pourra donner dans
sa propre eau , dans du vin , ou dans de
l'eau de canelle , ou de sassafras , depuis un
scrupule jusqu'à une drachme , dans toutes
les fiévres , & particuliérement dans celles
qui sont pestilentes & contagieuses ; dans
la peste , & même contre l'épilesie & contre l'apoplexie : mais les autres préparations
qui suivront sont préferables à cette poudre.

Que si vous en voulez faire des trochisques, il faut prendre d'autres viperes, que vous écorcherez & vuiderez de leurs entrailles ; coupez-les par tronçons , & les faites cuire avec l'eau , que vous aurez retirée de la distillation , au bain marie boüillant , dans une cucurbite qui soit couverte de son chapiteau , jusqu'à ce que ce boüillon soit en consistance de gelée ; c'est avec cette gelée qu'il faut pister la poudre des viperes dans un mortier de marbre & la réduire en pâte , que vous formerez en trochisques avec les mains ointes de baume du Pérou, d'huile de girofles, & de celle de noix muscates faite par expression ; ceux qui voudront faire la thériaque comme il faut, se serviront de ces trochisques, au lieu de ceux que demandent les dispensaires anciens, qui ne sont que de la mie de pain & de la chair de viperes, privée de toutes ses facultés, qui ne résident que dans son sel volatil. La poudre de ces trochisques est préférable à la simple poudre, parce qu'ils sont empreints de la propre substance & de la vertu des viperes, outre que les trochisques se corrompent moins que la poudre. La dose est depuis un demi jusqu'à deux scrupules, dans les eaux que nous avons dites ci-dessus.

§. 22. *Comment il faut faire l'esprit , l'huile*, *le sel volatil , le sel volatil fixé , la subli-* *mation de ce sel fixé , & le sel fixé des* *viperes.*

La justice me défend de m'attribuer la façon de toutes les opérations susdites , puisqu'elle est trop légitimement dûe à M. Zwelfer , Médecin de l'Empereur Léo-pold , qui est encore vivant , & qui s'est immortalisé par les belles , les doctes & les admirables remarques qu'il a faites sur la Pharmacopée d'Ausbourg , dans lesquelles il a corrigé les défauts de l'ancienne Pharmacie & de la moderne , avec un jugement si net & avec une expérience si confirmée, que tous ceux qui suivent & qui suivront le travail de la belle Pharmacie , lui en se-ront éternellement obligés.

Je dirai simplement en passant , que je suis l'inventeur de l'opération , qui révola-tilise le sel volatil des viperes , après qu'il aura été comme fixé par un acide ; & com-me cet excellent homme a voulu mettre ses expériences au jour pour obliger la posté-rité , aussi n'ai-je pas voulu cacher le secret de cette opération , puisqu'elle sera très-utile aux pauvres malades , quoique cette invention ne soit pas commune , & qu'elle me soit particuliere.

Prenez des viperes bien nourries , sans

distinction du sexe ; vuidez leurs entrailles,
séparez-en le cœur & le foye ; faites-les
sécher dans une étuve ou dans un four,
qui ait été médiocrement échauffé ; & lorsqu'elles seront bien séches, il les faut mettre en poudre grossiere, & en emplir une
retorte de verre, que vous mettrez au réverbere clos sur le couvercle d'un pot de
terre renversé, sur lequel vous aurez mis
deux poignées de cendres ou de sable, pour
servir de lut à la retorte & pour empêcher
la premiere violence du feu ; couvrez le
réverbere, adaptez un ample récipient au
col de la cornue, & donnez le feu par dégrés, jusqu'à ce que la retorte rougisse, &
que le récipient s'éclaircisse durant même
la violence du feu, qui est un signe très-
évident, que toutes les vapeurs sont sorties ; cela se fait en moins de douze heures.
Le tout étant refroidi, vous trouverez trois
différentes substances dans votre récipient,
qui sont le phlegme & l'esprit mêlés ensemble, l'huile noire & puante, & le sel volatil, qui sera adhérent aux parois du récipient. Il faut dissoudre le sel volatil, qui est
à l'entour du vaisseau avec la liqueur spiritueuse qui est au bas ; puis il faut séparer
cette liqueur de son huile par le filtre :
mettez la liqueur empreinte du sel volatil
dans une haute cucurbite que vous couvrirez de son chapiteau, dont vous lutterez

exactement les jointures, & vous y ajuste-
rez un petit matras pour récipient ; mettez
votre vaisseau au sable ou aux cendres, &
ménagez bien le feu, de crainte que l'eau
amere & puante, qui a diffout le sel volatil, ne monte avec lui : lorsque la sublimation sera achevée, il faut curieusement séparer le sel & le garder dans une fiole, qui
ait un bouchon de liége ciré, sur lequel il
faut verser du soufre fondu, si vous voulez
conserver ce sel ; autrement, il s'évaporera
dans peu de tems, à cause de la subtilité &
de la pénétrabilité de sa substance volatile
& aërée.

C'est ce sel volatil, qui possede tant de
beaux effets & tant de rares vertus ; car il
empêche toutes corruptions qui se font en
nous : il ouvre toutes les obstructions du
corps humain, il résout & emporte toutes
sortes de fiévres, & principalement la
quarte, si on le donne depuis six grains
jusqu'à dix dans de l'eau de saffafras, ou
dans celle de grains de genevre ou de sureau,
une heure ou deux avant l'accès : on le
donne de plus dans la peste & dans toutes
les autres maladies contagieuses, dans des
émulsions faites avec les semences d'anco-
lie, de raves & de chardon bénit, aufquelles on joint les amandes & les pignons, du
sucre, & un peu d'eau de roses ou de canelle. Il fait encore des merveilles contre

l'épilepsie & contre l'apoplexie : car c'est un furet, qui pénetre jusqu'au plus profond des moüelles ; il le faut donner pour ces maladies, dans des émulsions faites avec les eaux de muguet, de fleurs de pœone ou de tillot, les semences de pœone, les amandes des noyaux des cerises, des pêches & des abricots. La dose est toujours depuis six grains jusqu'à douze.

Mais à cause que ce sel est d'une odeur très-ingrate & d'un goût tout-à-fait désagréable, on a depuis long-tems cherché le moyen de le dépoüiller de ces deux qualités ; comme aussi celui de l'urine, celui du succin, celui de la corne de cerf & celui des parties du microscome : mais personne n'a pû parvenir à cette perfection, sans priver ces sels volatils de leur subtilité, & par conséquent de leur vertu pénétrante & diaphorétique. Il n'y a eu que le très-docte & le très-expérimenté M. Zwelfer, qui ait bien réussi dans cette opération utile & curieuse, après avoir inutilement tenté beaucoup d'autres voyes différentes. Mais l'augmentation de la dose de ce sel fait connoître que cette purification le fixe en quelque façon ; & quoiqu'il soit arrêté, & qu'il soit même plus agréable, néanmoins il est moins efficace. Et comme ce grand & charitable Médecin provoque les Artistes à produire ce qu'ils auront découvert, pour le révolatiliser & lui ôter l'acide qui le fixe : j'ajoûterai après la préparation qu'il en a donnée, celle que le travail & l'étude des choses naturelles m'ont apprise.

§. 23. *Comment il faut arrêter, fixer & purifier les sels volatils.*

Prenez tel sel volatil qu'il vous plaira, mettez-en quatre onces dans une haute cucurbite, que vous couvrirez de son chapiteau, qui ait un trou par le haut de la grosseur du tuyau d'une plume d'oye, luttez exactement les jointures, & inserez dans le trou du haut du chapiteau, un tuyau de plume, que vous arrêterez avec de la cire d'Espagne, ou avec de la lacque ; mettez un petit récipient au bec de l'alambic, puis versez goutte à goutte & très-lentement du bon esprit de sel commun, bien rectifié sur le sel volatil ; & continuez ainsi, jusqu'à ce que le bruit & le combat de l'esprit acide & du sel volatil sulfuré soit passé ; alors vous verrez qu'il s'est fait une union de ces deux diverses substances, qui seront converties en liqueur, qu'il faudra filtrer, si elle paroît impure ; sinon, il faudra seulement boucher le trou du haut du chapiteau avec un bouchon de verre, qu'on couvrira d'une vessie trempée dans du blanc d'œuf : il faut ensuite accommoder le vaisseau au bain marie, & retirer l'humidité jusqu'aux

deux tiers, si on veut avoir du sel en cristaux ; sinon, on retirera toute l'humidité
jusqu'à sec, & vous trouverez quatre
onces de sel arrêté & aucunement fixé au
fond de la cucurbite ; & si vous avez remarqué le poids de votre esprit de sel,
vous trouverez autant de liqueur insipide,
& qui sent l'empyreume dans le récipient.
Le sel est de bonne odeur, d'une saveur ai-
grelette & d'un goût salin, dont la dose est
depuis un demi scrupule jusqu'à un scrupule entier ; il a la vertu de pénétrer jusques dans les parties les plus éloignées des
premieres digestions, sans aucune altération de sa vertu ; il purifie le sang & résout
tous les excrémens, qui semblent avoir déja
été comme appropriés à nos parties, &
principalement aux gouteux : il chasse les
urines, le sable, la gravelle & les viscosités des reins & de la vessie ; il évacue toutes les matieres, qui causent les affections
mélancoliques ; il résiste mieux que tout
autre remede à la pourriture, il ouvre toutes sortes d'obstructions, il guérit toutes
les fiévres ; c'est le vrai préservatif & le
vrai curatif de la peste ; & pour achever en
un mot le reste de ses vertus, il efface toutes les mauvaises impressions & les mauvaises idées, qui ont donné leur caractere à
l'esprit de vie, qui est le véritable siége de
la santé & de la maladie. La dose peut aussi

être augmentée ou diminuée selon l'âge ; les forces, & la nature du malade & de la maladie. Mais comme M. Zwelfer a connu le moyen de fixer le sel volatil, par le moyen d'un acide, pour ôter la mauvaise odeur & le mauvais goût ; il faut que nous enseignions le moyen de retirer cet acide, & de resublimer le sel volatil, lui rendre sa premiere subtilité, & augmenter par conséquent sa vertu pénétrante, sans qu'il acquiert derechef aucune mauvaise odeur, ni aucun mauvais goût.

§. 24. *Le moyen de resublimer le sel volatil fixé.*

Prenez quatre onces de sel volatil arrêté, & le mêlez avec une once de sel de tartre, fait par calcination & qui soit bien purifié ; mettez-les dans une petite cucurbite aux cendres, couvrez la cucurbite de son chapiteau, adaptez-y un récipient, si le chapiteau à un bec ; car s'il est aveugle, il ne sera pas nécessaire ; luttez exactement les jointures, & donnez le feu par dégrés, jusqu'à ce que la sublimation soit achevée : ainsi vous aurez le sel volatil le plus subtil qui soit en toute la nature, & qui a une véritable analogie & une sympathie particuliere avec nos esprits, qui font le sujet de notre chaleur naturelle & de notre humide radical. Mais remarquez en passant, que tous les alkali ont cette propriété de

tuer les acides, & de ne point nuire aux
substances volatiles. La dose de ce sel ne
peut être que depuis deux grains jusqu'à
huit, à cause de son extrême subtilité qui
est telle, qu'il est impossible de le conserver
sans être mêlé avec sa propre liqueur, ou
sans être réduit en essence, comme nous
l'enseignerons ci-après. Il est propre à toutes les maladies que nous avons énoncées,
& principalement celui de la corne de cerf
& celui de viperes, qui doivent être con-
sidérés comme une des clefs de la Médecine.

§. 25. *Comment il faut faire l'essence des vi-peres, avec leur vrai sel volatil.*

Prenez environ cinquante ou soixante
cœurs & foyes de viperes, qui auront été
desséchés comme nous l'avons dit ci-dessus;
mettez-les en poudre, & les jettez dans un
vaisseau de rencontre, jettez dessus de l'alkohol de vin, jusqu'à ce qu'il surnage de
six pouces; couvrez le vaisseau & le luttez
exactement, puis vous le mettrez digérer
au bain vaporeux trois ou quatre jours durant à une chaleur de digestion, afin d'en
extraire toute la vertu; cela passé, mettez-
le tout dans une cucurbite au bain marie,
afin de distiller l'esprit à une chaleur lente,
cohobez trois fois, & à la quatriéme, distillez jusqu'à sec; mettez dans chaque livre

de cet efprit, une once & demie du vrai
fel volatil de viperes, une drachme d'ambre gris effenfifié, comme nous le dirons
ci-après, une demie drachme d'huile de
canelle, & autant de la vraye effence de la
pellicule extérieure de l'écorce de citron
récente : mettez toutes ces chofes dans un
pélican,& les circulez enfemble durant huit
jours ; en fuite de quoi mettez cette véritable effence dans des fioles convenables à
ce précieux remede, que vous boucherez
avec toutes les précautions requifes. On
peut attribuer très-légitimement à ce noble
médicament toutes les vertus que nous
avons données au fel volatil feul : il a
même cela de meilleur, qu'il êft plus agréable, & qu'il peut être mieux confervé que
le fel volatil : il y a feulement à dire de
plus, que c'eft un des plus grands & des
plus affurés contrepoifons qui foit au monde, & qu'il eft digne du cabinet des plus
grands Princes. La dofe eft depuis un demi
fcrupule jufqu'à deux fcrupules, dans du
vin, dans des boüillons, ou dans d'autres
liqueurs appropriées.

§. 26. *La maniere de faire le fel thériacal
fimple, qui foit empreint de la vertu alexitaire & confortative des viperes.*

Les Anciens, & Quercetan après eux,
ont parlé de ces fels, & en ont fait une

estime très-particuliere ; mais la préparation ancienne & la correction qu'en a faite ce célebre Médecin, font plutôt dignes de compassion que d'imitation, quoique le dernier soit digne de loüange, d'avoir excellé en son tems, & d'avoir recherché la vérité autant qu'il a pû ; mais comme nous sommes montés sur ses épaules, & que le travail des Médecins modernes, qui s'appliquent à la recherche des secrets de la nature, & notre propre expérience, nous ont appris à mieux faire, il est juste que nous en faffions part aux autres.

Prenez donc deux livres de sel marin, qui soit blanc & net, ou bien autant de sel gemme ; diffoudez-les dans dix livres d'eau de riviere bien clarifiée, puis ajoûtez-y deux douzaines de viperes écorchées avec leurs cœurs & leurs foyes ; faites-les boüillir ensemble au sable, jusqu'à ce que les viperes se séparent très-facilement de leurs os ; preffez-le tout, clarifiez-le & le filtrez, puis évaporez-le à la vapeur du bain boüillant jusqu'à sec, & le réservez à ses usages dans une bouteille bien bouchée. C'est de ce sel qu'il faut faire manger aux sains & aux malades, aux uns pour préservatif, & aux autres pour restauratif. C'est principalement dans les maladies croniques, où il est besoin de purifier la masse du sang, & de réparer le vice des digestions, que ce sel eſt très - néceſſaire. Ceux qui le voudront rendre encore plus ſpécifique & plus ſtomachal, y ajoûteront des huiles diſtillées de canelle, de girofle & de fleur de muſcades, qui eſt le macis, jointes avec un peu de ſucre en poudre, qui leur ſervira de moyen uniſſant pour les bien mêler avec le ſel ; il faut une drachme de chacune de ces huiles, avec autant de bon ambregris eſſenſifié pour chaque livre de ſel : car cela étant ainſi, ce ſel aura beaucoup plus d'efficace. Sa doſe ſera depuis dix grains juſqu'à une demie drachme, dans des boüillons le matin à jeun, pour nettoyer l'eſtomach de toutes les ſuperfluités précédentes, qui ſont ordinairement les cauſes occaſionnelles de nos maladies.

§. 27. La préparation d'un autre ſel thériacal, beaucoup plus ſpécifique que le précédent.

Prenez du ſcordium & de la petite centaurée récente, de chacune de ces herbes une demie livre, des racines d'angélique, de zedoaire, de contrayerva & d'eſclepias, de chacune deux onces ; coupez les herbes & mettez les racines en poudre groſſiere, faites-les boüillir enſemble au bain marie dans un vaiſſeau de rencontre, dans dix livres des eaux diſtillées de chardon bénit, & de celle du ſuc de bourrache & de bu-

gloſſe : cela étant refroidi, coulez la décoction, puis la remettez dans ſon vaiſſeau ;
ajoûtez-y une douzaine & demie de viperes nouvellement écorchées avec leurs
cœurs & leurs foyes, comme auſſi des ſels
alkali, d'abſynthe, de chardon bénit, de
petite centaurée & de ſcordium, de chacun
huit onces ; fermez le vaiſſeau & le luttez,
puis le faites boüillir durant un demi jour ;
& après que le tout ſera refroidi, il le faut
clarifier, le filtrer, & l'évaporer à la vapeur
du bain dans une cucurbite couverte de ſon
chapiteau juſqu'à ſec ; ainſi vous aurez un
ſel rare & précieux, & une eau qui ſera
doüée de beaucoup de vertus ; c'eſt un remede capable de déraciner toutes les fiévres, & c'eſt un vrai ſpécifique dans toutes
les maladies épidemiques, contagieuſes &
malignes. La doſe eſt depuis un ſcrupule
& une demie drachme, juſqu'à une drachme entiere. On pourra encore ajoûter à ce
ſel les mêmes huiles diſtillées & l'ambre
gris eſſenſifié, comme nous l'avons dit dans
la préparation du ſel thériacal précédent ;
c'eſt par cette opération que nous finiſſons
le Chapitre de la préparation chymique des
animaux.

§. 28. *De l'éponge & de ſa préparation chy-*
mique.

Nous plaçons l'éponge entre les animaux

& les végetaux, à caufe qu'elle participe de la nature des uns & des autres, puifqu'elle a comme une efpece de fenfation; qu'elle fe dilate & qu'elle fe reftraint en foi-même, lorfqu'elle eft dans la mer, où elle joüit d'une vie obfcure, qui tient de l'animal & de la plante, de forte qu'on la peut légitimement appeller, zoophyte ou plantanimal. Nous prouverons ce que nous venons d'avancer, par la diftillation de l'éponge, qui nous fournira un efprit, une huile & un fel volatil, du même goût, de la même odeur, de la même couleur, & de la même figure, que nous les fourniffent les animaux & leurs parties.

§. 29. *Comment il faut diftiller l'éponge.*

Prenez autant d'éponges que vous voudrez, coupez-les menu avec les cifeaux; mettez-les dans une cornue de verre, que vous placerez au réverbere clos; adaptez-y un récipient, que vous lutterez exactement: donnez le feu par dégrés, comme pour la diftillation du tartre, que vous continuerez en l'augmentant peu à peu, jufqu'à ce que les nuages blancs & huileux viennent, & que vous apperceviez que le fel volatil fe fublime, & s'attache aux parois intérieures du récipient, continuez le feu du même dégré tant que cela durera; & lorfque le récipient deviendra clair de foi-même, c'est un figue manifeste, qu'il n'y a plus rien à prétendre, c'est pourquoi il faut cesser le feu ; & lorsque le tout sera refroidi, il faut séparer les vaisseaux & retirer l'esprit & le sel volatil ensemble, & en séparer l'huile par l'entonnoir, ou avec du cotton, & la mettre à part dans une fiole ; mettez l'esprit & le sel dans une cucurbite basse & d'entrée étroite, & les rectifiez au fable & les gardez l'un avec l'autre ; gardez aussi dans une boëte l'éponge calcinée, qui est demeurée au fond de la retorte, après la distillation, à cause qu'elle a aussi ses usages dans la pratique. Il ne faut pas douter que l'esprit, le sel volatil & l'huile des éponges, ne soient excellens pour ouvrir, pour atténuer & pour résoudre, puisqu'ils sont très-subtils. C'est pourquoi on les peut beaucoup plus raisonnablement employer pour la résolution des bronchoceles ou des boëtes, que l'éponge simplement calcinée, ou séchée & mise en poudre. Mais afin de faire cadrer tout ensemble, on se servira de tout pour la guérison de cette maladie : il faudra donc premiérement purger le malade avec de la résine de jalap & de scammonée ; puis en suite, il faut faire des tablettes de quatre onces de sucre en poudre, avec deux drachmes d'éponge calcinée par la distillation, trois drachmes d'écorces de mars astringent, & une drachme de poivre long ; il faut réduire le tout en maffe, & en former des tablettes du poids d'une drachme & demie, qu'on laiffera fécher ; il faut en faire mâcher une tous les matins à jeun, & faire boire au malade par-deffus, après l'avoir avalée, un petit verre de vin rouge un peu verd, dans lequel on aura mis depuis dix jufqu'à vingt gouttes de l'efprit d'éponge empreinte de fon fel volatil : il faut continuer trois ou quatre femaines, & on verra diminuer très-fenfiblement ces tumeurs incommodes & mal-féantes, qu'il faudra frotter foir & matin, avec un liniment fait avec de l'huile de laurier & quelques gouttes de l'huile diftillée d'éponge, & les tenir couvertes d'un emplâtre fait avec l'oxycroceum, & furtout empêcher d'avoir froid aux parties gutturales, & avoir foin que le patient ait le ventre libre ; finon, on lui donnera de deux jours l'un, une demie dragme de pilule de rave en fe couchant.

CHAPITRE IX.

Des végétaux & de leur préparation Chymique.

C'Eſt en ce Chapitre que nous ferons voir, que les perfécuteurs de la Chymie ont tort de blâmer ce bel Art, & que

les

les reproches qu'ils font aux Artiftes, font
faux, puifque les préparations que nous
décrirons, font capables de faire rentrer les
envieux en eux-mêmes, & feront avoüer
aux plus opiniâtres, que la Pharmacie ancienne n'a jamais rien produit de pareil.
C'eft fur les diverfes parties de cette noble,
de cette agréable, & de cette ample famille
des végetaux, que le véritable Pharmacien
trouvera toujours de quoi s'occuper, pour
admirer de plus en plus les œuvres du
Créateur. Mais comme le deffein de notre
Abregé ne permet pas que nous faffions
l'examen & la réfolution de tous les végetaux & de leurs parties, nous nous contenterons de donner un ou deux exemples du
travail qui fe peut faire, ou fur le végetable entier, ou fur fes parties, qui font les
racines, les feüilles, les fleurs, les fruits,
les femences, les écorces, les bois, les
graines ou les bayes, les fucs, les huiles,
les larmes, les réfines & les gommes. Nous
donnerons une Section à chacune de ces
parties, afin de mieux faire comprendre le
travail, & d'agir avec moins de confu-
fion.

Mais avant que d'entrer en matiere, j'ai
jugé néceffaire de dire quelque chofe des
abus, que commettent tous les jours les
Apothicaires, qui ne font pas éclairés des
lumieres de la Chymie, & qui ne font

conduits que par des aveugles, qui souffrent & qui admirent tous les défauts de leur mauvaise préparation, pour ne connoître pas la nature des choses, & n'avoir pas bien compris la physique, qui est la véritable porte de la Médecine. Ce qui fait qu'on ne s'étonne pas, si des aveugles qui font conduits par d'autres aveugles, tombent ensemble, & font tomber journellement avec eux tant de personnes dans la fosse. Et comme l'Allemagne a M. Zwelfer, Médecin de l'Empereur, qui a réformé la Pharmacie dans les belles & doctes remarques qu'il a faites sur la Pharmacopée d'Aulbourg : aussi avons-nous en France M. Vallot, très-digne Premier Médecin de notre invincible Monarque, qui a travaillé & qui travaille encore tous les jours à défricher le champ de la Médecine & celui de la Pharmacie ordinaire, pour en bannir les épines & les chardons, que par l'ignorance de la Chymie on n'a que trop cultivés jusqu'à présent.

Je veux faire paroître cette vérité par l'exemple des eaux distillées, & par celui des firops ; parce que je sçai très-certainement que c'est principalement en ces deux choses, que les Apothicaires ordinaires péchent le plus souvent, ou par ignorance, ou par malice, ou par avarice, au deshonneur de la Médecine & des Médecins : au

mépris de leur profession, & ce qui est
encore pis, au grand dommage de la Ré-
publique.

§. 1. *Premier discours des eaux distillées.*

Si les choses ne sont bien connues, il
est impossible de pouvoir jamais bien réus-
sir en leur préparation, puisque c'est de
cette connoissance que dépend absolument
la belle maniere de travailler. Que si cela
est nécessaire dans tous les travaux de la
Chymie, il l'est encore beaucoup davantage dans les opérations, qui se font sur les
végetaux, & principalement en ce qui concerne la façon de les distiller, sans qu'on
les prive de leur vertu ; ce qui fait que j'ai
crû qu'il falloit donner une idée générale
de la nature des plantes, avant que de parler de leur préparation particuliere.

Nous ne parlerons pas ici des plantes selon le goût de plusieurs, parce que nous
ne suivrons pas à la piste les Auteurs Botanistes, qui ne nous ont presque tous laissé
que la peinture extérieure des plantes, &
les divers dégrés de leurs qualités, sans
qu'ils se soient mis en peine de nous apprendre les différences de la nature intérieure de ces mêmes plantes, & encore
beaucoup moins la véritable façon de les
anatomiser, pour en séparer & pour en

tirer tout ce qui peut aider, & en écarter ce qui eſt inutile.

Pour commencer avec méthode, il faut que nous faſſions connoître la nature des plantes par elles-mêmes, par la diviſion que nous en faiſons, ſelon les dégrés de leur accroiſſement & de leur perpétuation : car elles ſont vivaces ou annuelles ; les vivaces, ſont celles dont les racines attirent à elles aux deux équinoxes l'aliment univerſel. A l'équinoxe du printems, elles attirent ce qui leur eſt néceſſaire pour pouſſer & pour végeter, juſqu'à la perfection de la plante, qui finit par ſa fleur & par ſa ſemence ; & à celui de l'automne, elles attirent ce qui leur eſt néceſſaire, pour ſe refournir de l'épuiſement de toutes leurs forces, que la chaleur du Soleil & des autres Aſtres en avoient tirées.

Or, nous n'avons pas fait cette remarque inutilement, puiſqu'elle eſt abſolument néceſſaire pour faire connoître à l'Artiſte le tems de prendre la plante avec ſa racine, ou de la laiſſer comme inutile ; car s'il a beſoin de la plante, un peu après qu'elle ſera ſortie hors de la terre, il faut qu'il médite en ſoi-même, & qu'il faſſe une réflexion judicieuſe, que cette plante n'eſt pas encore fournie de cet aliment ſpirituel & ſalin, dont le principe eſt enclos dans la racine, & qu'ainſi ſon travail ſera inutile

fur cette plante ; puifque ce qu'il en tirera,
n'aura pas la vertu que le Médecin défire,
& moins encore celle qui eft requife pour
agir fur la maladie. Il aura donc recours à
la racine qui contient le fel volatil, qui eft
l'ame de toute la plante, & qui poffede en
foi la vertu feminale de fon tout. Mais s'il
défire de travailler fur cette même plante,
lorfqu'elle fera montée à peu près au point
de fa perfection, il faut qu'il connoiffe
que la racine a tout donné à cette plante,
& qu'elle ne s'eft réfervé qu'une petite
portion de fa vertu, qui lui fournit encore
une vie languiffante, jufqu'à ce qu'elle fe
foit refournie de vertu, de force & de
nouvelle vie au tems de l'équinoxe de l'automne, afin de fe pouvoir conferver en
hyver, & de renaître encore au renou-
veau.

Ce qui fait voir, que lorfque la plante
eft en fon état, comme on parle ordinairement, il faut que l'Artifte la prenne entre
fleur & femence, s'il défire d'en avoir la
vertu toute entiere ; car lorfqu'elle eft par-
venue à ce point, la tige, la feüille, les
fleurs & la premiere femence, font encore
remplies de vigueur & de vertu, qu'elles
communiquent à la liqueur qu'on en tire
par la diftillation, qui font un fel volatil
mercuriel, & un foufre embrionné, qui
contiennent toute la vertu de la plante ;

N iij

car ce qui se tire d'elle, est une eau spiritueuse, qui se conserve long-tems avec le
propre goût & la propre odeur de son sujet,
sur laquelle il surnage une huile étherée &
subtile, qui est ce soufre embrionné, mêlé
de son mercure. Mais si l'Artiste attend
que la plante ait poussé toute sa vie jusques
dans la semence, & que ce soufre, qui
n'étoit qu'embrionné, soit actué & parfaitement mûr; il doit alors rejetter la racine,
la tige & la feüille, à cause qu'elles n'ont
plus en elles-mêmes cette vertu qu'elles
avoient auparavant.

C'est ici que l'Artiste doit méditer de
nouveau, & qu'il doit consulter la façon
d'agir de la nature; car la semence étant
une fois parfaite, elle n'a plus cette humidité mercurielle & saline, qui faisoit qu'on
pouvoit extraire sa vertu plus facilement:
au contraire, tout est réuni comme en son
centre, & toutes les belles idées que l'esprit
de la plante avoit expliquées durant les
divers tems de sa végetation, sont réunies
& renfermées sous l'écorce du noyau & de
la semence; & de plus, ces semences sont
de trois genres différens : car les *unes* sont
mucilagineuses & glaireuses; dans ces premieres, le sel mercuriel & le soufre sont
plus fixes que volatils, & ainsi ces semences ne donnent leur vertu que par le moyen
de la décoction; car comme elles sont

renaces & gluantes, cette vertu ne monte
point en la diſtillation. Les *autres* ſont *laitées*, d'une ſubſtance blanche & tendre,
dont on peut tirer de l'huile par expreſſion,
ſi elles ſont bien mûres & bien ſéchées ;
mais leur meilleure vertu ne ſe peut tirer,
que lorſqu'on en extrait l'émulſion ou le
lait ; car cette ſeconde ſorte de ſemence,
eſt également mêlée de ſel volatil & de
ſoufre, qui ſe communiquent facilement à
l'eau. L'Artiſte ne doit pas eſpérer de tirer
la vertu de cette ſorte de ſemence par la
diſtillation, non plus que de la premiere.
Mais il y a la troiſiéme ſorte de ſemence,
qui eſt tout-à-fait *oléagineuſe* & ſulfurée,
qui ne communique à l'eau aucun mucilage, ni aucune viſcoſité ni lenteur, non
plus que de blancheur : au contraire, leur
ſubſtance eſt compacte, aride & reſſerrée
par un ſoufre, qui prédomine par-deſſus le
ſel. L'Artiſte diſtillera ce genre de ſemences, ou ſeules ou avec addition ; ſeules, ſi
c'eſt pour l'extérieur ; avec addition, ſi c'eſt
pour donner intérieurement au malade le
remede qu'il en tirera.

Ces trois ſemences différentes, font bien
voir qu'il faut que l'Apothicaire Chymique
ſoit bien verſé dans la ſcience naturelle,
afin de faire les obſervations néceſſaires ſur
les parties fixes ou volatiles, des matieres
ſur leſquelles il opere, afin de ne point

confondre inutilement son travail.

Il faut appliquer lés mêmes théorêmes & les mêmes remarques aux plantes annuelles, qui ne se conservent pas par leur racines, mais qu'il faut renouveller chaque année par leur semence. Or, ces deux sortes de plantes, soit les vivaces, soit les annuelles, sont aussi-bien que les semences de trois genres différens. Sçavoir, celles qui sont inodores ; & de celles-là, il y en a qui sont comme insipides, ou qui sont acides ou ameres, ou mêlées de plusieurs façons de ces deux saveurs, ou d'autres encore qui ont un goût séparé, qui est piquant & subtil ; toutes ces sortes de plantes sont vertes & tendres, & leur vertu paroît dès le commencement de leur végetation, par-ce qu'elles abondent en suc, qui contient en soi un sel essentiel tartareux, qui s'é-paissit avec le tems & la chaleur en un mu-cilage, duquel il est bien difficile de les dégager ; c'est pourquoi il faut les prendre, lorsqu'elles sont encore succulentes.& ten-dre, en sorte que leur tige se rompe & se casse facilement en les voulant plier.

Le *second genre* des plantes, est tout-à-fait opposé au premier ; car la plante n'a que peu ou point de vertu au commence-ment qu'elle sort hors de la terre, & encore beaucoup de tems après ; lors donc qu'elles sont encore vertes & tendres, elles n'ont presque point de goût ni d'odeur, elles ne sentent proprement que l'herbe, parce que l'humidité superflue prédomine encore, & que leur vertu ne réside pas en un sel essentiel & tartareux ; mais cette sorte de plante charie avec son aliment naturel un sel spiritueux & volatil, mêlé d'un soufre embrionné très-subtil, qui n'est pas réduit de puissance en acte, & qui ne paroît ni au goût, ni à l'odeur, qu'après que cette humidité superflue est cuite & digérée par la chaleur ; alors la vertu de ces plantes commence à se faire connoître par leur odeur & par leur goût, mais principalement par leur odeur. On doit travailler sur cette seconde sorte de végetaux, lorsque le bas de leur tige commence à se sécher, qu'ils sont encore couverts de fleurs, & qu'ils commencent de faire voir quelque peu de leur semence.

Le *troisiéme genre* des végetaux, est mêlé des deux premiers, car ils ont du goût dès le premier moment de leur végetation ; mais ils n'ont point d'odeur, & même ils n'en acquierent gueres, lorsqu'ils sont en leur perfection, ou s'ils en ont, elle ne paroît que lorsqu'on les presse, qu'on les broye, ou qu'on les frotte, parce que leur soufre est surmonté par une viscosité lente & crasse, qui contient beaucoup de sel, qui se déclare par un goût amer & piquant,

ou par une saveur miéleuse & sucrée : la
vertu de cette derniere sorte ne peut être
bien extraite, que la digestion ou la fermentation n'ait précedé : on doit cueillir
ces plantes, lorsqu'elles sont encore en fleur,
si elles sont ameres & inodores ; mais si
elles portent du fruit, des bayes, ou des
grains, il faut attendre leur maturité, parce que ce sont ces parties-là qui contiennent la principale vertu de leur tout, &
que c'est dans le centre du mucilage mié-
leux & sucré, que ces fruits ont en eux-
mêmes, que l'Artiste doit chercher la vertu
de ces mixtes admirables.

Or, ce ne seroit pas assez d'avoir donné
ces notions générales, si nous n'en faisions
quelques applications particulieres, qui
serviront d'exemple & de conduite, qu'on
fera sur chacun de ces genres, des plantes
entieres ou de leurs parties. Nous parlerons
donc premiérement des plantes succulentes
nitreuses, c'est-à-dire, de celles qui participent d'un sel qui est de la nature du salpêtre, ou de ce sel de la terre, qui est le
premier principe de la végetation, & qui
semble n'avoir encore reçû qu'une très-
petite altération dans le corps de ces plantes, sinon qu'il commence de participer de
quelque portion du tartre & de sa fœcu-
lence. Les plantes qui sont de cette nature,
sont la *parietaire*, la *fumeterre*, le *pourpier*,

la *bourrache*, la *buglosse*, la *mercuriale*, la
morelle, & enfin généralement toutes les
plantes succulentes, qui ne sont ni acides,
ni ameres au goût; mais qui ont seulement
une saveur mêlée d'un peu d'acerbe, d'acide & d'amer tout ensemble, qui est un
goût qui approche tout-à-fait de celui du
salpêtre.

§. 2. *La préparation des plantes succulentes
nitreuses, pour en tirer le suc, la liqueur,
l'eau, l'extrait, le sel essentiel nitrotartareux, & le sel fixe.*

Prenez une grande quantité de l'une de
ces plantes, dont nous avons fait mention
ci-dessus, qu'il faut battre par parcelles au
mortier de pierre, de bois ou de marbre,
jusqu'à ce qu'elle soit réduite en une espece de boüillie, c'est-à-dire, que les parties de la plante soient bien désunies &
confondues; en sorte que tout ce qu'elle
aura d'humeur ou de suc, puisse être totalement tiré en la pressant à force dans un
sac de crin, d'étamine, ou d'une toile neu-
ve claire. Lorsque le tout sera battu &
pressé, il faut couler tout le suc à travers
d'un couloir de toile un peu plus serrée;
puis le laisser rasseoir, jusqu'à ce qu'il ait
été en quelque façon dépuré de soi-même;
ensuite de quoi, il faut verser ce suc doucement par inclination dans des cucurbites,

ou des pots d'alembics de verre, que vous placerez au bain marie, si vous voulez avoir un bon extrait & un eau foible, parce que la chaleur du bain marie n'est pas capable d'élever le sel essentiel nitreux de la plante ; ce qui fait que ce sel demeure au fond du vaisseau mêlé avec le suc épaissi, qu'on appelle improprement extrait, lorsqu'il est réduit en une consistence un peu plus épaisse.

Mais si vous voulez une eau qui dure long-tems, & qui soit animée de son sel spiritualisé, il faudra placer vos cucurbites au sable, parce que ce dégré de chaleur est capable d'élever & de volatiliser la plus pure & la plus subtile portion du sel, & de les faire monter sur la fin de la distillation parmi les dernieres vapeurs aqueuses : néanmoins il faut surtout prendre garde de bien près, que la chaleur ne soit pas trop violente sur la fin, & que la matiere ne se dessêche pas tout-à-fait au fond de la cucurbite, & encore beaucoup moins qu'elle vienne à s'attacher & à brûler. Mais avant que de venir à la fin de l'opération, il faut avoir soin de bien prendre garde à l'entiere défecation de votre suc ; car il se fait deux séparations, lorsque la chaleur du bain marie ou celle du sable, a fait la séparation de la substance radicale du suc de la plante d'avec la lie, qui s'affaisse au bas du vaisfeau, & de l'écume qui s'éleve au-deſſus ; c'eſt pourquoi, il faut couler ce ſuc ainſi dépuré, à travers le couloir de drap, qu'on appelle ordinairement blanchet dans les boutiques.

Enſuite de quoi, lorſque le ſuc eſt ainſi ſéparé de toutes ſes héterogeneités & du mélange étranger de la terre, il faut continuer la diſtillation au bain marie ou au ſable, ſuivant l'intention de celui qui travaillera, juſqu'à ce que ce ſuc ſoit réduit en conſiſtence de ſyrop, qu'il faudra mettre en une cave fraîche, ou en quelqu'autre lieu pareil, juſqu'à ce que le ſel eſſentiel nitrotartareux ſoit criſtaliſé & ſéparé de la viſcoſité du ſuc épaiſſi, qu'il faut retirer en le verſant doucement par inclination, puis le remettre au bain marie ou au ſable, & l'achever d'évaporer en extrait, qui contiendra encore beaucoup de ſel, s'il a été fait au bain marie, & qui pourra ſervir à mettre dans des opiates, ſuivant l'indication que voudra prendre le ſçavant & l'expert Medecin ou l'Artiſte même, lorſqu'ils s'en voudront ſervir dans quelque maladie, ſelon la nature & la vertu de la plante, ſur laquelle on aura travaillé. Et voilà toutes les remarques néceſſaires pour la purification du ſuc des plantes ſucculentes, pour la diſtillation de leur eau, & pour la façon d'en avoir le ſel eſſentiel & l'extrait.

Venons à preſent à la préparation de leur
ſel fixe : il faut faire ſécher pour cet effet ,
le marc ou le réſidu de l'expreſſion du ſuc,
puis enſuite le bien calciner & le bien brûler , juſqu'à ce que le tout ſoit réduit en
cendres griſâtres & blanchâtres , dont il
faudra faire une leſſive avec de l'eau commune de pluye ou de riviere , qu'il faudra
filtrer à travers du papier broüillart, qui ne
ſoit gueres collé , afin que le corps de la
colle n'empêche pas la liqueur de paſſer
bien claire en peu de tems. Après que la
premiere leſſive qui eſt empreinte du ſel
des cendres de la plante eſt filtrée , il faut
verſer de la nouvelle eau deſſus les cendres , pour achever de tirer le reſte du ſel,
& continuer ainſi de leſſiver & d'extraire
le ſel, juſqu'à ce que l'eau en ſorte inſipide comme on l'y aura verſée , ce qui eſt
un ſigne manifeſte & évident qu'il n'y a
plus aucune portion de ſel dans les cendres, qui ne font plus qu'une terre inutile,
à ce qu'il ſemble, ou comme quelques-uns
les nomment , la tête morte de la plante
ſur laquelle on aura travaillé.

Mais il faut pourtant que je prouve le
contraire par l'hiſtoire de ce qui m'eſt arrivé à Sedan, après avoir travaillé ſur le fenoüil : car comme je croyois avec les autres, que ces cendres dépoüillées de leur
ſel , étoient tout-à-fait inutiles , je les fis

jetter dans une cour où l'on tenoit ordinairement du fumier & d'autres immondices ;
je reconnus par ce qui arriva l'année sui-
vante, que je m'étois trompé, car il crut
une grande abondance de fenoüil dans cette cour, dont je tirai beaucoup d'huile distillée, après qu'il fut venu à sa perfection ;
ce qui me fit reconnoître, avec cet excellent Philosophe & Médecin Helmont, que
la vie moyenne des choses ne périt pas si
facilement qu'on se l'imagine, & que selon cet axiome de Philosophie, *forma rerum non pereunt*, parce que l'Art & l'Artiste ne font que suivre la bonne mere nature de bien loin, & que cela nous fait
bien connoître que nous ne comprenons
pas le moindre de ses ressorts, & encore
beaucoup moins ceux qu'elle employe se-
cretement pour arriver à ses fins.

Revenons à notre sujet, après une di-
gression que j'ai crû devoir faire, puisque
c'étoit son propre lieu. Après donc qu'on
aura assemblé toutes les lessives bien fil-
trées, il les faut évaporer dans des écuelles
de grais sur le sable, jusqu'à pellicule,
c'est-à-dire jusqu'à ce qu'on apperçoive
que la liqueur commence à faire une petite croûte au-dessus, à cause qu'elle est trop
chargée de sel ; il faut alors commencer
d'agiter & de remuer doucement la liqueur
avec un bistortier, ou avec une spatule,

juqu'à ce que le fel foit tout deffeché. Il
faut mettre après cela ce fel dans un creufet pour le réverbérer au four à vent entre
les charbons ardens, jufqu'à ce qu'il devienne rouge de tous les côtés, fans que
néanmoins il vienne à fondre, & c'eft à
quoi il faut bien prendre garde. Ce travail
étant achevé, il faut tirer le creufet du feu,
le laiffer refroidir, & puis diffoudre le fel
dans l'eau qu'on aura tirée de la plante,
d'où provient le fel, pour le filtrer encore
une fois, afin de le purifier & de lui rendre la portion du fel volatilifé dans la diftillation. Enfuite de quoi il faut mettre cette diffolution dans une cucurbite de verre,
qu'il faut couvrir de fon chapiteau, &
retirer l'eau de ce fel au fable, jufqu'à
pellicule, alors il faut ceffer le feu & mettre
le vaiffeau en lieu froid pour faire criftalifer le fel, & continuer ainfi de retirer l'eau
au fable, & de faire criftalifer le fel, jufqu'à ce que tout le fel ait été retiré, &
vous aurez un fel pur & net, dont on fe
pourra fervir au befoin; mais il fert principalement pour en mettre une portion
dans l'eau qu'on a tirée de fa plante, afin
de la rendre non-feulement plus active &
plus efficace, mais auffi afin de la rendre
plus durable, & qu'elle fe conferve plufieurs années fans aucune perte de fa vertu.
On en peut-mettre deux drachmes pour

chaque pinte d'eau diftillée. La faculté générale des fels fixes des plantes, qui ont été faits par calcination, évaporation, réverberation, dépuration & criftalifation, eft de lâcher doucement le ventre, d'évoquer les urines, & d'ôter les obftructions des parties baffes : leurs autres vertus particulieres peuvent être prifes de la plante, dont ils ont été tirés.

Et comme nous avons donné la maniere de purifier les fels fixes, auffi faut-il que nous donnions celle de retirer & de féparer une certaine limofité vifqueufe & colorée, qui fe trouve mêlée parmi les fels effentiels nitrotartareux dans leur premiere criftalifation. Cela fe fait de la forte ; il faut les diffoudre dans l'eau commune, & les couler trois ou quatre fois fur une portion des cendres de la plante dont on les a tirés. Ce qui fe fait pour deux fins intentionelles ; car il ne faut pas que l'Artifte travaille fans être capable de rendre raifon pourquoi il fait une chofe, ou pourquoi il ne la fait pas. La premiere intention eft, afin que le fel effentiel, qui n'eft pas encore pur, & qui même fe trouve ordinairement mêlé parmi l'extrait, fans avoir pû prendre l'idée ni le caractére de fel, à caufe de l'empêchement de la vifcofité des fucs épaiffis, prennent en paffant au travers des cendres le fel fixe de fon propre corps, qui

l'imprime de l'idée saline & qui fait qu'il
se cristalise facilement après l'évaporation
de la liqueur superfluë. La seconde intention est, afin que les cendres retiennent les
corps épais & visqueux de l'extrait en elles, & qu'ainsi l'eau qui s'est chargée du sel
essentiel & du sel fixe des cendres, passe
plus nette & plus pure par la percolation
réitérée.

Lorsque cela est achevé, il faut évaporer
lentement votre eau dans une terrine de
grais au sable, non pas jusqu'à pellicule,
comme nous l'avons dit en parlant des sels
fixes, mais en faisant évaporer les deux
tiers ou les trois quarts de la liqueur, qu'il
faudra verser chaudement dans une autre
terrine qui soit bien nette, & cela bien
doucement sans troubler le fond; afin que
s'il s'étoit fait quelque résidence de quelques corpuscules par l'action de la chaleur,
ils ne se mélassent point parmi la liqueur
claire, pour empêcher la pureté de la cristalisation du sel. Il faudra retirer l'eau qui
surnagera les cristaux, & réitérer l'évaporation, jusqu'à la consomption de la moitié de la liqueur, & continuer ainsi jusqu'à
ce que vous ayez retiré tout votre sel en
cristaux.

Que si l'Artiste n'est pas satisfait de cette
purification, & que les cristaux n'ayent pas
toute la netteté & la transparence desirée,

il les mettra tous dans un creuset, qui soit
fait de la terre la moins poreuse qu'il se
pourra, & qu'il fasse fondre son sel dans le
four à vent, afin que le feu de la fonte con-
sume tout ce qui peut empêcher la cristalisation avec toute la netteté & la diapha-
néité requise ; après que ce sel est fondu,
il le faut verser dans un mortier de bronze,
qui soit net & qui ait été chauffé auparavant, afin que la trop grande chaleur du
sel fondu ne le fasse pas fendre ; lorsqu'il
sera refroidi, il le faut dissoudre dans une
quantité suffisante de l'eau qui aura été
distillée de l'herbe même dont on a tiré le
sel ; mais il ne faut pas que la quantité de
l'eau surpasse celle du sel, autrement il en
faudra retirer le tiers ou la moitié par
distillation ou par évaporation ; après quoi
il faut mettre le vaisseau en un lieu frais, &
les cristaux se feront beaux & clairs, qui
auront les éguilles d'une figure approchante
de celle du salpêtre, & qui auront à peu
près le même goût ; il faudra continuer
d'évaporer & de cristaliser, jusqu'à ce
que l'eau ne produise plus de sel. Il faut
sécher ce sel essentiel entre deux papiers,
puis le mettre dans une fiole bien bouchée
pour le garder au besoin. Ce sel est capable de conserver l'eau distillée de la plante,
aussi bien que le sel fixe ; & de plus il la
rend diurétique, apéritive & réfrigerante.

beaucoup mieux que le criſtal minéral commun, qui eſt fait avec le ſalpêtre. On le
peut donner dans des boüillons ou dans de
la boiſſon ordinaire du malade, ainſi que
le prudent & ſçavant Médecin le jugera
néceſſaire. La doſe eſt depuis dix grains
juſqu'à un ſcrupule.

§. 3. *La préparation des plantes ſucculentes
qui ont en elles un ſel eſſentiel volatil, pour
en tirer l'eau, l'eſprit ſle ſuc, la liqueur,
le ſel eſſentiel volatil, l'extrait & le ſel fixe.*

Après avoir montré la façon de travailler ſur les plantes qui ont un ſel nitrotartareux, & avoir fait voir de quelle façon
l'Artiſte les doit préparer, il faut continuer
d'enſeigner ce qu'il y a de changement
d'opération en celles qui ſont auſſi ſucculentes, mais qui ont un goût âcre, piquant
& aromatique, qui poſſedent en elles une
grande abondance de ſel eſſentiel volatil;
comme ſont tous les genres des *creſſons*, le
ſium, le *ſiſymbrium*, les *roquettes*, la *berle*,
le *coch'earia*, la *moutardelle*, toutes les
moutardes, & généralement toutes les autres plantes de cette nature, qu'on appelle
communément anti-ſcorbutiques.

Mais comme nous nous ſommes amplement & ſuffiſamment étendus ſur la préparation des plantes ſucculentes, qui ont en
elles un ſuc nitrotartareux, & que les opé-

rations que nous avons décrites, doivent servir de régle & d'exemple pour toutes les autres plantes succulentes ; nous avons néanmoins jugé nécessaire d'ajoûter ici quelques remarques, qui concernent la nature de ces plantes, le tems de les cueillir pour en avoir la vertu propre, & d'ajoûter encore la maniere de faire les esprits de ces plantes par l'aide de la fermentation, parce que nous n'en avons point parlé ci-devant.

Il faut donc premierement observer que ces plantes aquatiques ou cultivées, participent dès leur naissance d'une grande abondance de sel essentiel, qui est d'une nature très-subtile, pénétrante & volatile ; & qu'ainsi l'Artiste doit travailler sur celles-ci avec plus de précaution & de diligence que sur les précédentes. La raison est, que les autres n'avoient pas en elles cet esprit salin, subtil & volatil, qui s'évapore & qui s'envole facilement, si on ne prend son tems pour le conserver ; car si on demeure trop long-tems à travailler sur ces plantes après qu'elles ont été cueillies, cet esprit s'échauffe facilement, & lorsque la chaleur l'a volatilisé, il s'envole, & le corps de la plante demeure pourri ou inutile. Il faut donc prendre cette sorte de végétable, lorsqu'il est monté nouvellement, & qu'il commence à former les ombelles de ses

fleurs, car c'est en ce vrai tems que le sel
essentiel de la plante est suffisamment exalté, & qu'il a acquis toute la vertu qu'on
en espere ; car si on attendoit davantage,
toute cette efficace se concentreroit en peu
d'espace dans la semence, à cause de la chaleur de la plante & de celle de la saison,
comme cela se remarque évidemment dans
la culture du cresson alenois. Cela suffit
pour servir d'avertissement à l'Artiste, de
prendre garde à soi, lorsqu'il travaillera sur
des plantes de cette nature ; pour le reste,
il n'aura qu'à se conduire, ainsi que nous
l'avons enseigné ci-devant ; sinon qu'il
doit avoir égard aux circonstances précédentes, & surtout de ne point mettre le
sel essentiel volatil de ces plantes au creuset, autrement tout ce sel s'évanoüiroit, à
cause de son principe, qui est très-subtil
& très-volatil, & qui tient plus du lumi-
neux & du céleste, que de l'eau ni de la
terre, de qui tient celui qui est nitrotartareux.

§. 4. Comment il faut faire l'esprit des plantes succulentes, qui ont un sel essentiel volatil.

Après avoir donné toutes les observations
nécessaires pour bien travailler sur les plantes de cette nature, il faut que nous achevions le discours que nous avons commencé, par la façon de bien faire leur esprit

volatil par le moyen de la fermentation ;
ce qui se doit exécuter ainsi.

Prenez autant qu'il vous plaira de l'une
de ces plantes, & la mondez de tout ce
qu'il y aura de terreftre & d'étranger ; bat-
tez-la dans un mortier de marbre, de pierre
ou de bois, & la mettez auffi-tôt dans un
grand récipient de verre, qu'on appelle ordinairement un grand balon, & versez
deffus de l'eau qui foit entre tiede & boüillante, que les Cuifiniers appellent de l'eau
à plumer, jufqu'à l'éminence d'un demi-
pied, & puis bouchez le col du balon avec
un vaiffeau de rencontre : on laiffera repofer cela environ deux heures, après quoi
il y faut ajoûter de la nouvelle eau, qui ne
foit qu'amortie, afin de tempérer la chaleur
de la premiere, jufqu'à ce que l'Artifte
n'apperçoive pas, que le doigt puiffe fentir
la chaleur de la liqueur ; & c'eft ce que les
plus expérimentés en la théorie & dans la
pratique de la Chymie, appelle chaleur
humaine, & le vrai point de la fermentation.

C'eft ici proprement où l'Opérateur Chymique a befoin de fon jugement, & qu'il
doit bien prendre le tems de cette douce &
amiable chaleur, parce que fi ce dégré de
chaleur excede, il volatilife trop fubitement l'efprit & les parties fubtiles de la
plante fur laquelle on travaille, qui s'en-

vole & qui s'évanoüit facilement , quelque précaution qu'on y apporte , car le tout se convertit ensuite en un acide ingrat , qui n'a plus aucun esprit volatil en soi. Que si aussi cette chaleur est moindre qu'elle ne doit être , elle n'aide pas suffisamment au levain ou au ferment , pour dissoudre & pour diviser les parties les plus solides de la plante , qui contiennent encore en elles un sel centrique , qui contribue beaucoup à la perfection de l'esprit qu'on prétend tirer de cette plante , & que de plus , elle n'aide pas aussi à la désunion de la viscosité du suc de la plante , qui contient en soi la principale portion du sel essentiel volatil , qui est celui qui fournit l'esprit : néanmoins il vaut mieux manquer au moins , que de pécher au plus. Lorsque les choses sont en cette température , il faut avoir de la levûre de biere , de son ferment ou de son ject, si on est en lieu pour cela ; sinon il faut faire lever de la farine dissoute & mêlée dans de l'eau un peu moins que tiede , avec environ une demie livre de levain ou de ferment, dont on se sert par toute la terre, pour faire lever la pâte dont on fait le pain, & lorsque ce levain a bien enflé la liqueur, & qu'il a fait monter la farine au haut , il faut prendre garde , lorsque cela vient à se fendre par le haut ; car c'est le vrai signe que l'esprit fermentatif est suffisamment
excité

excité pour être réduit de puiſſance en acte, & pour être introduit dans la matiere, qui ſera prête pour être fermentée.

Mais notez qu'il ne faut pas que votre vaiſſeau ſoit plus qu'à demi, autrement tout ſortiroit & fuiroit à cauſe de l'action du ferment, qui éleve les matieres, & qui les agite par un mouvement intérieur, en quoi conſiſte la puiſſance de la nature & celle de l'Art. Lorſque cette violence eſt paſſée, il faut laiſſer agir doucement le levain, juſqu'à ce que l'Artiſte apperçoive, que ce que le mouvement de l'eſprit fermentatif avoit élevé en haut, comme une croûte de tout ce qu'il y avoit de corporel & de matériel, afin de lui ſervir comme d'un rempart & d'une défenſe contre l'évaſion & l'évaporation des eſprits, qui ſont en action, que cette matiere, dis-je, commence à s'affaiſſer & à tomber en bas de ſoi-même, à cauſe qu'elle n'eſt plus ſoutenue par l'activité des eſprits. Cela ſe fait ordinairement à la fin de deux ou de trois jours en été, & de quatre ou de cinq en hyver.

C'eſt encore ici qu'il faut que l'Artiſte prenne le tems à propos; car il faut qu'il diſtille ſa matiere fermentée, auſſi-tôt que ce ſigne-lui eſt apparu, à moins qu'il ne veüille perdre par ſa propre négligence, ce que la nature & l'art lui avoient préparé;

Tome I. O

car cet esprit fermenté s'évanoüit très-facilement en ce tems-là , & ce qui reste n'est plus qu'une liqueur acide , inutile & mauvaise. Mais lorsque l'Artiste prendra bien son tems , & qu'il mettra sa matiere fermentée dans la vessie qu'il couvrira de la tête de more , qu'il en luttera bien exactement les jointures, tant celle de la tête que celle du canal, qu'il aura soin que l'eau du tonneau qui sert de refrigere , pour condenser les vapeurs qui s'élevent , soit entretenue bien fraîche , & qu'il donnera le feu par dégrés , jusqu'à ce que les gouttes commencent à tomber & à se suivre de près , & que lorsque cela ira de la sorte , il aura le jugement de fermer les registres du fourneau, & de boucher exactement la porte du feu ; alors il aura par ce moyen un esprit volatil , très-subtil & très-efficace : il ne cessera le feu, que lorsqu'il goûtera que ce qui distille, n'a plus de goût ; ce qui sera le vrai signe qui lui fera finir son opération. S'il veut rectifier cet esprit , il le distillera derechef au bain marie : mais s'il a procedé avec la méthode que nous avons décrite , il n'aura pas besoin de rectification , parce qu'il pourra séparer le premier esprit à part, & ainsi le second & le troisiéme, qui seront différens en vertu & en subtilité , à cause qu'ils seront plus ou moins mêlés de phlegme.

Les vertus de cet esprit font merveilleu-
fes dans toutes les maladies, qui ont leur
fiége dans des matieres fixes, crues & tartarées, parce qu'il diffout ces matieres,
qu'il les réfout & les volatilife avec une
grande efficace ; mais par-deffus tout, l'efprit de cochlearia, comme auffi fon fel
volatil qui fe tire de fon fuc, de la même
façon que celui des plantes nitr tartarées :
car ce font les deux plus puiffa is remedes
que les Sçavans ayent trouvé contre les
maladies fcorbutiques, qui regnent dans
les régions maritimes, & dont il y a peu de
perfonnes qui fe puiffent garantir durant
les longs voyages fur la mer. Et quoique
ces maladies foient prefques inconnues en
France ; cependant la plûpart des mauvais
rhumatifmes, qui proviennent de l'altération de la maffe du fang, dont toute la
fubftance eft vitiée & dégénerée en férofité
craffe & maligne, dont le venin imprimé
dans les parties membraneufes & nerveu-
fes, caufe les laffitudes, les douleurs vagues, les enflures & les taches au cuir, qui
font toutes les marques du fcorbut. Or,
comme ces maladies ne fe guériffent que
par les diaphorétiques & par les diuréti-
ques, il faut avoir recours aux efprits &
aux fels volatils des plantes anti-fcorbuti-
ques, dont nous venons de parler. La dofe
de l'efprit eft depuis fix gouttes, jufqu'à

vingt dans du boüillon , ou dans la boiſſon ordinaire du malade : celle du ſel volatil eſt auſſi depuis cinq , juſqu'à quinze ou vingt grains dans les mêmes liqueurs, ou ce qui vaut encore mieux , dans de l'eau de la même plante.

§. 5. *Maniere particuliere de faire l'eau an-ti-ſcorbutique Royale.*

Cette eau a produit tant de beaux effets, pour le rétabliſſement de pluſieurs perſonnes de tout âge des deux ſexes , que j'ai crû néceſſaire de la communiquer à mes compatriotes, qui reſſentent tous les jours des douleurs ſcorbutiques , ſans en connoître ni la ſource , ni les remedes , qui font capables de les déraciner & de les guérir.

Prenez donc une demie livre de racine de moutardelle , qui s'appelle *raphanus ru-ſticanus ;* après qu'elle ſera bien nette , il la faut couper en petites tranches fort minces, & les mettre dans une grande cucurbite de verre , & y ajoûter trois livres de cochlea-ria marine & de celle des jardins , une livre & demie de creſſon alenois & de creſſon d'eau, & une livre de cette eſpece de ſca-bieuſe , qu'on appelle mors-diable ou ſuc-ciſa , que les plantes ſoient hachées fort menu ; verſez deſſus douze livres de lait tout nouveau , & quatre livres de vin du

Rhin, ou de quelqu'autre vin blanc clair & subtil, distillez le tout au bain marie, jusqu'à ce qu'il ne distille plus rien. Gardez cette eau bien bouchée dans des fioles à col étroit, afin que l'esprit volatil qui la rend efficace, ne s'évapore point ; c'est pourquoi il faut avoir le soin de couvrir les bouteilles avec la vessie moüillée. Cette eau Royale est admirable pour rectifier la masse du sang, & pour tempérer les chaleurs du bas ventre & des hypocondres ; elle chasse par les urines & par la transpiration sensible & par l'insensible ; elle rétablit les fonctions du ventricule & donne de l'appétit, ce qui montre qu'elle est spécifique contre le scorbut & contre les obstructions. On en prend depuis deux onces jusqu'à six, le matin à jeun, & autant l'après-midi, environ les quatre ou cinq heures : on peut boire & manger deux heures après l'avoir büe. Mais comme nous avons joint à l'usage de cette eau, celui des tablettes & des pilules spécifiques contre le scorbut, il est aussi nécessaire que nous en donnions la description.

§. 6. *Tablettes anti-scorbutiques.*

Prenez une demie once d'antimoine diaphorétique, six drachmes d'écorce superficielle de citron récent, & une drachme & demie de macis ou fleur de muscade, deux

onces d'amandes pelées, & une once de
pistaches mondées ; coupez ces quatre choses en très-petits carreaux, & broyez bien
le diaphorétique : puis cuisez une livre de
sucre fin en sucre rosat, avec de l'eau de
roses & de canelle ; après cela, rompez un
peu votre sucre, & y ajoûtez les especes,
mêlez le tout également ; & lorsque vous
serez prêt de jetter vos tablettes, versez
dedans le poëlon une demie drachme de
teinture d'ambre gris ; coupez les tablettes
du poids de deux ou trois drachmes : il en
faut manger une le matin & une autre le
soir, après avoir avalé l'eau ci-dessus.

₴. 7. *Pilules anti-scorbutiques.*

Prenez deux drachmes de rhubarbe très-
bien choisie, trois drachmes d'aloë socotrin
très-fin, deux drachmes & demie de myrrhe récente & pure, deux drachmes de
gomme ammoniaque en larmes, une drachme de saffran pur & odorant, quatre scrupules de sel de tartre de senné : mettez
chaque chose en poudre à part, puis les
mêlez. & les réduisez en masse, en ajoûtant goutte à goutte, & l'un après l'autre,
autant qu'il faudra d'élixir de propriété
avec l'esprit de corne de cerf, & de la
liqueur de la pierre hémathite, dont la préparation est au Traité des pierres. La dose
de ces pilules, est depuis un demi scrupule

juſqu'à une drachme ; vous en formerez quarante pilules à la drachme, afin qu'elles ſe diſſoudent plus facilement : il les faut prendre avant le repas du ſoir, ou en ſe couchant, elles ne troublent pas la digeſtion, & ne donnent aucunes tranchées ; mais elles purgent bénignement : on en peut prendre de deux jours l'un, ou de trois en trois jours.

§. 8. *Comment il faut faire l'eſprit & l'extrait de cochlearia.*

Comme il y a des perſonnes délicates, qui ne peuvent pas prendre de l'eau antiſcorbutique en quantité ; j'ai trouvé à propos de donner le procédé, pour bien faire l'eſprit & l'extrait de cochlearia, qui ſont deux excellens remedes contre le ſcorbut, & qui ſont aiſés à prendre, à cauſe que l'un ſe donne dans le vin blanc, & l'autre ſe donne en forme de bol dans du pain à chanter : ils ſe font ainſi.

Prenez quatre livres de racines de moutardelle coupées en tranches bien minces, ſix livres de ſemence de cochlearia de jardin, huit livres de cochlearia marine, & dix livres de celle de jardin ; il faut écraſer la ſemence dans un mortier de bronze, & hacher les herbes bien menu, & mettre le tout dans la veſſie de cuivre étamé ; puis verſer deſſus du bon vin du Rhin, ou d'autre vin blanc fubtil, jufqu'à ce que les efpeces nagent dedans aifément; couvrez la veffie de fa tête de more, lutez les jointures exactement; adaptez un récipient commode, & donnez le feu comme pour diftiller l'efprit de vin; ayez égard que l'eau du réfrigere foit toujours fraîche, & la changez, fi elle s'échauffe. Séparez ce qui diftille de tems en tems, & le goûtez; & lorfque l'efprit commencera à ne plus être bon & fort, tant au nez qu'à la langue, alors ne le mêlez plus; mais continuez le feu, jufqu'à ce que les gouttes foient tout-à-fait infipides; puis ceffez le feu, & gardez cette eau fpiritueufe à part, qui fervira comme elle eft, & fe donnera en plus grande quantité que l'efprit, finon elle fervira pour une autre diftillation.

On prendra donc le premier efprit, qui eft très-fort dans du vin blanc, depuis dix gouttes jufqu'à trente & quarante gouttes; il purifie la maffe du fang, par la fueur & par la tranfpiration infenfible & par les urines; mais comme cet efprit pénétre jufques dans les dernieres digeftions, & qu'il va fureter par fa fubtilité jufques dans les derniers capillamens des veines, des artéres & des vaiffeaux lymphatiques, pour en tirer & pour corriger ces férofités fubtiles, âcres & malignes, qui caufent les douleurs & les éruptions fcorbutiques; il eft auffi

nécessaire de nettoyer le bas ventre, &
surtout la rate & le pancreas des matieres
terrestres & grossieres, par les selles, ce
qui se fera facilement avec l'extrait qui
suit.

§. 9. *Extrait de cochlearia.*

Après que vous avez fini la distillation
de l'esprit & de l'eau spiritueuse, il faut
ouvrir la vessie, & tirer tout ce qui sera dedans ; puis vous passerez la liqueur dans
un tamis, & vous presserez la matiere autant que faire se pourra, séchez l'expression que vous brûlerez, & en tirerez le sel
selon l'art. Clarifiez ensuite la liqueur
pressée avec des blancs d'œufs, & l'évaporez au sable lentement, jusqu'en consistance d'un sirop fort épais ; & lorsque vous
voudrez purger les scorbutiques spécifiquement, prenez depuis une demie drachme
jusqu'à trois, & jusqu'à une demie once de
cet extrait, auquel vous aurez joint le sel
que vous aurez tiré des matieres calcinées,
& y ajoûtez de la poudre de bonne rhubarbe & de celle de senné, depuis dix
grains jusqu'à une drachme, que vous mêlerez bien ; puis le ferez prendre en bol
avec du pain à chanter, & vous ferez boire
un petit trait de vin blanc par-dessus, &
deux heures après un boüillon, ou un bon
trait de ce qu'on appelle Posset en Angle-

O v

terre, qui eſt du lait boüilli avec des pommes de renette coupées en roüelles, & dont
on a ſéparé le fromage, en y verſant un
verre de vin blanc. Cela purge très-douce-
ment, & détache les viſcoſités des parois
du ventricule, ôte les obſtructions de la
rate, du méſentere & du pancreas, par le
moyen du ſel eſſentiel, qui eſt dans cet extrait, comme ſon goût le manifeſte très-
ſenſiblement.

Il ne ſera pas néceſſaire de faire un grand
diſcours à part, pour faire comprendre
comment on diſtillera la *petite centaurée*,
l'*abſynthe*, la *rue*, la *meliſſe*, la *menthe*,
l'*herbe à chat*, la *fleur du tillot*, & les autres plantes de cette nature, qui n'ont en
elles aucune humidité ; lorſqu'elles ſont en
état d'être cueillies avec leur propre vertu.
Il faut ſeulement les piler groſſiérement au
mortier, après les avoir coupées, & ajoûter dix livres d'eau pour chaque livre de la
plante, qu'on voudra fermenter & diſtiller
pour en tirer l'eſprit, & procéder au reſte,
comme nous avons dit ci-deſſus, avec toutes les régles & toutes les remarques, qui
ſont eſſentiellement néceſſaires à bien faire
réuſſir la fermentation. Mais ſi on ne veut
ſimplement tirer par la diſtillation, que
l'huile éthérée & l'eau ſpiritueuſe de la
plante, il faut ſeulement diſtiller cette
plante hachée & coupée bien menu avec

dix livres d'eau, pour une livre de la plante, ſans aucune préalable infuſion, macération, & encore moins ſans fermentation.

Il y a pourtant encore un autre moyen de conſerver les plantes de cette nature & les fleurs mêmes, & de les faire fermenter ſans aucune addition, & c'eſt encore ici où l'Artiſte a beſoin de beaucoup de circonſpection : car il ne faut pas obmettre aucune des circonſtances que nous allons décrire, à moins que de vouloir perdre ſon tems & ſa peine; ceci ſe fait donc de la maniere qui ſuit.

Il faut cueillir la plante ou la fleur, lorſqu'elles ſont en leur perfection, il faut pour cela que la plante ſoit entre fleur & ſemence; & ſi c'eſt ſimplement une fleur, il faut qu'elle ſoit dans la vigueur de ſon odeur, & que les feüilles tiennent fermement à leurs queues : mais il y a outre cela la principale remarque, qui eſt de cueillir ces choſes un peu après le lever du ſoleil, afin qu'elles ne ſoient pas chargées de la roſée, ce qui les feroit corrompre; il ne faut pas auſſi les prendre, lorſqu'il a plû le jour précédent, à cauſe qu'elles auroient de l'humidité ſuperflue, qui cauſeroit le même accident. Lorſqu'on aura ces plantes ou ces fleurs, ainſi conditionnées, il faut en emplir de grandes cruches de grais, qui

foient bien nettes & bien féches, & les
prefler très-fort, jufqu'à ce que la cruche
en foit toute remplie, & qu'il ne refte du
vuide que pour y placer un bouchon de
liége qui foit fort jufte, & qu'on aura
trempé dans de la cire fondue, pour en
boucher la porofité ; cela étant fait, il faut
verfer de la poix noire fondue fur le bouchon de liége, & en enduire tout l'entour de
l'embouchure de la cruche, la mettre à la cave fur un ais, afin que la terre ne communique pas trop de fraîcheur,& que cela n'altere
pas la plante ou la fleur ; ainfi vous confer-
verez des années entieres des plantes & des
fleurs, qui feront fermentées par elles-mêmes, & qui feront prêtes pour être diftillées à tous les momens qu'on en aura befoin, en y ajoûtant dix livres d'eau pour
chaque livre de fleurs, ou de plantes entieres fermentées d'elles - mêmes ; & vous en
tirerez un efprit & un eau, qui feront
vrayement remplis & doüés de l'odeur &
de toutes les vertus de la plante, comme
nous en avons donné les exemples fur des
plantes ainfi digérées & fermentées en elles-
mêmes & par elles-mêmes, par les ordres
de M. Vallot, Premier Médecin du Roi,
qui a toujours commandé de faire ces dé-
monftrations en public, afin de mieux faire
connoître la vertu des chofes & la plus excellente façon de les diftiller, & qu'on

puiffe légitimement confeffer, que c'eft de lui qu'on tiendra dorénavant cette belle & fçavante maniere de travailler.

Nous n'avons à préfent rien autre chofe à dire touchant les régles générales, & les obfervations communes que l'Artifte doit faire fur le végetable en général & fur fes parties en particulier, finon qu'il faut que nous donnions les moyens de faire les liqueurs des plantes entieres ou de leurs parties, & même de purifier ces liqueurs, & de les exalter de plus en plus, jufqu'à ce qu'on les ait remifes en la nature de leur premier être, qui ne laiffera pas de poffé-der très-éminemment les vertus centrales de leur mixte, parce que la nature & l'art ont confervé dans ce travail toutes les puif-fances feminales qu'il poffedoit : ainfi que le prouve & l'enfeigne très-doctement no-tre très-grand & très-illuftre Paracelfe, dans le Traité qu'il intitule, *de renovatione & reftauratione.*

§. 10. *La maniere de faire les liqueurs des plantes, & leurs premiers êtres.*

Toutes les plantes ne font pas propres à cette opération, à caufe qu'elles n'ont pas également en elles une proportion fuffi-fante de fel, de foufre & de mercure, pour communiquer à leurs liqueurs & à leurs premiers êtres, la vertu de renouveller

& de reſtaurer ; & Paracelſe même ne nous
en recommande que deux entre toutes,
qui doivent ſervir de régle & d'enſeigne-
ment pour toutes les autres ſortes de plantes, qui ſont à peu près de la nature de ces
deux, qui ſont la *meliſſe* & la *grande cheli-
doine* ; entre celles qui approchent de ces
deux, nous y pouvons légitimement comprendre la *grande ſcrophulaire*, la *petite centaurée* & les plantes vulnéraires, comme le
pyroha, la *conſolida ſaracenica*, la *verge
dorée*, le *mille pertuis*, l'*abſinthe*, & généralement toutes les plantes alexiteres, comme le *ſcordium*, l'*aſclepias*, la *gentiane* & les
gentianelles, la *rue*, le *perſil*, l'*ache* & beaucoup d'autres que nous laiſſerons au choix
& au jugement de l'Artiſte, qui les préparera toutes de la ſorte que nous le dirons
ci-après, & lorſqu'il en aura tiré la liqueur
ou le premier être, il s'en ſervira dans les
occaſions, ſelon la vertu de la plante.

Il faut cueillir celle de ces plantes, qu'on
voudra préparer, lorſqu'elle eſt en ſon
état, c'eſt-à-dire, lorſqu'elle eſt tout-à-fait
fleurie ; mais qu'elle n'eſt pas encore en
ſemence, au tems que Paracelſe nomme
balſamiticum tempus ; le tems balſamique,
qui eſt un peu devant le lever du Soleil,
parce qu'on a beſoin dans cette opération
de cette douce & agréable humeur, que les
plantes attirent de la roſée durant la nuit,

par la vertu magnétique & naturelle qu'elles ont de se fournir de l'humidité dont elles ont besoin, tant pour leur subsistance & pour leur vie, que pour résister aussi à la chaleur du Soleil, qui les suce, & qui les dessèche durant le jour.

Lorsque vous aurez une quantité suffisante de la plante que vous voulez préparer, il la faut battre au mortier de marbre, & la réduire en une boüillie impalpable, autant que faire se pourra ; puis il faut mettre cette boüillie dans un matras à long col, qu'il faut sceller du sceau de Hermès, & le mettre digérer au fumier de cheval durant un mois philosophique, qui est l'espace de quarante jours naturels, ou bien mettre le vaisseau au bain vaporeux, & qu'il soit enfermé dans de la sieure de bois ou dans de la paille coupée, durant le même tems, & à une chaleur analogue à celle du fumier de cheval. Ce tems étant expiré, il faut ouvrir votre vaisseau pour tirer la matiere qui sera réduite en liqueur, qu'il faut presser & séparer le pur de l'impur par la digestion au bain marie à une lente chaleur, afin qu'il se fasse une résidence des parties les plus grossieres, que vous séparerez par inclination, ou ce qui sera mieux, en filtrant cette liqueur à travers du coton par l'entonnoir de verre : il faut mettre cette liqueur ainsi dépurée dans une fiole, afin

d'y joindre le fel fixe qu'on tirera de l'expreffion de la plante, ou de la même plante
deffechée : ce qui fervira pour augmenter
fa vertu, & pour la rendre de plus longue
durée, & même comme incorruptible.

Mais lorfque l'Artifte veut pouffer plus
loin fon travail, qu'il veut purifier cette
liqueur au fuprême dégré & la réduire en
premier être, il y procédera de la forte. Il
faut prendre parties égales de cette liqueur
& de l'eau de fel, ou de fel réfout, dont
nous enfeignerons la pratique au Traité des
fels, & les mettre dans un matras, qu'il
faudra fceller hermétiquement, & l'expo-
fer au Soleil fix femaines durant, & ainfi,
fans aucun autre travail, cette liqueur faline
féparera toutes les hétérogenéités & les li-
mofités, qui empêchoient la pureté & l'exaltation de ce noble médicament ; mais à la
fin de ce tems, on verra trois féparations
différentes, qui font les feces de la liqueur
de l'herbe, le premier être de la plante,
qui eft vert & tranfparent comme l'émé-
raude, ou clair & rouge comme le grenat
oriental, felon la qualité & la quantité du
fel, du foufre ou du mercure, qui auront
prédominé dans la plante qu'on aura ainfi
préparée.

Je fçai qu'il y en aura plufieurs qui diront que la pratique de cette opération eft
facile, & que la plûpart ne croiront jamais

que la liqueur des plantes, ni leur premier
être, puissent posseder les vertus que nous
leur attribuerons après Paracelse. Je sou-
haiterois néanmoins que chacun en fût per-
suadé par des expériences légitimes & très-
assurées, comme je le suis, afin que les
Artistes se missent à travailler à ces rares
préparations, avec une confiance de n'être
point frustrés du bien qui leur en peut revenir en particulier, & de celui qu'ils pro-
cureront à la société civile, par la santé
qu'ils conserveront, ou qu'ils répareront
dans les sujets particuliers qui la composent.

§. 11. *De la vertu & de l'usage de la liqueur des plantes.*

Ce mot de liqueur ne se prend pas ici
simplement pour le suc, ou pour l'humidité
de la plante ; mais on le donne ici à cette
espéce de remede par excellence, parce
qu'il contient en soi tout ce que la plante
dont il provient, peut avoir d'efficace & de
vertu. Ce qui fait qu'il n'est pas difficile de
faire concevoir à quoi ces liqueurs bien
préparées peuvent & doivent être em-
ployées. Car si la liqueur est faite d'une
plante vulnéraire, on la peut donner plus
sûrement que la décoction de pas une des
plantes de cette nature, dans les potions
vulnéraires ; on la peut mêler dans les in-

jections, on la peut faire entrer dans les emplâtres, dans les onguens & dans les digestifs, qui serviront pour les appareils des playes ou des ulcéres ; mais avec cette condition, que le corps de ces remedes soit composé de miel, de jaune d'œuf, de thérébentine, de myrrhe ou de quelque autre corps balsamique, qui prévienne plutôt les accidens des parties qui sont blessées, que d'en faire une colliquation & une suppuration inutile & douloureuse ; ce qui n'est jamais selon la bonne intention de la nature, & encore beaucoup moins selon les vrais préceptes de la belle & de la docte Chirurgie.

C'est dans cette excellente partie de la Médecine, que notre Paracelse a principalement excellé, comme cela se prouve sans contredit, par les deux excellens Traités, qu'il intitule, *la grande & la petite Chirurgie*. De plus, si la liqueur est tirée d'une plante thorachique, on la pourra mêler dans les juleps & dans les potions qu'on fera prendre aux malades, qui seront travaillés de quelque affection de la poitrine. Si elle est faite d'une plante diurétique ou anti-scorbutique, on l'employera pour ôter les obstructions de la rate, du mésentere, du pancréas, du foye & des autres parties voisines ; ou bien, on la fera servir contre le calcul, contre la suppression de l'urine & contre les autres maladies des reins & de la vessie. Enfin si cette liqueur tire sa vertu de quelque plante alexitaire, cordiale, céphalique, hystérique, stomachique ou hépatique, on s'en servira avec un très-heureux succès contre les venins & contre toutes les fiévres, qui tirent leur origine de ce venin, si la plante est alexitaire. On la donnera aussi contre toutes sortes de foiblesses en général, si la plante est cordiale. Que si aussi elle est céphalique, cela montre que la liqueur est utile contre l'épilepsie, contre les menaces de l'apoplexie, contre la paralysie & contre toutes les autres affections du cerveau. Si elle est hystérique, elle fera des merveilles contre les suffocations de la matrice, contre ses soulevemens, contre ses convulsions, & encore contre toutes les autres irritations de ce dangéreux animal, qui est contenu dans un autre. Si elle est stomachique, ce sera le vrai moyen pour empêcher toutes les corruptions qui s'engendrent dans le fond du ventricule, soit qu'elles proviennent du défaut de la digestion, à cause de la superfluité, ou à cause du vice & de la mauvaise qualité des alimens; soit aussi qu'elle soit occasionnée par une mauvaise fermentation. Enfin, si la liqueur a la vertu d'une plante hépatique, s'il est vrai que ce soit le foye, qui soit le magazin &

la source du sang ; on donnera ce remede dans toutes les maladies qu'on attribue au vice & au défaut de ce viscere ; mais principalement dans les hydropisies naissantes, & même dans celles qu'on croira confirmées.

La dose de ces liqueurs , ou de ces teintures vrayement balsamiques & amies de notre nature , est depuis un demi scrupule jusqu'à une drachme, & jusqu'à deux drachmes , selon l'âge & les forces de ceux à qui le Médecin les croira propres & utiles. Ajoûtons pourtant encore un petit avis , afin que ceux qui prépareront ces liqueurs , les puissent aussi conserver long-tems , sans aucune altération & sans aucune diminution de leur force , de leur vertu, ni de leur efficace : c'est qu'il faudra qu'ils y mêlent seulement quatre onces de sucre en poudre pour une livre de liqueur , si c'est pour s'en servir intérieurement ; ou quatre onces de miel cuit avec le vin blanc & écumé , si c'est pour s'en servir extérieurement en la Chirurgie.

§. 12. *De la vertu & de l'usage du premier être des plantes.*

On pourra se servir du premier être des plantes dans tous les cas où nous avons dit que leurs liqueurs étoient utiles. Mais il doit y avoir cette notable différence, que comme ces beaux remedes font beaucoup plus purs & plus exaltés, que les liqueurs qui font plus corporelles ; ce qui fait qu'on doit néceffairement diminuer leur dofe de beaucoup, de maniere que ce qui fe donnoit par drachmes avant ce haut dégré de préparation, ne fe donne plus que par gouttes. La dofe en eft donc depuis trois gouttes jufqu'à vingt, en augmentant par dégrés : on peut prendre ce remede dans du vin blanc, dans un boüillon, ou dans quelque décoction ou quelque eau, qui pourront fervir de véhicule au médicament, pour le faire agir & le faire pénétrer par la fubtilité de fes parties jufques dans nos dernieres digeftions, pour en chaffer le mauvais & l'inutile, y rétablir les forces, & finalement remettre la nature dans fon véritable état, pour la direction de la fanté du fujet dans lequel elle agit.

Mais il faut que nous montrions que ce n'eft pas fans raifon, que Paracelfe parle de la préparation des premiers êtres dans le Traité, que nous en avons cité ci-deffus, qui eft celui *de renovatione & reftauratione*, c'eft-à-dire, du renouvellement & de la reftauration ; car ce grand homme, conclut ce Traité, par la façon de faire les premiers êtres de quatre matieres différentes ; fçavoir, le premier être des animaux, celui des pierres précieufes, celui des plantes & celui des liqueurs, qui eſt celui des ſoufres ou des bitumes ; il ne s'eſt pas voulu contenter de faire le diſcours théorique de la poſſibilité du renouvellement & de la reſtauration de nos manquemens intérieurs & extérieurs ; mais il a voulu de plus donner la pratique de travailler ſur diverſes matieres pour en tirer les premiers êtres, & conclut enfin par la maniere de s'en ſervir pour ſe pouvoir renouveller.

Il dit donc qu'il faut ſimplement mettre autant de cette précieuſe liqueur dans du vin blanc, qu'il en faudra pour le colorer de la couleur approchante de celle du remede, & qu'il en faut boire ou faire boire un verre tous les matins à jeun à celui, ou à celle qui aura quelque défaut d'âge ou de maladie. De plus, il donne les ſignes du commencement & du progrès de ce renouvellement, & le tems auquel il faut ceſſer l'uſage de ce médicament admirable ; car il n'a pas crû devoir dire les ſignes, ni les obſervations qu'on doit faire, lorſqu'on le prend pour quelque maladie ſenſible, puiſqu'il s'enſuit néceſſairement qu'on en doit continuer l'uſage, juſqu'à ce qu'on en reſſente du ſoulagement, ou juſqu'à ce que le mal diminue, & c'eſt alors qu'il faudra ceſſer l'uſage du remede.

Mais pour les ſignes du renouvellement, il les met d'une ſuite judicieuſe, comme

s'il vouloit prévenir l'incrédulité de ceux
qui ne connoissent pas la puissance, ni la
sphére d'activité de la vertu & de l'efficace
que Dieu a mise dans les êtres naturels,
lorsqu'il sont réduits par le moyen de l'Art
à leur principe universel, sans perte de
leur bonté séminale ; ou bien encore pour
prévenir l'étonnement de ceux qui s'en
serviront, puisque ce qui arrive, ne cause
pas une petite surprise, lorsque la personne
qui se sert de ces remedes voit premiérement tomber ses oncles des pieds & des
mains ; qu'ensuite de tout cela, tout le
poil du corps lui tombe & les dents ensuite ; & pour le dernier de tous, que la peau
se ride, & se desséche peu à peu & tombe
aussi de même que le reste, qui sont tous
les signes & les observations qu'il donne
du renouvellement intérieur par ce qui se
fait en l'extérieur.

C'est comme s'il vouloit nous insinuer
& nous faire comprendre qu'il faut de toute nécessité, que le médicament ait pénetré
par tout le corps, & qu'il l'ait rempli d'une
nouvelle vigueur, puisque les parties extérieures qui sont insensibles, & comme
les excrémens de nos digestions, tombent
d'elles-mêmes sans aucune douleur ; mais
remarquez qu'il fait cesser l'usage du remede, lorsque le dernier signe apparoît, qui
est la sécheresse de la peau, ses rides & sa

chûte ; parce que c'est un signe universel, que l'action du renouvellement s'est étendue suffisamment par toute l'habitude du corps, que la peau couvre généralement, & qu'ainsi il a fallu que cette vieille écorce tombât, & qu'il en revînt une autre , parce que la premiere n'étoit plus assez poreuse ni assez perméable , pour faire que la chaleur naturelle qui est renouvellée , pût chasser au-dehors toutes les superfluités des digestions , qui sont les causes occasionnelles internes & externes de la plûpart des maladies du corps humain.

Je sçai que ce remede & les vertus renovatives & restauratives qu'on lui attribue, passeront pour ridicules parmi le vulgaire des Sçavans , & même parmi ceux qui se prétendent Physiciens. Tant à cause que la Philosophie du cabinet , n'est pas capable de comprendre ce mystere de nature ; que parce qu'ils ne sont pas aussi convaincus, ni les uns ni les autres par aucune preuve, ni par aucune expérience. Mais il faut que j'entreprenne de les convaincre par deux exemple, l'un tiré de ce qui se fait naturellement tous les ans , par le renouvellement de quelques animaux en une certaine saison seulement ; & l'autre de l'histoire très-véritable que je rapporterai , de ce qui arriva à un de mes meilleurs amis , qui prit du premier être de melisse ; à une femme plus

plus que sexagénaire, qui en prit aussi ; & enfin de ce qui arriva à une poule qui mangea du grain, qu'on avoit abbreuvé de quelques gouttes de ce premier être.

Pour ce qui est du premier exemple, il n'y a personne qui ne sçache le renouvellement de la tête ou du bois du cerf, comme aussi la dépoüille de la peau des serpens & des viperes, sans parler de celui des alcions, puisque Paracelse en fait l'histoire dans le Traité que nous avons cité ci-devant ; mais de tous ceux qui sçavent que cela se fait, il y en a peu qui sçachent, ou qui se mettent en peine de sçavoir & de connoître comment, par quel moyen & pour quelles raisons cela se fait. Car premiérement, pour ce qui est des serpens en général, il faut considérer qu'ils demeurent cachés sous terre, ou dans les creux des arbres & des rochers, ou logés parmi des pierrailles, depuis la fin de l'automne jusques bien avant dans le printems ; & qu'ainsi durant ce tems, ils sont comme assoupis & comme morts, que leur peau devient épaisse & dure, que même elle perd sa porosité pour la conservation de l'animal qu'elle couvre ; car s'il se faisoit une expiration continuelle, il se feroit aussi une déperdition de la substance de cet animal : or après que les serpens sont sortis de leurs trous au printems, & qu'ils ont commencé à paître & à

prendre pour leur nourriture la pointe des
herbes, qui ont la vertu de renouveller :
aussi-tôt cet animal étant excité par une démangeaison qu'il sent vers le contour de sa
tête, à cause de la chaleur des esprits, qui
sont échauffés par ce remede naturel, il se
frotte & se glisse jusqu'à ce qu'il se soit dé-
poüillé la tête de sa vieille peau. Ce qu'il
continue le reste du même jour, jusqu'à
ce qu'il ait jetté cette dépoüille, qui lui
étoit non-seulement inutile ; mais qui même l'eût fait suffoquer, faute d'être poreuse &
transpirable, & alors il paroît tout glorieux
de son renouvellement ; ce qui se remarque
par la différence du mouvement lent & pa-
resseux de ceux qui ne sont pas renouvel-
lés, d'avec l'action vive de ceux qui sont
dépoüillés, dont le mouvement est si
prompt & si léger, que même ils se déro-
bent facilement à notre vûe ; & de plus,
la peau des uns est vilaine & de couleur de
terre, & l'autre au contraire est unie, belle, luisante & bien colorée.

Pour ce qui est de l'exemple du cerf,
cela se fait d'un autre maniere & pour une
autre raison, que ce qui arrive aux serpens ;
car cet animal ne se cache point en terre,
ni ne renouvelle pas toutes ses parties extérieures, puis qu'il n'y a que ses cornes,
sa tête ou son bois, qu'il met bas au printems ; mais la raison est, que ce pauvre

animal eſt privé durant l'hyver d'une nourriture, qui ſoit ſuffiſante pour nourrir &
entretenir cette production merveilleuſe
qu'il a ſur la tête, puiſque même il n'en a
pas aſſez pour ſa propre ſubſiſtance & pour
ſa vie ; alors les Veneurs diſent que les bêtes ſont tombées en pauvreté ; ce qui ſe reconnoît, non-ſeulement par leur maigreur
& par leur foibleſſe, mais auſſi principalement par leur bois, qui devient aride,
ſpongieux & ſec, parce que cet animal n'a
pas une vigueur aſſez abondante pour pouſſer un aliment ſpiritueux & ſalin juſques
dans ce bois, à cauſe du défaut de l'aliment,
comme nous le diſions à ce moment.

Or, c'eſt de cet aliment que vient la force,
la vigueur & la ſubſiſtance au bois du cerf ;
ce qui fait qu'il eſt contraint de mettre bas,
lorſqu'un aliment bon & ſucculent lui re-
vient au printems, qui l'anime, qui l'é-
chauffe, & qui fait végeter de nouveau,
s'il faut dire ainſi, la tête de l'animal. Nous
ne dirons rien davantage de ce renouvellement, ni de la vertu qui eſt contenue dans
le nouveau bois du cerf, comme dans celui
qui eſt une fois durci & comme parfait,
parce que nous en avons amplement fait
mention au Chapitre de la préparation
Chymique des animaux & de leurs parties.

Mais venons à préſent à la preuve du
renouvellement, qui a été commencé de

l'ufage d'un premier être, par le récit de
l'histoire que nous avons promise, & qui fe
paffa de la forte. Après qu'un de mes meilleurs amis eut préparé le premier être de la
méliffe, & que tous les changemens &
toutes les altérations, que Paracelfe requiert, eurent fuccédé felon fon efpérance
& felon la vérité, il crut ne pouvoir être
pleinement fatisfait en fon efprit, s'il ne
faifoit l'épreuve de ce grand arcane, afin
d'être mieux perfuadé de la pure vérité de
la chofe, & de l'énonciation de l'Auteur
qu'il avoit fuivi; & comme il connoiffoit
que l'expérience eft ordinairement trom-
peufe en autrui, il la fit fur foi-même, fur
une vieille fervante, qui avoit près de foi-
xante & dix ans, qui fervoit en la même
maifon, & fur une poule qu'on nourriffoit
au même lieu. Il prit donc près de quinze
jours durant, tous les matins à jeun, un
verre de vin blanc coloré de ce remede; &
dès les premiers jours, les ongles des pieds
& des mains commencerent à fe féparer de
la peau fans aucune douleur, & continue-
rent ainfi, jufqu'à ce qu'ils tomberent
d'eux-mêmes. Je vous avoue qu'il n'eut pas
affez de conftance pour achever de faire
cette expérience toute entiere, & qu'il crut
d'être plus que fuffifamment convaincu par
ce qui lui étoit arrivé, fans qu'il fût obligé
de paffer plus avant fur fa propre perfonne.

C'est pourquoi, il fit boire de ce même vin tous les matins à cette vieille servante, qui n'en prit que dix ou douze jours; & avant que ce tems fût expiré, ses purgations lunaires lui revinrent avec une couleur loüable & en assez grande quantité, pour lui donner de la terreur, & pour lui faire croire que cela la feroit mourir, puisqu'elle ne sçavoit pas qu'elle eût pris quelque remede capable de la rajeunir; cela fut cause aussi que mon ami nosa passer plus loin, tant pour la peur qui avoit saisi cette pauvre femme, qu'à cause de ce qui lui étoit arrivé. Après avoir ainsi fait l'épreuve très-certaine des effets de son médicament sur l'homme & sur la femme; il voulut sçavoir s'il agiroit aussi sur les autres animaux, ce qui fit qu'il trempa des grains dans le vin, qui étoit empreint de la vertu de ce premier être, qu'il fit manger à une vieille poule à part, ce qu'il continua quelque huit jours, & vers le sixiéme la poule fut déplumée peu à peu, jusqu'à ce qu'elle parut toute nue; mais avant la quinzaine les plumes lui repousserent; & lorsqu'elle en fut couverte, elles parurent plus belles & mieux colorées qu'auparavant, sa crête se redressa & pondit des œufs plus qu'à l'ordinaire. Voilà ce que j'avois à dire là-dessus, & d'où je tire les conséquences qui suivent.

Je croi qu'il n'y a personne, dont le sens

soit assez dépravé pour ne pas concevoir facilement, que puisque la nature nous enseigne par toutes les opérations, qu'il faut
entretenir la porosité dans les corps vivans
pour les faire vivre, avec toutes les fonctions nécessaires aux parties qui les composent : qu'aussi faut-il de toute nécessité, que
l'art qui n'est que l'imitateur de la nature,
fasse la même chose, pour entretenir &
pour restaurer la santé des individus, qui
sont commis à son soin & à sa tutelle.

Ce qui fait que je dis conséquemment,
qu'il faut que le Médecin & l'Artiste Chymique travaillent incessamment à découvrir, par l'anatomie qu'ils feront des mixtes naturels, cette partie subtile, volatile,
pénétrante & agissante, qui ne soit point
corrosive; mais au contraire, qui soit amie
de notre nature, & qui aide simplement à
la faire enfanter sans la contraindre. Et
comme je sçai qu'il n'y a que les sels volatils sulfurés, qui puissent avoir la puissance
d'agir de la maniere que nous avons dite,
aussi faut-il qu'ils étudient de toute leur
puissance, à détacher cet agent amiable, &
qui est néanmoins très-efficace, du commerce du corps grossier & matériel, s'ils
veulent être les vrais imitateurs de la nature, qui se sert toujours de ce même agent,
pour conduire tous les corps animés à la
perfection de leur prédestination naturelle,

ſi elle n'en eſt empêchée par quelque cauſe
occaſionnelle externe ou interne, qui in-
terrompent ordinairement l'ordre, l'œco-
nomie & la conduite des reſſorts, qui
maintiennent une agréable harmonie dans
tous les compoſés animés. Or, c'eſt ce que
Paracelſe a fait, en nous apprenant la façon
de préparer les liqueurs & les premiers
êtres, parce que cette opération ſépare le
ſubtil du groſſier, qu'il conſerve & qu'il
exalte les puiſſances ſeminales du compoſé,
juſqu'à ce qu'elle l'ait rendu capable de réparer les défauts des fonctions naturelles ;
afin qu'à l'exemple de ce grand Naturaliſte,
& que ſuivant les idées que nous avons
données dans ce diſcours que nous avons
tracé, avant que de venir au détail des parties des végetaux & de toutes les opérations, auſquelles ils ſont ſoumis par le travail de la Chymie, que tous ceux qui s'a-
donnent particuliérement à ces belles préparations, ſoient prévenus d'une connoiſſance générale de leurs parties ſubtiles ou
groſſieres, ils puiſſent auſſi conduire & régler leur jugement & leurs actions, ſelon
les théorêmes & les notions que nous avons
données, qu'ils approprieront par la direction de leurs intentions à chaque végetable
en particulier ; & qu'ainſi l'Artiſte puiſſe
ſatisfaire à ſoi-même, à l'illuſtration & à
l'ennobliſſement de ſa profeſſion, & encore

ce qui doit être son principal but, à l'entretien & au recouvrement de la santé de son prochain.

SECOND DISCOURS.

Des sirops.

NOus avons, ce me semble, assez insinué la diversité de la nature des plantes, & la différence de leurs parties dans le discours précédent, pour préparer l'esprit de l'Artiste à reconnoître la vérité de ce que nous avons à dire dans celui que nous commençons, pour réprimer & pour ôter, s'il est possible, l'abus & la mauvaise préparation que la plûpart des Apothicaires pratiquent, lorsqu'ils travaillent à leurs sirops, qui sont simples ou composés, & qui ne sont rien autre chose que du sucre, ou du miel cuits en une certaine consistance liquide, ou avec des eaux distillées, ou avec des sucs, ou encore avec les décoctions des plantes entieres, ou avec celle de leurs parties, comme sont les feüilles, les fleurs, les fruits, les semences & les racines. Or, comme nous avons enseigné ci-devant la diversité de la nature de ces choses, pour y avoir égard, lorsque l'Artiste les veut distiller; c'est aussi à cette instruction, que nous renvoyons l'Apothicaire, qui veut devenir Chymiste, pour acquerir la même connoiffance, lorfqu'il voudra bien faire les firops fimples & les compofés. Néanmoins comme je fçai que tous les difpenfaires commettent les mêmes fautes en ce qui concerne les firops, & qu'il n'y a eu qu'un Médecin Chymique, qui ait ofé entreprendre de les corriger ; je me fens obligé de fuivre l'exemple de M. Zwelfer, Médecin de l'Empeur Léopold, qui a fait des remarques très-doctes fur tous les défauts de la Pharmacie ancienne ; mais comme il écrit en latin, & que de plus il raifonne en Chymifte, j'ai crû que j'étois obligé de mettre au bon chemin ceux qui n'y entrent pas, faute d'être Chymiftes, & de ne fçavoir pas affez de latin, pour entendre & pour fuivre un Auteur fi admirable ; & de plus, d'exhorter ceux qui fçavent le latin,& qui croyent être Chymiftes, de ne point enfoüir leur talent ; mais au contraire, de le faire valoir pour le bien des malades, pour l'honneur du Médecin & de la Pharmacie, à l'acquit de leur confcience, & à leur profit particulier.

Il faut pourtant que nous mettions ici quelques exemples des fautes qu'on a commifes par le paffé, & que nous prouvions qu'on a failli, faute de n'avoir pas connu les chofes comme il faut, & que nous enfeignions enfin le moyen de mieux faire, & que nous donnions les raifons pofitives,

& qui ayent leur fondement dans la chofe même & dans la maniere de travailler, pourquoi on aura mieux fait, & pourquoi on aura réuffi.

Avant que de venir à la preuve, à laquelle nous nous fommes engagés, il eft néceffaire que nous faffions voir à nud le but qu'ont eu les Anciens & les Modernes dans la compofition des firops fimples & des compofés, dont ils nous ont laiffé les defcriptions dans leurs antidotaires & dans leurs difpenfaires. Tous les vrais amateurs de la Médecine ont crû de tout tems, qu'il falloit que les remedes euffent trois conditions ; à fçavoir, qu'ils fuffent capables d'agir promptement, fûrement & agréablement : *citò, tutò & jucundè*. De plus, ils ont auffi travaillé pour faire que ce qu'ils préparoient, fe pût conferver quelque tems avec fa propre vertu, afin qu'on y eût recours au befoin. Voilà pourquoi ils ont compofé tous leurs firops & les autres remedes, qui font approchans de cette nature, avec du miel & avec du fucre, ou avec tous les deux enfemble. Ils fe font donc fervis de ces deux fubftances, comme de deux fels balfamiques, propres à recevoir & à conferver la vertu des eaux diftillées; comme celle de l'eau de rofes dans leur firop ou julep Alexandrin ; celle des fucs des plantes ou des fruits ; comme celles du vin , du vinaigre , du suc de coings , de citrons , d'oranges , de grenades & de beaucoup d'autres choses , dans les sirops qu'ils ont voulu que les Apothicaires tinssent dans leurs boutiques. Celle des infusions des bois , des racines , des semences & des fleurs , dont ils ont ordonné de faire les sirops ; & enfin , celle des décoctions d'un bon nombre de toutes ces choses mêlées ensemble , comme les aromats , les fleurs, les fruits mucilagineux , les semences laitées , les racines glaireuses & celles qui sont doüées de sels volatils , dont ils nous ont donné la méthode , pour en faire les sirops composés.

Mais , comme la plus grande partie de ceux qui jusqu'ici ont prétendu vouloir, & pouvoir enseigner la Pharmacie & le *modus faciendi* aux Apothicaires , n'ont pas eux-mêmes connu la différence des matieres , ni même n'ont pas sçû les divers moyens d'extraire leur vertu sans aucune perte , parce qu'ils ignoroient la Chymie ; aussi ne faut-il pas s'étonner , si les Apothicaires qui les ont suivis, & qui les suivent encore tous les jours, ont péché & ont failli beaucoup plus lourdement qu'eux ; puisque pour l'ordinaire ils ne font pas même exactement ce qu'ils trouvent dans leurs Livres.

Il faut donc avoir recours à la Physique

Chymique, qui nous prescrira les régles,
qui empêcheront dorénavant les Médecins
& les Apothicaires de commettre des fautes pareilles, s'ils prennent la peine de les
suivre; & s'ils profitent des exemples & des
enseignemens que nous allons faire suivre,
pour apprendre à bien méthodiquement
faire les sirops simples & les composés, sans
que l'Apothicaire perde aucune portion de
la vertu qui réside dans le sel volatil sulfuré, & dans le fixe des mixtes qui entrent en
leur dispensation.

Nous commencerons par les sirops simples, & cela par dégrés, & premiérement
par ceux qui sont composés des sucs, qui
sont déja dépurés d'eux-mêmes, ou qui se
peuvent séparer, sans crainte que la fermentation leur nuise, comme sont les sucs
acides. Après cela, nous parlerons des sirops, qui se font avec les sucs qui se tirent
des plantes, qui sont de deux natures; les
uns sont inodores, & participent d'un
goût vitriolique tartareux; & les autres,
ont de l'odeur & participent d'un sel volatil
sulfuré: ces deux sortes de sucs ont besoin
de l'œil & de l'industrie de l'Artiste pour
en séparer les impuretés, sans aucune perte
de leurs facultés, avant que d'en faire les
sirops; & c'est ce que l'Apothicaire ne fera
jamais, qu'en suivant les préceptes de la
Chymie. Ensuite de cela, nous finirons

par la démonstration des fautes qu'on a
faites jusqu'ici, lorsqu'on a travaillé aux
sirops composés, dont nous donnerons
quelques exemples, afin que le tout soit
rendu plus sensible à celui qui se voudra
rendre plus éclairé & plus exact en son
travail.

§. 1. *La maniere de faire le sirop aceteux*
simple ou le sirop de vinaigre, à la façon
ordinaire & ancienne.

Prenez cinq livres de sucre clarifié, quatre livres d'eau de fontaine, & trois livres
de bon vinaigre de vin blanc. Cuisez le
tout selon l'art en consistance de sirop.

Il semble à voir cette nue & simple description, qu'elle est toute ingénue, toute
nette, & toute selon la nature & selon
l'art ; mais il faut que notre examen Chymique fasse voir qu'il y a plus de fautes
qu'il n'y a de mots, & qu'elle est entiérement remplie d'absurdités, qui sont indi-
gnes d'un apprentif Apothicaire Chymiste,
& par conséquent encore beaucoup plus in-
dignes de ce célébre & renommé Médecin
Arabe, Mesué, auquel on attribue l'invention de ce sirop.

Mais avant que de commencer à faire
les remarques de cette mauvaise façon de
faire, il faut que nous fassions connoître
quelles vertus Mesué & ses Sectateurs, ont

attribué à ce firop & à l'oxymel fimple, &
pour quelles maladies ils les ont employés,
parce que cela ne fervira pas peu à faire
reconnoître les mauvaifes indications qu'ils
ont prifes, faute d'avoir bien connu la
nature des chofes & le travail de la Chymie.

Ils attribuent à ce firop, & non fans raifon, la vertu & la faculté d'incifer, d'atténuer, d'ouvrir & de mondifier : auffi-bien
que celle de rafraîchir & de tempérer les
chaleurs qui proviennent de la bile, celle
de réfifter à la pourriture & aux corruptions, & finalement celle de chaffer par les
urines, & de provoquer la fueur. J'avoue
que tout cela eft poffible, lorfque ce firop
eft bien fait ; mais qu'il n'aura jamais toutes
ces belles vertus, s'il n'eft préparé comme
nous le dirons ci-après.

J'ai pris la defcription de ce firop de la
Pharmacopée d'Aufbourg, comme de la
plus correcte qui fe voye aujourd'hui ; car
fi je l'avois pris de celle de Bauderon, ou
de quelqu'autre encore plus ancien, j'y fe-
rois remarquer des abfurdités beaucoup
moins tolérables que celles que nous allons
faire voir. Qu'y a-t-il, je vous prie, de
plus mal digeré, que de commander de
cuire cinq livres de fucre avec quatre livres
d'eau à un feu de charbons allumés, en-
flammés, & d'écumer inceffamment, jufqu'à

la confomption de la moitié, fans l'avoir
clarifié auparavant; & puis d'y ajoûter trois
ou quatre livres de vinaigre, pour achever
de cuire le tout en firop, vû que le vinaigre
poffede auffi fes impuretés & fon écume,
& qu'ainfi c'eft à recommencer. Voilà néanmoins ce que commande Bauderon.

Les autres n'ont pas mieux réuffi avec
leur fucre clarifié, & ne méritent pas moins
d'être repris. Car l'expérience même répu-
gne à ce qu'ils prétendent : cet axiome qui
dit, que *fruftra fit per plura, illud, quod
aquè benè, vel melius fieri poteft per panciora,*
montre évidemment que c'eft très-mal fait
de mettre quatre livres d'eau avec le fucre
& le vinaigre, pour les réduire en firop :
puifque outre que l'eau eft ici tout-à-fait
inutile, je dis même qu'elle y eft abfolument nuifible pour deux raifons : la premiere, parce que l'ébulition de cette eau caufe
la perte de beaucoup de tems, qui doit être
précieux à l'Artifte ; & la feconde, qui eft
encore beaucoup plus confidérable, elle l'eft
à caufe que l'eau enleve avec foi en boüillant long-tems, les parties les plus fubtiles,
les volatiles & les falines du vinaigre, qui
font celles qui conftituent la vertu incifive
& apéritive, qui eft le propre & fpécifique
de ce firop. Car je fouhaiterois de grand
cœur, qu'on me pût dire à quoi quatre livres
d'eau peuvent fervir à ce firop, quelle

vertu elles lui peuvent communiquer : car
ſi on me dit que c'eſt pour ſervir à la dépuration du ſucre , & que c'étoit la penſée de
Bauderon ; je demanderai la raiſon pourquoi la Pharmacopée d'Auſbourg y demande
auſſi quatre livres d'eau, puiſqu'elle preſcrit
de prendre du ſucre clarifié , tellement que
je trouve que les uns ni les autres n'ont aucune raiſon. C'eſt pourquoi , il faut que
ceux qui voudront faire ce ſirop comme il
faut , avec toutes les vertus & les puiſſances
qui ſont néceſſaires , pour ſuivre l'intention des Médecins , le faſſent de la maniere
qui ſuit.

Prenez une terrine de fayence , de terre
verniſſée ou de grais , que vous placerez ſur
un chaudron plein d'eau boüillante , que
nous appellerons le bain marie boüillant :
mettez dans cette terrine deux livres de ſucre fin en poudre très-ſubtile , ſurquoi vous
verſerez dix-huit onces de vinaigre diſtillé
dans une cucurbite de verre au ſable , &
rectifié au bain marie , pour en tirer toute
l'aquoſité ou le phlegme , comme nous l'enſeignerons , lorſque nous traiterons du vinaigre ; agitez le ſucre & le vinaigre diſtillé
enſemble , avec une ſpatule ou avec une
cuilliere de verre , juſqu'à ce que le tout
ſoit diſſout & réduit en ſirop , qui ſera
d'une juſte conſiſtance , qui ſera de longue
durée , & qui aura toutes les vertus qu'on

désire dans le sirop acéteux simple. Je laisse
à présent le jugement libre & le choix aussi
de faire ce sirop à l'antique ou à la moderne, & je sçai que ceux qui connoîtront les
choses, suivront toujours la raison & l'expérience qui conduisent à faire *citiùs, tutiùs,*
& jucundiùs, c'est-à-dire, plus promptement, plus sûrement & plus agréablement ;
afin de faire voir que la Chymie est & sera
toujours l'unique école de la vraye Pharmacie. Pour la fin de cet examen, notez
en passant, que neuf onces de liqueur claire
de soi-même ou clarifiée, selon les préceptes de l'art, sont suffisantes pour reduire
une livre de sucre en consistance de sirop,
par une simple dissolution à la chaleur du
bain vaporeux ; afin que cela serve de remarque générale, lorsque nous parlerons
des autres sirops simples ou composés.

§. 2. *La façon générale de faire comme il faut*
les sirops des sucs acides des fruits, comme
ceux du suc de citrons, d'oranges, de cerises,
de grenades, d'épine-vinette, de coings, de
groseilles, de framboises, de pommes, &c.

Nous n'avons pas beaucoup de remarques à faire sur ces sirops, parce que ce
sont ceux où la Pharmacie ordinaire péche
le moins ; cependant comme il y a quelque
petite observation que nous jugeons nécessaire à l'instruction de notre Apothicaire

Chymique, nous ne l'avons pas voulu négliger.

Prenez donc celui qu'il vous plaira de
ces fruits, dont vous tirerez le suc artistement, selon la nature de chacun d'eux en
particulier, avec cette précaution de ne se
servir d'aucun vaisseau métallique pour les
recevoir; & qu'on ait aussi grand soin de
séparer les grains & les semences de ces
fruits, tant parce qu'il y en a qui sont amers,
que parce qu'il s'en trouve qui ont la semence mucilagineuse & glaireuse, &
qu'ainsi cela feroit acquérir un goût étranger aux sucs, ou une viscosité qui nuiroit à
la perfection du sirop. Et pour les fruits qui
doivent être rapés pour en tirer le suc, il
faut avoir des rapes d'argent, ou de celles
qui sont faites d'un fer blanc, qui soit bien
net & bien étamé; car le fer communique
très-facilement son goût & sa couleur à la
substance du fruit acide, ce que font aussi
le cuivre, l'airain ou le laiton. Tout cela
ayant été observé avec exactitude, il faut
laisser dépurer les sucs, qui sont liquides
d'eux-mêmes, jusqu'à ce qu'ils ayent dépo-
sé une certaine limosité, & des corpuscules
ou des atomes, qu'on séparera par la filtration. Mais pour ce qui est des sucs des
fruits, qui sont d'une substance molle,
lente & visqueuse; il faut laisser affaisser &
comme fermenter leurs sucs en quelque

lieu frais, & séparer après le suc, qui devient le plus clair de soi-même, & qui surnage dessus le reste, parce que si on fait autrement, on fera plutôt une gelée qu'un sirop.

Après que toutes ces sortes de sucs seront bien & dûement préparées, comme nous venons de le dire, il faut les mettre dans une cucurbite de verre au bain marie, & les évaporer jusqu'à la consomption du tiers, ou même de la moitié. Or, on ne doit pas craindre que cette façon d'agir fasse perdre quelque portion de l'acidité du suc; puisqu'au contraire cela l'augmentera, en ce que l'acide demeure toujours le dernier, & qu'il ne s'évapore que le phlegme ou l'aquosité inutile; & de plus, cette opération servira pour séparer ce qu'il pourroit y rester de féculence dans le suc; car on doit remarquer que deux heures de digestion au bain marie dépureront plutôt un suc, que trois jours d'insolation du même suc; mais ce qui est encore de plus notable, c'est que les sucs qui sont dépurés de cette façon, ne se moisissent que très-rarement, & qu'on les peut conserver beaucoup plus long-tems que les autres, sans aucune altération.

Pour ce qui est de la préparation du sirop, il faut suivre le *modus faciendi*, que nous avons donné ci-devant au sirop acé-

teux ; sçavoir, de prendre neuf onces de suc
bien préparé , pour une livre de sucre en
poudre , ou pour le même poids de sucre,
qui soit cuit en électuaire solide ou en sucre rosat , & les faire dissoudre à la chaleur
du bain vaporeux , dans des vaisseaux de
terre vernissée ou dans du verre , sans jamais se servir d'aucun vaisseau de métal ,
lorsqu'on maniera des acides.

§. 3. *Comment il faut faire les sirops des sucs
qui se tirent des plantes , tant de celles qui
sont inodores , que de celles qui sont odorantes , avec les remarques nécessaires à
leurs dépurations.*

Nous avons ici trois sortes de plantes à
considérer , & par conséquent trois sortes
d'exemples à donner pour en bien faire les
sirops , avec la conservation de leur vertu
propre & essentielle , ce que nous partage-
rons en trois classes.

La *premiere* , sera des plantes inodores
succulentes , telles que sont les espéces
d'*ozeille* , la *chicorée* , la *fumeterre* , la *mercuriale* , le *pourpier* , la *bourrache* , la *buglosse* , le *chardon bénit* & les autres de pareille
nature.

La *seconde* , sera de celles qui sont aussi
inodores , & quelquefois ont aussi de l'o-
deur ; mais dont le suc est rempli d'un
esprit & d'un sel volatil très-subtil , telles

que font les plantes anti-scorbutiques,
comme le *cochlearia*, les *creffons*, les espéces de *fium*, de *moutarde* & de *moutardelle*,
la *berle* & le *pourpier aquatique*, qu'on appelle *beccabunga*.

Et la *troifiéme*, fera des plantes qui font
odorantes & fucculentes, telles que font la
betoine, l'*hyffope*, le *fcordium*, l'*ache*, le
perfil, l'*eupatoire*, & les autres de même
catégorie.

§. 4. *Comment on fera les fucs & les firops des*
plantes de la premiere claffe.

Il faut prendre la plante dont vous voudrez tirer le fuc, que vous couperez menu,
puis la battrez au mortier de marbre ou de
pierre, vous la prefferez avec tout le foin
& les obfervations, que nous avons mar-
quées dans le difcours que nous avons fait
ci-devant fur les eaux diftillées de ces mêmes plantes ; & lorfque le fuc fera bien dépuré au bain marie, & qu'on en aura tiré
une fuffifante quantité de phlegme ou
d'eau, qui eft de trois parties en tirer deux
par la diftillation ; alors il faut mêler une
livre & demie de fucre, avec une livre de
ce fuc ainfi dépuré & diftillé, & les cuire
enfemble, jufqu'en confiftance de fucre
rofat, qu'il faudra décuire & réduire en
firop, avec fix ou fept onces de l'eau que
vous aurez retirée du fuc par la diftillation

au bain marie ; ainſi vous aurez un ſirop, qui ſera doüé de toutes les vertus de la plante ; & lorſque vous voudrez faire des apozémes ou des juleps, vous mêlerez une once ou deux de l'un de ces ſirops avec trois ou quatre onces de ſon eau, que vous appliquerez aux maladies, ſelon les vertus & les qualités qu'on attribue à cette plante : notez qu'on peut garder ces ſucs, ainſi dépurés par la diſtillation une ou deux années, ſans aucune corruption, à cauſe qu'ils ſont ſuffiſamment chargés du ſel eſſentiel nitrotartareux de ces plantes ; mais qu'il faut néanmoins les couvrir avec de l'huile, pour empêcher la pénétration de l'air, qui eſt le grand altérateur de toutes choſes, & qu'il faut auſſi les tenir en un lieu qui ne ſoit ni trop humide, ni trop ſec.

§. 5. *Comment on fera les ſucs & les ſirops des plantes de la ſeconde claſſe.*

Il faut tirer le ſuc de ces plantes avec les mêmes précautions que nous avons enſeignées, lorſque nous avons parlé des eſprits des plantes, de leurs eaux diſtillées & de leurs extraits, où nous renvoyons l'Artiſte, pour éviter la répétition inutile & ennuyeuſe. Mais comme nous avons déja dit pluſieurs fois, que les plantes anti-ſcorbutiques étoient compoſées de parties ſubtiles, & qu'elles avoient en elles un eſprit ſalin, qui

eſt volatil, mercuriel & ſulfuré, qui s'évanoüit & qui s'envole facilement; auſſi faut-
il que l'Apothicaire Chymique travaille
ſoigneuſement & diligemment à leur préparation, lorſqu'il aura une fois commencé, afin qu'il ne perde point par ſa négligence, ce qu'il doit conſerver avec étude,
& qui ne ſe peut plus recouvrer, lorſqu'il
eſt une fois échapé. Voici donc la ſeule
différence qu'il y a de la préparation de ces
ſucs & de ces ſirops avec les précédens. C'eſt
que lorſque l'on les diſtille au bain marie,
il faut avoir un égard très-judicieux, de
recevoir à part cinq onces de la premiere
eau, qui montera de chaque livre de ſuc;
parce que ces cinq onces auront enlevé
avec elles la portion de l'eſprit & du ſel
volatil d'une livre de ſuc: vous continuerez enſuite la diſtillation, juſqu'à ce que
vous ayez retiré la moitié de l'humidité de
votre ſuc; alors vous ceſſerez & mettrez
une livre de ce ſuc, avec une livre & demie
de ſucre, que vous cuirez en ſucre roſat,
& que vous réduirez en ſirop, par une ſimple diſſolution à froid, avec ſix ou ſept
onces de l'eau ſpiritueuſe & ſubtile, qui
eſt montée la premiere, & que vous aurez
reſervée à cet effet; ainſi vous aurez un ſirop rempli de toutes les vertus de ſon mixte, comme cela ſe prouvera manifeſtement
par l'odeur & par le goût; mais principa-

lement par les effets merveilleux qu'il produit dans toutes les maladies scorbutiques,
soit que vous le donniez seul, soit que
vous le mêliez avec la seconde eau que
vous aurez réservée. Vous pourrez aussi
garder de ces sucs, pour en être fourni dans
la nécessité, pour le tems que les plantes ne
sont pas en vigueur, en y apportant néanmoins les précautions requises à cet effet.

§. 6. *Comment on fera les sucs & les sirops*
des plantes de la premiere classe.

Nous ne ferons pas ici de répétitions inutiles, puisqu'il suffit que nous disions qu il
faut que l'Artiste prépare son suc, comme
il le doit, pour en faire ce qui va suivre.
Lorsque vous aurez le suc de quelqu'une de
ces plantes odorantes, il faut le mettre au
bain marie, pour le dépurer par une simple
& lente digestion, afin d'en séparer les
feces & l'écume qui surnage. Après avoir
coulé ce suc à froid par le blanchet, il faut
en prendre quatre livres, & les mettre dans
une cucurbite qui ait un chapiteau aveugle, ou un vaisseau de rencontre qui joigne
bien exactement ; il faut mettre dans ce suc
une livre & demie des sommités & des
fleurs de la même plante, qui ne soient
point battues au mortier, mais qui soient
simplement coupées fort menu avec des
ciseaux ; puis il faut fermer les vaisseaux &
les

les lutter avec de la veſſie trempée dans du
blanc d'œuf battu, & les placer au bain
marie, à une chaleur lente vingt-quatre
heures durant ; après quoi, il faut ôter le
deſſus du vaiſſeau, & y appliquer un chapiteau qui ait un bec, afin de tirer de ce
ſuc empreint de la nouvelle vertu de ſa
plante, vingt onces d'une eau ſpiritueuſe
très-odorante : cela étant fini, il faut ceſſer
le feu, & pouſſer ce qui reſte au fond de la
cucurbite, & le garder juſqu'à ce que vous
ayez fait ce qui ſuit.

Mettez les vingt onces d'eau odorante
dans un vaiſſeau de rencontre ; à ces vingt
onces, vous ajoûterez encore dix onces de
nouvelles ſommités de la plante ſur laquelle
vous travaillez, que vous lutterez & ferez
digérer à la lente chaleur du bain, pendant
un jour naturel. Vous laiſſerez refroidir &
preſſerez doucement le tout, afin qu'il ne
ſoit pas trouble, & le garderez juſqu'à ce que
vous ayez fait boüillir ce qui vous étoit reſté
avec le marc de l'expreſſion, & que vous
l'ayez clarifié avec des blancs d'œufs, & cuit
avec trois livres de ſucre, en conſiſtance
de tablettes : enſuite il le faudra décuire à
froid, ou ſeulement ſur l'eau tiéde, avec
les vingt onces de votre eau odoriférante,
qui contient la vertu mumiale & balſamique de la plante, & vous aurez un ſirop
auquel il ne manquera rien de ce qu'il doit

avoir, pour suivre nettement l'intention de la nature & celle de l'art.

Mais il me semble que j'entens la plûpart des Apothicaires, qui diront que c'est allonger la méthode de faire les sirops, & que personne ne voudra récompenser la peine qu'ils se donneront à bien faire : que de plus, ils seront obligés de faire les frais d'un bain marie & des vaisseaux de verre, qui sont nécessaires à la digestion & à la distillation : que ces vaisseaux sont fragiles, & qu'ainsi tout cela joint ensemble, augmentera le prix du remede : que même, il y en aura d'autres qui ne seront pas si circonspects, qui donneront leurs sirops au prix commun : que le peuple court au meilleur marché, sans connoître la bonté de la chose, & que par ce moyen la boutique se déchalandera.

Il faut répondre à toutes ces objections, qui ne sont pas sans quelque fondement : premiérement, pour ce qui est du bain marie, il n'étonnera que par son nom, ceux qui ne sçavent ce que c'est ; car ce n'est qu'un chaudron, qui leur pourra servir à toutes les nécessités de la boutique. Secondement pour les vaisseaux, ne sont-ils pas obligés d'en avoir pour d'autres distillations, s'ils se veulent acquitter dignement de leur vocation, ou au moins en faire le semblant ? Que s'ils en appréhendent la rupture, ils pourront avoir des cucurbites de grais & de fayence pour les acides, & de celles de cuivre étamé pour les autres matieres ; il y aura néanmoins encore un inconvénient, qui est, qu'ils ne pourront pas juger de la dépuration des matieres, ni de la quantité qui demeure, non plus que de la consistance, à cause de l'opacité des vaisseaux. Mais la derniere considération doit l'emporter par-dessus toutes les autres : car chacun est obligé par le serment qu'il a prêté lors de la Maîtrise, de faire sa profession avec toute l'exactitude requise, & à l'acquit de sa conscience. Il faut donc que ce dernier but l'emporte sur tout le reste, & qu'il serve d'aiguillon & d'attrait à bien faire : car ceux qui le feront de la sorte, trouveront le support de Messieurs les Médecins, qui recommanderont leurs boutiques ; & lorsque les honnêtes gens seront informés de leur candeur & de leur assiduité au travail, ils contribueront de grand cœur à récompenser la vertu de ceux qui travailleront aux médicamens, qui sont capables de conserver leur santé présente, & de faire renouveller celle qui sera perdue ou altérée.

Continuons donc à faire voir le défaut de l'ancienne Pharmacie, & ne nous contentons pas de prouver qu'on a mal fait ; mais enseignons comme il faut mieux faire.

Pour cet effet, il faut que nous donnions encore trois exemples des firops fimples, qui feront ceux des fleurs odorantes, des écorces de même nature, & ceux des aromats ; afin que quand les Apothicaires cuiront des firops de cette forte, on ne fente point leurs boutiques de trois ou quatre cens pas, ce qui témoigne la perte de la vertu effentielle des parties volatiles & fulfurées des fubftances des fleurs, & des écorces odorantes & celle des aromats : fi ce n'eft que ces Apothicaires veüillent faire fentir leurs boutiques de bien loin, par une vaine politique, qui néanmoins eft très-dangéreufe & très-dommageable à la fociété civile. Et comme les contraires paroiffent beaucoup mieux, lorfqu'ils font oppofés : nous dirons premiérement, comment on a mal fait ; fecondement, pourquoi on a mal fait : pour enfeigner & faire comprendre enfuite les moyens de mieux travailler.

§. 7. *La façon ancienne de faire le firop de fleurs d'oranges.*

Prenez une demie livre de fleurs d'oranges récentes : faites-les infufer dans deux livres d'eau claire & nette, qui foit chaude, durant l'efpace de vingt-quatre heures : après quoi, faites-en l'expreffion ; & réitérez encore la même infufion deux fois, avec une demie livre de nouvelles fleurs à

chaque fois. L'expreſſion & la colature
faites, cuiſez vingt onces de cette infuſion
en ſirop avec une livre de ſucre très-blanc.
Notez ici une fois pour toutes, que je
n'entens pas ici le poids médécinal ; mais
que j'entens le poids ordinaire des Mar-
chands, qui eſt de ſeize onces à la livre.

Avant que de faire voir le défaut de ce
récipé, il faut que nous diſions les vertus
qu'on attribue au ſirop qui en provient,
afin que nous faſſions mieux connoître qui
a tort ou qui a droit. On dit donc que ce
ſirop réjoüit merveilleuſement le cœur & le
cerveau, que c'eſt un reſtaurant des eſprits,
qu'il provoque les ſueurs ; qu'il eſt par conſéquent très-ſalutaire contre les maladies
malignes & peſtilentes, parce qu'il chaſſe
& qu'il pouſſe ce qui eſt infecté de ce venin, du centre à la circonférence, & en
fait paroître les taches & les marques.
Tout cela peut être vrai, ſi ce ſirop eſt bien
fait : mais on eſt fruſtré de ces nobles effets,
par la mauvaiſe façon que nous venons de
décrire. Parce qu'il ne reſte à ce ſirop qu'u-
ne amertume ingrate, qui lui vient de ſon
ſel matériel & groſſier : au lieu de cette
pointe agréable au goût, & de ce fumet
ſubtil & délicat, qui ſe diſcerne par l'odorat, qui eſt proprement la marque que ce
ſirop n'eſt pas privé de ſon ſel volatil ſulfuré, dans lequel réſident toutes les vertus

qu'on en efpere. Mais la coction de ce firop, qui ne fe peut faire fans boüillir,
emporte toute cette vertu fubtile, ce qui
eft caufe qu'il ne répond pas aux indications du fçavant & de l'expert Médecin, &
encore moins à l'efpérance du malade.

§. 8. *La façon de faire chymiquement &*
comme il faut, le firop de fleurs d'oranges.

Prenez une livre & demie de fleurs d'o-
ranges, qui auront été cueillies un peu de
tems après le lever du Soleil ; mettez-les
dans une cucurbite de verre, & les arrofez
de douze onces de bon vin blanc, & d'autant d'excellente eau de rofes ; couvrez le
vaiffeau de fon chapiteau, dont vous lutterez très-exactement les jointures ; placez-
les au bain marie, & en retirez par la diftillation faite avec un feu, que vous augmenterez par dégrés, huit onces d'efprit ou
d'eau fpiritueufe, qui fera très-odorante &
très-fubtile, que vous garderez à part :
continuez le feu & tirez une feconde eau,
prefque jufqu'à la féchereffe de vos fleurs ;
après cela ceffez le feu, & faites boüillir les
fleurs qui vous font reftées dans deux livres
d'eau commune, jufqu'à la confomption
d'une livre ; preffez cette décoction, qui eft
remplie de l'extrait & du fel fixe des fleurs ;
clarifiez-là avec les blancs d'œufs, & la
cuifez en confiftance de fucre rofat avec

une livre de sucre, que vous décuirez après avec les huit onces d'eau spiritueuse, & cela à froid ; & vous aurez le vrai sirop de fleurs d'oranges, pleinement rempli de toutes leurs vertus.

La seconde eau que vous aurez tirée servira d'eau cordiale & alexitaire pour y mêler le sirop, lorsque le Médecin l'ordonnera. Cette préparation servira de modéle pour faire les sirops des autres fleurs, qui sont ou qui approchent de la nature des fleurs d'oranges. Suivons à présent par l'exemple du sirop des écorces odorantes, & prenons celle du citron.

₰. 9. *L'ancienne façon de faire le sirop de l'écorce du citron.*

Prenez une livre de l'écorce extérieure des citrons récens, deux drachmes de graine d'écarlate ou de Kermès, & cinq livres d'eau commune ; faites cuire & boüillir le tout ensemble, jusqu'à la consomption de deux parties ; coulez ce qui reste, & y ajoûtez une livre de sucre, que vous réduirez à la juste consistance de sirop, que vous aromatizerez avec quatre grains de musc. Voilà leur maniere d'ordonner & de faire, qui est tout-à-fait indigne d'un bon & d'un vrai Physicien, comme nous le ferons voir par les vertus qu'ils attribuent à ce sirop, & par la confession ingénue qu'ils

Q iiij

font, que la bonne odeur lui eſt tout-à-fait
néceſſaire, pour l'élever & le faire parvenir
juſqu'au haut point des vertus qu'ils lui
attribuent. Qui ſont telles, de fortifier
l'eſtomach & le cœur, de paſſer au-dehors
& de corriger les humeurs pourries, corrompues & puantes du ventricule, d'ôter
la mauvaiſe haleine, de réſiſter aux maladies vénimeuſes & peſtilentes, de remédier à la palpitation ou aux battemens du
cœur, & de diſſiper la triſteſſe. Toutes ces
vertus ſont propres & eſſentielles au ſel volatil ſulfuré de l'écorce du citron, comme
le témoigne très-bien ſon odeur & ſon
goût ſi agréable.

Mais voyons, je vous prie, comment
ces prétendus Maîtres s'imaginent de pouvoir introduire & conſerver ce goût &
cette odeur dans le ſirop, dont il eſt queſtion, ou dans un julep de ſucre & d'eau,
cuits enſemble en conſiſtance de ſirop. Ils
ordonnent de mettre dans l'un ou dans
l'autre une quantité judicieuſe de l'écorce
extérieure du citron, ſans dire ſi ce ſera à
chaud ou à froid, vû que quand même ils
auroient eu cette précaution, encore ne ſer-
viroit-elle de rien : car ſi c'eſt à chaud qu'on
y met l'écorce, ſon fumet & ſon eſprit volatil s'évanoüiront auſſi-tôt, & ne laiſſera
qu'une odeur & qu'un goût de thérébentine ; & ſi c'eſt à froid, la viſcoſité & la len-

teur du firop, qui eft chargé de l'amertume
& de l'extrait de l'écorce précédente, ne
pourra pas recevoir, ni ne fera capable
d'extraire cette puiffance qu'on y veut introduire, quoiqu'elle foit très-fubtile de
foi-même. Ils auroient néanmoins beaucoup mieux fait, s'ils avoient prefcrit à
l'Apothicaire de preffer entre fes doigts des
zeftes d'écorce de citron, & de faire entrer
cette humidité fpiritueufe & oléagineufe
dans du fucre très-fin réduit en poudre très-
fubtile, jufqu'à ce qu'il commençât à fe
fondre, & alors achever la diffolution de
ce fucre avec un peu de fuc de citrons bien
filtré, & ainfi aromatizer leur firop tout
cuit avec cette agréable liqueur. Mais cette
maniere d'agir n'eft pourtant pas encore
digne d'un Artifte ou d'un Apothicaire
Chymifte, il y procédera donc de la maniere
qui fuit.

§. 10. *La maniere de faire artiftement le firop*
d'écorces du citron.

Prenez une demie livre de l'écorce extérieure & mince des citrons nouveaux, ha-
chez-la fort menu avec des cifeaux ou avec
un coûteau ; mettez-la dans une cucurbite
de verre, & l'arrofez avec une livre & demie de bon vin blanc, ou ce qui fera encore mieux, avec autant de bonne malvoi-
fie ou de bon vin d'Efpagne ; tenez cela

quelque peu de tems en digeſtion, retirez
par la diſtiliation que vous ferez avec les
précautions que nous avons dites, dix ou
douze onces d'eau ſpiritueuſe, ou d'eſprit
très-ſubtil & très-odorant, ſans autre addition ; ſi c'eſt pour les femmes, à cauſe de
la matrice, qui ne peut ſouffrir l'odeur du
muſc, ni le goût de l'ambre. Mais ſi c'eſt
pour des hommes, ou pour des femmes qui
ne ſoient pas ſujettes aux paſſions hyſtéri-
ques, mettez dans le bec du chapiteau, qui
ſervira à cette diſtillation, un noüet de
toile de ſoye crue, qui contiendra une demie once de graine de kermès, qui ne ſoit,
ni ſurannée, ni vermoulue ; huit grains
d'ambre-gris & quatre grains de muſc ; &
ainſi les premieres vapeurs qui ſont très-
ſubtiles, très-pénétrantes & très-diſſolvan-
tes, étant condenſées en liqueur qui diſtillera par ce bec, emporteront avec elles, la
teinture, la vertu, l'eſſence & l'odeur de
ces trois corps, dont tout le reſte ſera empreint & parfumé. Mettez enſuite en digeſtion à froid encore trois onces d'écorce
de citron, qui ne ſoit que ſuperficielle,
mince & ſubtile, & qui ſoit coupée bien
menu, dans l'eau ſpiritueuſe que vous avez
tirée de la premiere : coulez cette macération à travers un linge net & fin ſans expreſſion, & le gardez dans une fiole qui
ſoit bien bouchée, juſqu'à ce que vous ayez

fait boüillir dans deux livres d'eau commune l'écorce, qui vous est restée de la distillation, & même celle de l'expression, tant
que la liqueur soit réduite à la moitié,
que vous presserez, clarifierez & cuirez en
sucre rosat, avec une livre de sucre très-
blanc, qu'il faut après cela décuire en consistance de sirop, avec la quantité requise
de l'eau spiritueuse essensifiée. Il faut garder ce sirop avec soin, parce qu'il est autant ou plus utile durant la santé, que pendant la maladie; car une cuillerée de ce
sirop mêlée avec du vin blanc, ou avec du
sucre & de l'eau, composent ensemble une
limonade très-agréable & très-odoriferan-
te; ceux qui voudroient rendre cette boiss-
son d'une agréable acidité, pourront y
joindre du jus de citron, ou bien quelques
gouttes d'aigre de soufre ou d'esprit de vitriol, si c'est dans la maladie, pourvû que
ce soit de l'ordre d'un bon Médecin. Ce
sirop donnera aussi l'exemple de faire comme il faut celui de l'écorce d'orange, qui
n'est pas moins utile que le précédent, &
principalement pour les femmes, & pour
ceux qui sont sujets aux indigestions & aux
coliques. Continuons notre troisiéme exemple des sirops des aromats.

§. 11. *Comment on a fait communément le sirop de canelle.*

Prenez deux onces & demie de canelle fine & subtile, c'est-à-dire, qui ait un goût pénétrant & piquant ; mettez-la en poudre grossiere, & la digerez en un lieu chaud dans une cucurbite de verre, avec deux livres de très-bonne eau de canelle l'espace de vingt-quatre heures, que le vaisseau soit si bien bouché, que rien ne puisse expirer. Ce tems passé, faites-en la colature & l'expression ; puis remettez deux autres onces & demie de nouvelle canelle en infusion, autant de tems que la précédente que vous garderez ; & continuez ainsi jusqu'à quatre fois ; gardez cette infusion empreinte des vertus de la canelle à part ; puis prenez la canelle qui reste des expressions, & versez dessus une livre de malvoisie, ou de quelque autre vin généreux & fort ; faites-en aussi l'infusion, puis en tirez toute la liqueur par une forte expression, que vous joindrez à l'infusion précédente, avec deux onces de très-odorante eau de roses & une livre de sucre, & les cuirez ensemble en sirop dans un pot de terre bien couvert.

Je sçai qu'il n'y a personne qui connoisse tant soit peu la canelle, & les parties qui fournissent & qui contiennent ses vertus, comme aussi celles des autres aromats, &

principalement celles du girofle ; qui ne
s'étonne & qui ne hausse les épaules de
pitié, lorsqu'on lira cette sorte & cette ab-
surde description d'un des plus nobles sirops & des plus excellens qu'un Apothicaire
puisse faire, ou puisse tenir dans sa boutique, & que ses Auteurs destinent à la ré-
création & au rétablissement des esprits
vitaux, à réveiller & à ramener la chaleur
& la vie au cœur & à l'estomach, lorsqu'elle en a été chassée par quelque froidure
mortelle, qui corrige aussi la puanteur de la
bouche & celle du ventricule, qui aide à la
digestion, & qui enfin est capable de réparer & conserver universellement toutes
les forces du corps. Je sçai, dis-je, que
pour peu qu'une personne soit versée dans
la distillation, & dans l'extraction de la
substance étherée des aromats & particuliérement de la canelle ; il est impossible qu'elle n'ait une secrette horreur de voir des
manquemens si grossiers, dans un dispensaire, où tant de graves Docteurs ont mis
la main. Toutes les vertus qu'on attribue
au sirop de canelle, sont vrayes & réelles,
pourvû qu'elles y soient conservées ; mais
examinons un peu, je vous prie, & voyons
de quelle belle & judicieuse précaution les
Auteurs se servent pour cet effet. Ils ordonnent à l'Apothicaire de cuire ce sirop dans
un pot de terre qui soit exactement bou-

ché : mais confiderez, qu'en même tems
qu'ils preferivent la clôture du vaiffeau,
qu'ils veulent qu'on faffe cuire ce qu'il contient en confiftance de firop, ce qui ne fe
peut faire que par l'évaporation lente de la
liqueur fuperflue, ou par fon ébullition.
Que fi le couvercle du pot dans lequel on
le cuira, a un rebord qui entre en dedans
& qui foit jufte, qu'il ferme exactement
ce pot, & que les jointures en foient bien
luttées, afin qu'il ne fe puiffe faire aucune
expiration; l'Artifte ou l'Apothicaire ne par-
viendront jamais à leur but, qui eft de faire
un firop, comme on le leur a ordonné,
puis qu'il fe fera une circulation perpétuelle des vapeurs du bas au haut ; car ce qui
s'élevera du bas fe condenfera au haut du
couvercle & retombera, fans efpérance d'acquérir par ce moyen la confiftance d'un firop. Il faut donc néceffairement qu'il fe
faffe de l'expiration, voire même de l'ébullition, pour confumer deux livres & demie
de liqueur furabondante pour la confiftance
du firop. Or, ne feroit-ce pas un grand
dommage & une perte très - confidérable,
de laiffer aller en l'air inutilement deux livres & demie & davantage d'une eau fpiritueufe, d'une odeur très-agréable, d'un goût
très-délicieux & d'une très-grande efficace ?
Il n'y a pourtant que la Chymie, qui foit
capable de réparer ces défauts, puis qu'elle

nous fait connoître que la canelle possede
en soi, aussi-bien que les autres aromats, un
sel volatil sulfuré si subtil, que la moindre
chaleur est capable de l'extraire & de le
chasser, si l'Artiste n'observe avec exactitude de boucher comme il faut, non-seulement les jointures de l'alambic, mais aussi
celles du bec, à l'endroit qu'il se joint à l'embouchure du récipient ; autrement il perdra
le plus subtil & le plus efficace de l'esprit
salin de la canelle, qui est accompagné de
celui de la malvoisie, ou de celui de quelqu'autre vin qu'on y auroit substitué.

Poursuivons à faire voir, jusqu'où va
l'imperitie des Artistes, qui ont fait cette
description, par l'addition de deux onces
de très-bonne eau de roses sur dix onces de
canelle, sur deux livres de très-bonne eau
de cet aromat, & sur une livre de malvoisie ; & ce qui est encore plus ridicule, c'est
qu'il faut que l'odeur de cette eau se perde
avec la partie subtile & volatile des autres.
Mais on pourra m'objecter que le sucre qui
est un sel végetable, de la nature moyenne
entre le fixe & le volatile, sera capable de
retenir à soi l'esprit & le sel volatil de la
canelle, & qu'ainsi c'est à tort que je déclame contre ce sirop, puisque ce moyen
unissant, est capable de conserver la vertu
de ce qui entre dans sa composition.

Cet argument semble avoir de la force,

& en a même beaucoup. Nous ferons pourtant voir la vérité sans la détruire, & cela
par la distinction qui suit. Nous distin-
guons donc entre le sucre chaud & entre le
sucre froid. Car nous confessons bien que
le sucre réduit en poudre subtile, est capable de recevoir en soi les huiles éthérées
des aromats, & encore toutes les autres
huiles distillées, qu'il est même capable de
les unir & de les mêler indivisiblement,
avec les esprits & avec les eaux, ce qui n'est
pas un des moindres secrets de la Chymie ;
mais nous nions absolument que cette
union & ce mêlange se puissent faire à
chaud, non pas à la moindre chaleur ; &
par conséquent encore beaucoup moins à
celle qui est nécessaire à la cuite d'un sirop,
où il faut évaporer plus de deux livres de
liqueur superflue. Nous avons été obligés
d'entrer dans la discussion de tout ce que
dessus, pour faire voir la vérité de plus en
plus, & pour faire connoître très-évidem-
ment la belle & l'absolue nécessité de la
Chymie, puisqu'il n'y a que cette seule
Maîtresse, qui puisse enseigner à bien faire
toutes les préparations de la pharmacie.

§. 12. *Comment il faut faire le sirop de canelle
selon les préceptes de la Chymie.*

Ce sirop servira de régle pour bien faire
tous les autres sirops des aromats, dont

il n'est pas besoin de donner les récettes, puisque la présente servira pour tous.

Prenez dix onces de très-bonne canelle que vous couperez menu, & la mettrez dans une cucurbite de verre, sur laquelle vous verserez trois livres de bon vin d'Espagne ou de malvoisie, ou même de quelqu'autre vin qui soit fort & généreux, & une livre de très-bonne eau de roses; couvrez la cucurbite de son chapiteau, dont il faut lutter exactement les jointures; mettez-là au bain marie, & lui adaptez un récipient, que vous lutterez aussi avec le bec de l'alambic; donnez un petit feu de digestion durant douze heures; puis donnez le feu de distillation, ensorte que les gouttes se suivent l'une l'autre, sans néanmoins que le chapiteau s'échauffe trop: mais qu'on y puisse souffrir la main sans peine; continuez ainsi tant que la canelle paroisse séche; cessez alors, & mettez cette canelle à part. Réitérez ce que vous aurez fait avec autant de canelle, versant dessus l'eau que vous aurez retirée, & distillez comme auparavant, faites cela la troisiéme fois; & quand vous aurez achevé, mettez votre eau dans une bouteille, que vous boucherez avec du liége ciré, & la couvrirez avec de la vessie moüillée, afin qu'elle n'exhale pas le meilleur & le plus subtil de sa vertu.

Prenez ensuite toute la canelle qui vous

est restée ; mettez-la dans la cucurbite , & versez dessus quatre livres d'eau commune ; couvrez-la de son chapiteau , luttez & distillez au sable , & en retirez une livre & demie , afin que s'il étoit resté quelque substance volatile & virtuelle dans la canelle , vous la retiriez sans la perdre : cette derniere eau servira dans le laboratoire pour la derniere lotion des magisteres & des précipités , aussi-bien qu'à l'extraction de quelques teintures. Faites boüillir ensuite la canelle au sable sans chapiteau , parce qu'il n'y a plus rien à espérer. Coulez & pressez toute la liqueur , qui est empreinte de l'extrait & du sel fixé de la canelle ; clarifiez-la & la cuisez en tablettes avec deux livres de sucre fin , qu'il faudra décuire à froid avec une livre de l'eau spiritueuse que vous aurez réservée : il faut mettre aussi-tôt ce sirop dans une bouteille qui soit bien bouchée , afin qu'il ne perde pas ce qu'on aura conservé avec tant de travail.

C'est un trésor dans toutes sortes de foiblesses ; mais principalement dans les accouchemens longs & difficiles , où les femmes sont épuisées de leurs forces ; & où par conséquent , elles sont privées de la meilleure partie de leurs esprits & de leur chaleur naturelle , si bien qu'il est nécessaire de refournir ces pauvres languissantes de nouveaux esprits & de chaleur ; & comme il

n'y a point de végetable qui en poffede
davantage que la canelle, & principalement lorfqu'elle eft animée de l'efprit du
vin, tout cela fe trouve concentré dans ce
firop avec un agrément admirable, fi bien
qu'il eft capable de produire tous les effets
que nous lui avons attribués.

La dofe eft depuis une demie jufqu'à une
& deux cueillerées. Ceux qui défireront
rendre ce firop encore plus excellent, met-
tront dans le bec du chapiteau un fcrupule
d'ambre gris mêlé avec une drachme de
vrai bois d'aloé réduit en poudre, & re-
pafferont une demie livre de leur excellente
eau de canelle par la diftillation, dont ils
feront le fyrop, qui fera beaucoup plus
efficace.

Il faut que nous achevions ce difcours
des firops, par les remarques & les obfervations que nous ferons fur les firops compofés; parce que comme ils font diftinés à
différens ufages, auffi font-ils compofés de
différentes matieres, qui demandent auffi
une maniere différente de les préparer.

Mais avant que d'entrer en matiere, il
faut que nous difions quelque chofe qui
puiffe fraper l'efprit du lecteur, afin qu'il
nous puiffe mieux entendre, & que cela
foit auffi plus capable d'inftruire ceux, qui
fe confacrent à l'étude de la belle pharmacie. Et pour commencer, je dirai que les

Philofophes naturaliftes, qui font ceux qui
jugent le plus fainement des chofes, affû-
rent que tout ce qui reçoit, le fait à fa façon de recevoir, & non pas à la façon de
celui qui eft reçû, & qui doit introduire
quelque qualité nouvelle dans celui qui
reçoit. Si cet axiome philofophique eft
vrai en foi, comme perfonne d'un jugement
fain n'en doutera ; c'eft ici particuliérement
que nous en ferons voir la vérité : parce
que l'Apothicaire ne peut faire aucun firop
compofé, qu'il ne faffe l'extraction de la
vertu & des teintures de diverfes chofes,
qui doivent être reçues dans quelque liqueur, qui eft ce que les Chymiftes appellent ordinairement *Menftrue.* Or, de quelque nature que foit ce menftrue ou cette
liqueur, elle ne fe peut charger ni s'em-
preindre de la teinture, ou de l'effence de
quelque végetable, de quelque animal, ou
de quelque minéral que ce foit, que felon
fa maniere de recevoir, qui ne peut être
autre que felon le poids de nature, qui
n'eft autre chofe que la portée & la quantité fuffifante de la matiere la plus fubtile du
corps qu'on extrait, dont le menftrue eft
chargé ; & lorfqu'il en eft ainfi faoulé &
rempli, foit à froid ou à chaud, il eft impoffible à l'art de lui en faire prendre davantage ; parce que, comme nous avons
dit, il eft chargé felon le poids de nature,

qu'on ne peut outre-paſſer, ſi on ne veut tout gâter, ou qu'on ne perde inutilement les choſes ; car

Eſt modus in rebus, ſunt certi denique fines,
Quos ultra, citraque nequit conſiſtere rectum.

Pour exemple, prenez quatre onces de ſel ordinaire, faites-les diſſoudre dans huit onces d'eau commune à chaud, & vous verrez que l'eau ne ſe chargera que des trois onces de ce ſel, & qu'elle laiſſera la quatriéme ; & quoique vous faſſiez boüillir l'eau, & que vous l'agitiez avec le ſel ; cependant elle n'en recevra pas davantage, parce que s'il paroît diſſout à la chaleur, il ſe décharge au fond & ſe coagule, lorſque l'eau eſt refroidie. Mais pour une preuve plus manifeſte, que l'eau eſt chargée ſuffiſamment & naturellement ; il faut avoir une aſſez grande quantité de cette eau chargée de ſel, pour y mettre un œuf dedans, qui fera connoître viſiblement, ſi l'eau eſt chargée ſelon le poids de la nature ; car ſi elle en a autant qu'elle en peut recevoir, l'œuf ſurnagera ſans qu'il aille au fond ; & ſi elle n'en eſt pas aſſez chargée, l'œuf ne manquera pas d'aller au fond, parce que l'eau n'eſt pas ſuffiſamment remplie du corps diſſout pour l'en empêcher.

Cela ſe prouve encore dans la cuite de l'hydromel ; car lorſque l'eau n'eſt pas en-

core affez chargée du corps du miel, l'œuf
ne furnagera jamais ; mais au contraire, il
va tout auffi-tôt au fond : mais lorfque par
diverfes tentatives, on eft venu à ce point
que l'œuf puiffe furnager ; alors c'eft le vrai
figne de la cuite parfaite de l'hydromel, &
que l'eau eft chargée de la fubftance du
miel autant qu'elle le doit être, pour faire
un breuvage agréable & vineux après fa
fermentation ; au lieu que s'il eft chargé
davantage, ce breuvage eft gluant & atta-
chant aux lévres, à caufe du trop de miel ;
& s'il ne l'eft pas affez, il n'a pas affez du
corps du miel en foi, pour lui donner le
goût & la force qu'il doit avoir, parce que
les efprits du miel, qui caufent fa bonté,
n'y font pas affez abondamment introduits
pour faire une légitime fermentation.

Nous difons auffi la même chofe de l'efprit de vin, de l'eau de vie, du vinaigre
fimple & du diftillé, des efprits corrofifs du
fel, du nitre, du vitriol, des eaux fortes &
généralement de toutes les liqueurs, ou de
tous les menftrues qui font capables d'extraire ou de diffoudre quelque corps, foit
animal, foit végétable, foit minéral. Par
exemple, mettez du corail en poudre groffiere dans un matras & verfez deffus du vinaigre diftillé, jufqu'à l'éminence de trois
ou de quatre doigts peu à peu ; auffi-tôt
vous verrez fon action, & vous entendrez

un certain bruit dans son ébullition, qui
fait la dissolution du corps du corail; mais
lorsque cette ébullition & ce bruit est cessé,
filtrez la liqueur qui surnage, & la mettez
sur du nouveau corail en poudre, & vous
verrez qu'il ne se fera plus aucune action,
ni aucun bruit; ce qui prouve évidemment
que cette liqueur est suffisamment remplie
de ce corps, & qu'elle n'en peut recevoir
davantage. Prenez aussi de l'eau, de l'eau-
de-vie, ou de l'esprit de vin, & en mettez
sur du saffran, jusqu'à ce qu'elle soit exaltée en très-haute couleur; prenez ensuite
du nouveau saffran & versez cette teinture
dessus, & vous verrez que cette liqueur
n'extraira plus, & que votre saffran demeurera de la même couleur que vous l'aurez
mis dans le vaisseau.

Il en est de même de tous les corps vé-
getables, qui entrent dans la préparation
des sirops composés, comme les herbes, les
fleurs, les fruits, les semences & les racines. Tous ces corps ont en eux un sel, qui,
quoiqu'il soit de différente nature, ne laisse
pas de charger de sa substance plus ou
moins visqueuse, le menstrue dont l'Apothicaire se sert, selon le dispensaire qu'il
suit, du poids de nature; & lorsque ce
menstrue est une fois empreint de la vertu
& de l'essence de quelqu'une de ces choses,
jusqu'à la concurrence du poids de nature,

il eſt impoſſible qu'il puiſſe attirer à ſoi la
teinture & la vertu des autres corps qu'on
y ajoûte enſuite, ſans qu'il ſe faſſe quelque
perte ; car la vertu de ces corps ſera ou fixe
ou volatile ; ſi elle eſt fixe, le menſtrue eſt
déja chargé de quelque choſe de même nature, & ainſi ce corps ne communiquera
point ſa vertu à la décoction du ſirop, qui
eſt ſuffiſamment chargée ; mais ſi la vertu
de ce corps eſt volatile, elle s'évaporera
inutilement pendant l'ébullition de la liqueur ſuperflue dans la cuite du ſirop.

Tout ce que nous avons dit ci-devant,
fait voir que nous avons beſoin de donner
les remarques que nous avons promiſes ſur
les ſirops compoſés, & les exemples de la
diviſion des matieres qui entrent dans ces
ſirops, afin d'en tirer l'eſſence & la vertu,
ſelon la diverſe nature qu'elles ont en elles,
ſoit qu'elle réſide dans la partie fixe, ſoit
qu'elle ſe trouve dans celle qui eſt volatile.

Nous nous ſervirons donc de l'exemple
de ſix ſirops, qui ſont de ſix différens uſages, & par conſéquent qui ſont compoſés
de différentes matieres, & qui ſont extraits
avec des menſtrues différens, afin de faire
mieux voir la vérité de toutes les manieres
poſſibles. Ces ſirops ſont, premierement
un ſirop ſtomachal, qui eſt le *ſirop d'abſin he*
compoſé. Secondement, un ſirop apéritif,

qui

qui eſt le ſirop *acéteux*, ou le ſirop de vinaigre compoſé. Le troiſiéme, un ſirop hyſté-
rique ou pour la matrice, qui eſt le ſirop
d'*armoiſe* compoſé. Le quatriéme, un ſirop
cholagogue & hépatique, qui eſt le ſirop
de *chicorée*, compoſé avec la rhubarbe. Le
cinquiéme, eſt un ſirop thorachique ou
pectoral, qui eſt deſtiné aux maladies de la
poitrine, qui eſt celui d'*hyſſope*. Le ſixiéme,
un ſirop purgatif & phlegmagogue, qui eſt
le ſirop de *carthame*, ou de ſaſfran bâtard.
Nous donnerons premiérement leur diſ-
penſation ancienne, & des remarques ſur
leurs manquemens ; après quoi nous montrerons comment il les faut faire à la moderne, c'eſt-à-dire, chymiquement & ſans
défauts.

§. 13. *L'ancienne façon de faire le ſirop d'ab-ſinthe compoſé.*

Prenez une demie livre d'abſinthe ponti-
que, ou de l'abſinthe romain, deux onces
de roſes rouges, trois drachmes de nard
indic : mettez macerer cela réduit en poudre groſſiere dans un vaiſſeau de terre verniſſé durant vingt-quatre heures, avec du
bon vin vieil qui ſoit clairet, & du ſuc de
coings bien dépuré, de chacun trois livres
& quatre onces ; après cela faites boüillir le
tout & le coulez, & en faites un ſirop, ſelon
les régles de l'art, avec deux livres de ſucre.

Tome I. R

Ce firop n'eft pas un des moindres de la boutique d'un Apothicaire , pourvû qu'il foit bien & dûement préparé : car il eft compofé de chofes qui peuvent produire les effets que les Auteurs lui attribuent , pourvû qu'on ne perde point par une ignorance groffiere , & qui n'eft nullement pardonnable , les chofes qui conftituent fa vertu ; qui font l'efprit du vin clairet & l'effence volatile , odorante & fubtile de l'abfinthe , des rofes & du nard indic. Mais nous avons déja fuffifamment dit ci-devant les raifons pour lefquelles on avoit mal fait , lorfque nous avons parlé des firops fimples ; c'eft pourquoi nous nous contenterons de dire fimplement ici , que perfonne ne peut cuire l'infufion de ce firop en confiftance avec deux livres de fucre, qu'on ne faffe premiérement évaporer par la coction & par l'ébullition cinq livres & plus , de la liqueur fuperflue ; ce qui ne fe peut faire qu'on ne perde l'efprit du vin & le fel volatil fulfuré des ingrédiens , & ainfi il ne reftera que l'acide du fuc de coings, & l'extrait groffier & matériel du refte. Il faut donc que nous donnions une autre difpenfation de ce remede , & la maniere de le bien faire fans aucune perte de fes bonnes qualités.

§. 14. *Comment il faut bien faire le firop d'abfinthe composé.*

Prenez fix onces d'abfinthe récente, trois onces de menthe, une once de galanga, deux onces de calamus aromatique, une once & demie de rofes rouges, & une demie once de nard indic, que vous couperez bien menu, & mettrez dans une cucurbite de verre, avec quatre livres de bon vin clairet ; vous mettrez le tout au bain marie avec les précautions requifes au travail & à la diftillation, & en retirerez, après qu'ils auront été vingt-quatre heures en infufion, dix-huit onces d'eau fpiritueufe & odorante, que vous mettrez dans un vaiffeau de rencontre, & jetterez dedans encore deux onces & demie de fommités d'abfinthe, deux drachmes de giroffles, une demie once de noix mufcate, & deux drachmes de maftic choifi, le tout réduit en poudre fubtile ; & après que cela aura été deux jours en infufion au bain vaporeux, vous le prefferez à froid, & filtrerez la liqueur que vous garderez dans une fiole, jufqu'à ce que vous ayez fait boüillir ce qui vous eft refté de votre diftillation, & de l'expreffion dans un pot de terre verniffé, jufqu'à la réduction de la moitié, que vous clarifierez & cuirez en confiftance de tablettes, pour le décuire après en firop, avec l'eau

effenfifiée de la vertu ftomachale de l'abfinthe & des aromats ; fi vous le voulez
encore rendre plus agiffant & plus prêt à
fuivre vos indications ; vous y pourrez
ajoûter de l'efprit de vitriol, ou de celui
de fel, jufqu'à ce qu'il ait acquis une agréable acidité, qui vaudra beaucoup mieux
que l'acide, qui vous feroit demeuré du fuc
de coings, après une fi longue & fi inutile
ébullition.

**§. 15. *Comment les Anciens ont fait le firop
acéteux, ou le firop de vinaigre composé.***

Prenez des racines de fenoüil, de celles
d'ache & de celle d'endive, ou de chicorée, de chacune trois onces : des femences
d'anis, de fenoüil & d'ache, de chacune
une once, de celle d'endive une demie
once. Faites boüillir le tout haché, & réduit
en poudre groffiere dans dix livres d'eau de
fontaine, à un feu lent, jufqu'à la diminution de la moitié, que vous cuirez en firop
felon l'art, dans un vaiffeau de terre ver-
niffée, avec trois livres de fucre & deux
livres de vinaigre très-fort.

Nous avons encore à nous plaindre ici
des mêmes erreurs, dont nous avons fi fouvent parlé ci-devant : car, je vous prie, qui
ne voit une abfurdité manifefte, de faire
boüillir des femences & des racines, qui
font compofées de parties fubtiles & vola-

les, à un feu lent avec dix livres d'eau ; & de plus, de joindre deux livres de vinaigre à cinq livres de liqueur, afin de lui faire perdre ce qu'il a de plus pénétrant & de plus actif, & d'où dépend toute la vertu incisive & apéritive de ce sirop ? Ne nous rendons pas pourtant ennuieux à répeter si souvent une même leçon ; disons seulement le moyen de mieux faire, puisque nous nous sommes suffisamment expliqués là-dessus dans nos remarques précédentes sur le sirop acéteux simple.

§. 15. *Pour faire chymiquement le sirop acéteux composé.*

Prenez des racines d'ache, de chicorée ou d'endive, & de fenoüil, de chacune trois onces ; des semences d'anis, de fenoüil & d'ache, de chacune une once ; de celle d'endive une demie once : il faut battre les semences grossiérement, & hacher les racines bien menu, puis les mettre dans une cucurbite de verre, & verser dessus deux livres de vinaigre distillé, qui soit bien dephlegmé ; distillez le tout au bain marie, jusqu'à ce que vous ayez retiré tout le vinaigre, & que les espéces soient séches dans le vaisseau. Gardez dans une phiole le vinaigre distillé, qui est empreint du sel volatil des racines & de celui des semences, qui lui communiquent sa princi-

pale vertu d'ouvrir les obſtructions. Tirez
le reſte de la cucurbite, & le faites boüillir
dans trois livres d'eau commune, juſqu'à
ce qu'il ne reſte que le tiers que vous clarifierez & ferez cuire en conſiſtance de tablettes avec trois livres de ſucre fin, & que
vous décuirez à la chaleur tiede du bain en
conſiſtance de ſirop, avec le vinaigre que
vous aurez retiré par diſtillation. Ce ſirop
eſt excellent pour nettoyer le ventricule de
ceux qu'on appelle pituiteux, qui eſt ordinairement farci de glaires & de mucilâges,
qui enduiſent ſes tuniques intérieures, qui
empêchent la digeſtion & l'appétit, & qui
ſont les cauſes occaſionelles des fiévres bâ-
tardes ; il eſt auſſi très-bon pour ouvrir les
obſtructions des reins, du foye & de la
rate, à cauſe de la ſubtilité du tartre qui a
été volatiliſé dans le vinaigre diſtillé, qui
eſt aidé de la vertu ſubtile & pénétrante du
ſel volatil & pénétrant des racines & des
ſemences.

§. 16. Comment les Anciens ont fait le ſirop d'Armoiſe.

On donne ordinairement ce ſirop en
chef-d'œuvre aux jeunes Apothicaires, qui
ſont aſpirans à la Maîtriſe. Je crois pourtant que c'eſt plutòt pour ſonder s'ils connoiſſent les plantes, que pour éprouver s'ils
ſeront capables de bien faire ce ſirop, avec

la conservation de la vertu de ses ingrédiens, qui sont véritablement capables de produire de merveilleux effets, puisqu'il est composé d'herbes, de racines, de semences & d'aromats, qui concourent tous à une même fin, & qui sont tous spécifiques dédiés à la matrice, tant pour ôter la suppression des mois, que pour nettoyer, & comme balayer la matrice de toutes les ordures dont elle pourroit être infectée, & la délivrer des douleurs que les vents causent en cette partie, qui l'irritent le plus souvent jusqu'aux convulsions, & jusqu'à la suffocation & aux sincopes.

Mais tout cela ne se fera pas, si on ne retient par le moyen de la Chymie, toute la vertu subtile & pénétrante de ce qui entre dans ce sirop.

§. 17. La description du sirop d'Armoise.

Prenez deux poignées d'armoise, lorsqu'elle est montée & qu'elle est encore en fleur, du poüillot royal, du calament, de l'origan, de la melisse, du dictamne de Crete, de la persicaire, de la sabine, de la marjolaine, du chamœdrys, du millepertuis, du chamœpythis, de la matricaire avec sa fleur, de la petite centaurée, de la la rue, de la bétoine & de la buglosse, de chacun une poignée ; des racines de fenoüil, d'ache, de persil, d'asperges, de

bruſcus, de pimpernelle, de campane, de
cyperus aromatique, de garance, d'iris &
de pœone, de chacun une once; des bayes
de genevre, des ſemences de levêche, de
perſil, d'ache, d'anis, de nielle romaine;
des racines de cabaret, de pyrethre, de va-
leriane, du coſtus amer, du carpobalſa-
mum, ou des cubebes, du cardamome, du
caſſia lignea aromatique, & du calamus de
même nature, de chacun une demie once.
Il faut couper les herbes & les racines
récentes, & mettre en poudre groſſiere
tout ce qui eſt ſec; puis les mettre macérer & infuſer durant vingt-quatre heures
dans dix-livres d'eau pure; après cela, il
les faut cuire & faire évaporer juſqu'à la
conſomption de la juſte moitié, puis ôter
la baſſine du feu; & lorſque la décoction
ſera tiéde, il faut frotter & manier les eſpé-
ces avec les mains, puis en faire une exacte
colature, qu'il faudra cuire en ſirop avec
quatre livres de ſucre. Notez qu'ils recom-
mandent encore itérativement d'avoir
grand égard à ce que la décoction ſoit cou-
lée, & recoulée bien nettement avant que
de la cuire avec le ſucre, ou qu'autrement
le ſirop ſe rancira, & ſe troublera facilement, parce qu'ils prétendent de ne le
point clarifier, de peur que les blancs
d'œufs n'attirent à eux la vertu de la décoction; & que de plus, ils ordonnent de ne

mettre les aromats que sur la fin de l'ébullition, afin que la vertu de ces substances volatiles ne se perde par une trop longue coction. Voilà qui fait bien voir que ces gens-là ne péchent que pour n'avoir pas été initiés aux mysteres de la Chymie, qui leur auroit appris à raisonner plus judicieusement, & à travailler avec plus de circonspection.

Mais venons à l'examen, & aux marques qui sont nécessaires pour l'instruction de l'Apothicaire Chymique, & nous n'en ferons que trois, qui feront assez connoître l'imperfection de leur façon de faire. Et premiérement, à quoi est nécessaire, je vous prie, cette frixion & ce maniment des especes, puisqu'il les faut presser, pour retirer par cette violence toute la liqueur, dont les especes sont imbibées ? Et à quoi encore cette double & triple colature, puisqu'elle ne purifiera jamais la décoction, & qu'il est absolument nécessaire de la clarifier avec les blancs d'œufs, pour en faire un sirop qui soit agréable à la vûe & à la bouche ? La seconde, c'est qu'ils veulent & ordonnent de ne mettre les aromats que sur la fin de la décoction ; de peur, disent-ils, que leur vertu qui consiste en une grande subtilité ne s'évapore ; & ils ne considerent pas, que quoique la décoction puisse avoir reçû quelque vertu des aromats, à

cauſe que l'ébullition ne s'en ſeroit pas en-
ſuivie ; cependant qu'il faudroit que cette
vertu s'évanoüît, lorſqu'on cuira cette même décoction avec le ſucre, & qu'ainſi leur
précaution eſt peu judicieuſe, pour ne pas
dire ignorante.

Mais pour la troiſiéme, qui eſt qu'il ne
faut avoir égard qu'aux aromats dans la
façon de faire ce ſirop ; puiſque toutes les
plantes, toutes les racines, tous les fruits
& toutes les ſemences qui entrent en ſa
compoſition, ſont toutes odorantes, & par
conſéquent remplies d'un ſel, d'un eſprit,
& d'un ſoufre très-ſubtils, qu'il faut auſſi-
bien conſerver que la vertu des aromats ;
puiſque ce ſont ces ſeules choſes, qui donnent l'efficace & la puiſſance à ce ſirop
d'appaiſer, comme on le prétend, toutes
les irritations & les exorbitations de la
matrice.

Il n'eſt pas néceſſaire que nous donnions
une méthode particuliere de faire ce ſirop
ſelon les régles de la Chymie, puiſque
nous avons aſſez de fois enſeigné & repeté
la maniere de le pouvoir faire dans les autres que nous avons décrits ci-devant, &
principalement en parlant du ſirop acéteux
compoſé : ceux qui feront ce ſirop avec les
précautions, & avec la méthode chymique
que nous avons inſinuée ci-devant, pourront alors ſe vanter qu'ils auront fait un

chef-d'œuvre de Pharmacie ; puifqu'il ne
fuffit pas de connoître les matieres, & d'en
faire une démonftration pompeufe, pour
négliger enfuite la confervation de la vertu
des chofes qui entrent dans la difpenfation,
dont on fait ordinairement parade devant
les Maîtres Apothicaires.

§. 18. *Comme on fait ordinairement le firop
de chicorée avec la rhubarbe.*

Meffieurs les Médecins fe fervent de ce
firop avec une raifon très-valable, puifqu'elle a fon fondement dans la nature de
la chofe, & dans l'expérience de fes vertus : car il n'entre rien dans ce firop, qui
ne foit capable de feconder leurs bonnes
intentions, & de produire les bons effets
qu'ils en efperent, pourvû qu'on le faffe
avec les fucs dépurés des plantes chicora-
cées qui le compofent, qui témoignent par
leur goût amer l'abondance de leur fel effentiel nitrotartareux, qui eft apéritif &
diurétique : de plus, les racines apéritives
poffedent en elles un fel qui eft analogue à
celui des plantes ; mais ce qui conftitue fa
principale vertu, eft la rhubarbe, qui eft
la racine d'un efpéce de lapathum ou de
patience, qui cache en foi un fel volatil,
fubtil & très-efficace, un foufre balfamique & confervatif des facultés de l'efto-
mach ; ce qui fe prouve par fon goût, par

R vj

fon odeur & par fa couleur tingente, qui fe communique non-feulement aux excré-mens & aux urines, lorfqu'elle eft bien conditionnée ; mais qui fait même voir la pénétration de fa teinture, jufqu'aux yeux & aux oncles. Ce feroit donc un grand dommage de perdre les belles vertus de cette admirable racine, ou de ne point en-feigner à les bien extraire & à les bien con-ferver.

On fait fervir ce firop contre les obftruc-tions, contre la jauniffe, contre les maux de la rate, contre la cachexie & l'impureté des vifceres, contre la foibleffe du ventri-cule, contre l'épilepfie, ou le mal caduc en général, mais principalement contre celles des enfans ; & finalement on l'employe pour chaffer par les felles & par les urines, tout ce qui peut être vicié en nous ; & tout cela eft vrai, parce que ce firop doit être rempli de fel effentiel des plantes & du fel volatil des racines, qui eft accompagné du foufre balfamique de la rhubarde, qui cor-rige tous les défauts de la rate & de l'efto-mach, qui font les deux parties qui caufent tous les défordres que ce firop peut appaifer & remettre comme il faut.

Q. 19. Comment on fait d'ordinaire le firop de chicorée, composé avec la rhubarbe.

Prenez de l'endive domeftique & de la

sauvage, de chacune deux poignées & demie ; de la chicorée & du pissenlit, de chacun deux poignées ; du laitteron, de l'hépatique, de la laitue, de la fumeterre & du houblon, de chacun une poignée ; de l'orge entier deux onces ; des capillaires, de chacun deux onces & deux drachmes ; du fruit d'alkekange, de la reguelisse, du ceterach & de la cuscute, de chacun six drachmes ; des racines de fenoüil, d'ache & d'asperges, de chacune deux onces. Il faut hacher les herbes & les racines, & les faire boüillir dans trente livres d'eau, jusqu'à la réduction de la moitié ; puis vous cuirez cette décoction avec dix livres de sucre clarifié en sirop, auquel vous ajoûterez en boüillant un noüet de linge clair, dans lequel il y aura sept onces & demie de rhubarbe excellente, coupée fort délié, & deux scrupules de nard indic : il faudra presser le noüet de tems en tems ; & lorsque le sirop sera cuit en consistance, & qu'on l'aura mis dans son pot, il y faut suspendre le noüet avec la rhubarbe & le spicnard, pour mieux entretenir sa vertu.

Ce que nous avons dit ci-dessus, est l'ordre commun de faire ce sirop ; mais ils ont jugé nécessaire d'y joindre quelques observations pour le faire mieux, qui néanmoins ne valent pas mieux que le reste ; car quoiqu'ils croyent avoir mieux rencontré qu'au-

paravant, ils ne font pourtant qu'héfiter &
tâtoner, fans qu'il puiffent trouver le vrai
chemin, parce que le flambeau de la Chymie ne les éclaire pas. Ils difent donc qu'il
faut macérer durant vingt-quatre heures
l'orge, les racines & les chofes féches de
cette compofition dans la quantité d'eau
qu'ils demandent, & puis qu'on faffe boüillir tout le refte enfemble, jufqu'à la diminution de la moitié. Qu'il faut enfuite couler la décoction & en prendre une portion,
dans laquelle on fera infufer durant l'efpace de douze heures pour le moins, les fept
onces & demie de rhubarbe & le fpicnard,
pour en extraire la teinture & la vertu ;
après quoi, il faut les faire un peu boüillir,
puis les exprimer doucement ; & qu'il ne
faut joindre cette teinture au refte, que
lorfque l'autre partie de la décoction fera
cuite en parfaite confiftance de firop, & y
mettre auffi la rhubarbe & le nard indic
dans un noüet de toile, afin qu'ils communiquent leur vertu au refte du firop, parce
qu'autrement on ne reconnoîtroit pas que
la fufpenfion de ce même noüet dans le firop, pourroit contribuer à fa vertu ; & lorfque le tout fera joint, il faut épaiffir lentement ce firop jufqu'à la confiftance requife.

Il femble par-là que ces Meffieurs ayent
eu grand foin de réformer la préparation

de ce sirop ; mais c'est très-grossiérement :
car ne jugent-ils pas que cette décoction
est chargée du corps des racines & de celui
des herbes, & qu'ainsi elle ne se peut charger davantage, ni ne peut extraire comme
il faut la rhubarbe, qui est la base & le fondement de la vertu de ce remede ? Encore
s'ils avoient ordonné de clarifier cette décoction auparavant, afin de la dépoüiller
du corps grossier que la colature ne lui peut
ôter ; ils auroient fait voir quelque étin-
celle de jugement, qui pourtant seroit encore fort imparfait, puisque cela pourroit
mieux extraire; mais il ne conserveroit pas
le volatil de la rhubarbe, ni l'odeur du
spicnard, parce qu'il faut nécessairement
consumer & faire évaporer plus de dix ou
onze livres d'humidité super ne pour en
faire un vrai sirop, qui ne se peut faire que
par le moyen que nous allons donner.

§. 20. *Comment on fera bien le sirop de chicorée composé avec la rhubarbe.*

Prenez suffisamment de toutes les plantes
succulentes qui entrent dans ce sirop, pour
en avoir huit livres de suc ; hachez-les &
les battez au mortier de pierre ; tirez-en le
suc, que vous mettrez au bain marie dans
une cucurbite de verre couverte de son chapiteau, pour en faire la dépuration convenable; réservez l'eau qui en sera sortie,

coulez votre suc par le blanchet, & le mettez au bain marie, & y ajoutez les racines mondées & les capillaires, vous en retirerez quatre livres d'eau que vous joindrez à la premiere. Mettez la quantité de rhubarbe & le nard indic que vous destinez à votre sirop : je présuppose une demie drachme pour once de sirop, qui fait une once pour livre dans un matras, & versez dessus de l'eau que vous avez retirée de vos sucs, jusqu'à ce qu'elle surnage de trois doigts, digerez au bain vaporeux durant douze heures pour en faire l'extraction ; coulez & pressez doucement cette premiere impression, remettez la rhubarbe au matras avec de la nouvelle eau, & continuez ainsi jusqu'à trois fois, & vous aurez toute la teinture de la rhubarbe, que vous purifierez par résidence au bain marie à cause de l'expression, qui fait toujours passer quelque corps grossier & matériel : cela fait, cuisez le reste de votre suc, après l'avoir coulé & clarifié avec le sucre, & le réduisez en consistance de tablettes, que vous cuirez avec votre teinture de rhubarbe en un vrai sirop, qui aura toutes les vertus qu'on en espére, & qui se conservera long-tems sans perte de ses facultés, à cause de l'abondance des sels des plantes & du vrai soufre balsamique de la rhubarbe. Notez qu'une demie once de ce sirop, fait mieux qu'une once entiere de celui qui est fait à l'ordinaire.

§. 21. *La maniere de faire le sirop d'hyssope composé, selon la méthode des Anciens.*

Prenez de l'hyssope médiocrement séche, des racines d'ache, de fenoüil, de persil & de reguelisse, de chacun dix drachmes ; de l'orge mondé une demie once, de la gomme tragacanth, des semences de mauve & de coings, de chacune trois drachmes ; des capillaires, six drachmes ; des jujubes & des sebestes, de chacune au nombre de trente ; des raisins secs, dont on aura ôté les pepins, une once & demie ; des figues & des dattes qui soient grasses, de chacune dix en nombre : il faut faire cuire le tout dans huit livres d'eau, jusqu'à ce qu'il n'en reste que quatre, qu'il faut réduire en consistance de sirop, après l'a- voir pressé avec deux livres de sucre pé- nide.

Si nous avons remarqué quelque chose d'impropre & de mal digeré dans les récet- tes des sirops précédens ; celle-ci néan- moins fait encore beaucoup plus paroître l'ignorance de la vraye Pharmacie en ceux qui l'ont faite. Car si nous prenons la peine d'examiner à fond les ingrédiens qui la composent, nous n'y trouvons qu'un abîme d'abus & d'erreurs ; ce que j'y trouve mê- me de pis, c'est que la Chymie est ici poussée à bout, fans qu'elle puiffe fauver ni rhabiller les manquemens de cette pratique : car les racines & les herbes donnent déja d'elles feules une décoction affez craffe : les fruits la rendent lente & vifqueufe ; mais la gomme & les femences la rendront tout-à-fait mucilagineufe, fi bien qu'il fera impoffible d'en pouvoir jamais faire un firop. Que fi quelqu'un fe vante de le pouvoir faire :

Talem vix repperit unum,
Millibus è multis hominum confultus Apollo.

Car s'il prétend faire fa décoction fuperficiellement, fans que les racines, les fruits, les femences & la gomme foient bien cuits, il fruftrera l'intention de l'Auteur, & privera le firop de la prétendue vertu qu'on lui attribue ; que fi encore il les fait cuire comme il faut, il perdra le volatil des racines, & principalement celui de l'hyffope & des capillaires ; & s'il clarifie fa décoction par les blancs d'œufs, ils retiendront la gomme & les mucilages.

Je fçai encore que les Apothicaires, qui font ce firop, prétendent s'être acquittés de leur devoir, lorfqu'ils ont fait boüillir les fubftances mucilagineufes parmi la décoction dans un noüet, qu'ils retirent après fans le preffer, & ainfi leur décoction eft dépoüillée de ce qu'on y demande. De plus, qu'y a-t'il de plus ridicule, que de substituer le sucre pénide au sucre commun ? car je ne peux m'imaginer aucune autre raison de cette prescription, sinon que c'est seulement pour rehausser le prix du sirop, & pour abuser le commun & les ignorans. Comme donc ce sirop est impossible, nous le laisserons comme inutile, puisqu'il ne peut avoir les vertus qu'on lui attribue, d'être bon aux maladies froides de la poitrine, où il est besoin de déterger & d'atténuer la matiere crasse & lente qui l'obsede, d'ôter les obstructions, d'alléger les douleurs des hypocondres, & d'être salutaire à ceux qui sont travaillés de la gravelle. Or, il n'y a personne qui connoisse tant soit peu les matieres qui entrent dans ce sirop, qui ne voye que c'est une absurdité manifeste d'espérer oüvrir les obstructions avec des glaires & avec des colles, qui les produiroient plutôt, que d'être en aucune façon capables de les avoir ôter. C'est pourquoi, quiconque voudra avoir un bon sirop pectoral, qu'il le fasse de la maniere qui suit.

§. 22. *Sirop pectoral d'hyssope très-excellent.*

Prenez de l'hyssope récente quatre onces, des racines d'ache, de fenoüil, de persil & de regueliffe, de chacune deux onces. Il les

faut hacher & battre grolliérement , puis
les mettre dans une cucurbite de verre , &
verser dessus une livre de suc d'hyssope,
douze onces de suc de fenoüil , & une e-
mie livre de suc de lierre terreftre ; distillez le tout au bain marie , jusqu'à ce que
les espéces paroissent presque sèches : mettez de nouveau en infusion durant un jour
naturel dans votre eau une once & demie
d'hyssope récente , & autant de squille non
préparée : une once de racine de fenoüil ,
& autant de sommités de lierre terreftre ;
coulez , pressez & filtrez cette infusion , &
la gardez à part. Faites ensuite boüillir ce
qui vous eft resté de la distillation & de
l'expression, dans quatre livres d'eau , qu'il
n'en reste que la moitié que vous presserez,
coulerez & clarifierez ; puis les cuirez en
consiftance de tablettes avec deux livres &
demie de sucre, qu'il faudra cuire en sirop
avec l'eau effensifiée de la teinture & du sel
des plantes pectorales. Ainsi vous aurez un
sirop qui vous servira avec utilité.

§. 23. *Comment on a fait communément le sirop de carthame.*

Il semble que les Médecins anciens , &
même les modernes , ayent prétendu faire
croire qu'ils étoient très - sçavans dans la
théorie, & très-expérimentés dans la pratique, lorsqu'ils ont fait des assemblages

inutiles d'une vaine quantité de matieres,
pour la composition des eaux, des électuai-
res & des opiates ; mais principalement
dans les descriptions qu'ils nous ont données de leurs sirops magistraux. Celui de
carthame, ou de saffran bâtard, dont nous
entreprenons l'examen, nous en fournit un
exemple suffisant ; car je ne sçai quel coup
de Maître ces Messieurs prétendent avoir
fait, de mêler quelquefois des drogues les
unes avec les autres, qui sont tout-à-fait
différentes, & qui contredisent le plus souvent leurs intentions : or, cela ne se fait
qu'à cause qu'ils ne connoissent pas la différence des sels, ni celle des esprits, & encore beaucoup moins l'action & la réaction
des uns sur les autres, comme elle se voit
tous les jours, dans le laboratoire de ceux
qui s'adonnent à l'anatomie des corps naturels, pour apprendre par ce moyen les opérations de la nature, afin de la suivre de
près dans les choses que l'art nous prescrit ;
car ceux qui ont fait, ou qui sont encore
de ces récettes compliquées, n'ont assûrément, ni bien conçû, ni bien connu par
aucune expérience, que comme la nature
est une & simple, aussi agit-elle très-sim-
plement ; & qu'ainsi, il faut nécessairement
que les Médecins, qui n'en sont que les
ministres & les singes, étudient à connoître la vertu simple & spécifique des pro-

duits naturels, afin de s'en servir avec la même simplicité, & d'être les vrais imitateurs de la nature.

Or, ils ne se sont pas contentés de faire une rapsodie inutile ; mais ils ont de plus ordonné le *modus faciendi*, d'une maniere si confuse, & si peu capable d'extraire la vertu de toutes ces choses différentes mêlées ensemble, que cela donne de l'horreur & fait pitié. Et comme ces sirops sont encore en pratique en plusieurs endroits, quoiqu'ils soient dorénavant retranchés de la pratique des Médecins, qui sont les plus éclairés : nous avons crû nécessaire de conduire à la vraye méthode de bien faire ces sirops, les Apothicaires qui n'ont pas connoissance des lumieres de la Chymie ; mais disons auparavant la façon commune de le faire.

Prenez donc pour ce sirop purgatif composé, du vrai capillaire, de l'hyssope, du thim, de l'origan, du chamedrys, du chamepythis, de la scolopendre & de la buglosse, de chacune une demie poignée ; de la cuscute, du fruit d'alkekange, des racines d'angélique, de reguelisse, de fenoüil, d'asperges, de chacune une once ; du polypode de chêne, une once & demie ; de l'écorce de tamarisc, une demie once ; des semences d'anis, de fenoüil, d'ammi, de daucus, de chacune une once ; de celle de

carthame légérement pilée, quatre onces ;
des raisins fols, dont on aura ôté les pepins, deux onces : faites boüillir tout cela
haché & battu grossiérement, dans six livres
d'eau claire, que vous réduirez au tiers ;
il faut couler cette décoction, & y mettre
chaudement en infusion une once & demie
de senné mondé, une demie once d'agaric
en trochisque, six drachmes de rhubarbe
choisie, & une drachme de gingembre : il
les faut laisser en macération une nuit entiere, & le lendemain en faire une forte
expression, & la colature, qu'il faudra
cuire en sirop avec une livre de sucre fin,
& y ajoûter des sirops violat solutif, rosat
solutif, & de l'acéteux simple de chacun
deux onces. Ils destinent l'usage de ce sirop
à la guérison des fiévres invéterées, des
quotidiennes & des quartes, pour ouvrir
les obstructions, qui proviennent de la
lenteur & grossiéreté de ce qu'on appelle
pituite, & pour chasser par les voyes du
ventre les sérosités dommageables.

Je demande à présent, s'il est possible
qu'une décoction qui est chargée de la substance des premieres matieres de ce sirop,
& qui de plus est réduite au tiers : je demande, dis-je, si elle est capable de recevoir, ni encore de pouvoir extraire la vertu
des purgatifs ; & de plus, à quoi bon, je
vous prie, l'addition de deux onces de

chacun des sirops qu'on demande, puisqu'on y peut mettre du sucre en la place, & ajoûter en leur lieu de l'infusion de violettes, de celle de roses, & un peu de vinaigre simple & ordinaire, ou de celui qui sera distillé, comme nous le dirons ci-après ? Mais ce n'est pas encore tout ; car il faut outre cela considerer la perte très-importante des sels volatils & sulfurés des herbes, des racines & des semences, qui s'envolent & qui s'évaporent par la coction. Disons donc comme on le fera mieux ; & que le sirop qui suivra, serve de régle pour tous les autres sirops purgatifs qui sont composés.

§. 24. *La vraye façon de faire le sirop de carthame.*

Prenez le vrai capilaire, l'hyssope, le thim, l'origan, le chamedris, le chamepithis, la scolopendre, la racine d'angélique, les semences d'anis, de fenoüil & d'ammi ; coupez les plantes & les racines, & mettez les semences en poudre grossiere ; ajustez le tout dans une cucurbite au bain marie, avec deux livres d'eau & quatre onces de suc ou d'infusion de roses, autant de celle de violettes, & une once de vinaigre distillé ; couvrez la cucurbite de son chapiteau, & en retirez une demie livre d'eau spiritueuse & odoriférante que vous réserverez.

réserverez. Ajoûtez à cette premiere décoction la buglosse, la cuscute, les grains d'al-
kécange, les racines de réguelisse, de fenoüil, d'asperges & de polipode de chêne,
l'écorce de tamarisc, la semence de carthame & les raisins mondés, & y ajoûtez encore trois livres d'eau ; faites boüillir le
tout jusqu'à la consomption du tiers ou de
la moitié ; coulez & pressez le reste des
ingrédiens ; clarifiez cette décoction avec
des blancs d'œufs, & faites infuser à chaleur lente en cette clarification, le senné,
l'agaric en trochisques, la rhubarbe & le
gingembre, durant l'espace de vingt-quatre heures ; au bout desquelles, vous les ferez un peu boüillir ensemble, puis vous les
coulerez. Gardez la colature à part, & faites boüillir encore une fois les espéces purgatives dans une livre de nouvelle eau
commune, afin d'achever d'en extraire
toute la vertu : coulez & pressez cette derniere décoction, que vous joindrez à la
premiere extraction des purgatifs, que vous
clarifierez & cuirez en consistance d'électuaire avec deux livres de castonade ; ensuite de quoi, vous réduirez votre sirop en
vraye consistance avec l'eau spiritueuse &
aromatique, que vous aurez tirée par la
distillation. Vous aurez en cette maniere un
sirop purgatif composé, qui sera fort agréable, qui aura toutes les vertus des choses

qui entrent en sa composition, & qui se gardera plusieurs années, sans aucune altération, pourvû qu'on le tienne, comme aussi tous les autres sirops, dans un lieu moderé, qui ne soit ni chaud, ni frais ; parce que ce sont ces deux qualités, qui sont ordinairement les causes occasionelles de leur fermentation, qui les rend acides, ou de leur moissisure, qui les corrompt & qui les gâte.

Voilà ce que nous avions à dire sur les plantes, & les remarques que nous avons jugées nécessaires pour ceux, qui veulent bien faire les eaux distillées & les sirops. Ce que nous avons dit, est suffisant pour bien apprendre, non-seulement ce qui est utile à ces deux préparations : mais on le peut encore employer avec très-grande raison, pour bien faire toutes les macérations, les infusions, les décoctions, les digestions & les ébullitions, de tout ce que Messieurs les Médecins ordonnent aux Apothicaires, pour les apozemes, pour les juleps & pour les potions qu'ils prescrivent pour le bien des malades ; & je sçais qu'après que les Apothicaires auront connu ce qui se peut évaporer de bon par les actions de la chaleur, qu'il étudieront à le conserver ; afin de faire tout au bien de leur prochain, à l'acquit de leur conscience & à l'honneur de la Pharmacie ; & de plus, ils reconnoîtront qu'ils n'ont pû recevoir ces lumieres d'ailleurs, que par les dogmes de la Pharmacie Chymique.

Or après avoir ainsi donné une idée générale des végétaux entiers & de leurs parties constituantes, de ce qu'ils contiennent de fixe & de volatil ; & après avoir donné les marques nécessaires, pour faire que l'artiste chymique ne perde rien de ce qu'il doit conserver : il est tems de passer aux parties, que la nature & l'art nous fournisse de cette ample famille, & que nous donnions une Section à chacun des quatorze genres subalternes, qui se tirent du genre végetable principal ; afin que l'exemple que nous donnerons du travail chymique, qui se doit faire sur l'espéce de même nature de ce genre subalterne, serve de phare & de guide, pour être capable de travailler sur toutes les autres espéces qui lui ressemblent.

Ces genres subalternes sont comme nous l'avons déja dit, les *racines*, les *feüilles*, les *fleurs*, les *fruits*, les *semences*, les *écorces*, les *bois*, les *graines* ou les *bayes*, les *sucs*, les *huiles*, les *larmes*, les *résines*, les *gommes-résines* & les *gommes*.

Nous donnerons une Section à chacun de ces genres en particulier, afin que si ce genre, quoique subalterne, a pourtant encore quelque subordination sous soi, que

nous en faffions la fubdivifion, pour donner par ce moyen plus de lumiere à l'artifte, parce qu'il fe rencontre de la variété
& de la différence entre les parties d'un
même genre, qui demandent par conféquent une différente maniere de les travailler. Nous commencerons *le Tome fecond*
par les racines.

***

ADDITION
Au Tome premier.

I. *Préparation particuliere d'un Hydromel fort
fain, & dont le goût eft peu different de
celui du vin d'Efpagne, ou de la Mal-
voifie.*

LEs avantages que quantité de perfonnes tirent de l'ufage de l'hydromel
chez les Nations étrangeres, ont rendu depuis peu cette liqueur fi recommandable
en France, parmi les gens qui ont quelque
foin de leur fanté, que plufieurs ayant té-
moigné qu'on les obligeroit, fi on leur en
vouloit donner une préparation exacte, on
n'a pas voulu les priver de cette fatisfac-
tion; & on la leur donne d'autant plus
volontiers, qu'on a une parfaite connoiffance de l'utilité qu'on en reçoit, en s'en
fervant pour boiffon ordinaire.

Mettez boüillir sur un feu moderé, environ vingt pintes d'eau de pluye, ou à son défaut, autant d'eau commune bien pure, dans une grande poële de cuivre étamée en dedans, & dont la capacité soit telle, que l'eau n'en remplisse que les deux tiers. Délayez dans cette eau boüillante cinq ou six livres de miel nouveau, le plus pur & le plus blanc que vous pourrez trouver, comme est celui de Narbonne; & faites-le cuire, en l'écumant souvent, jusqu'à ce que la liqueur ait acquis assez de consistance, pour soutenir un œuf frais sans tomber au fond du vaisseau.

Pendant cette opération, vous ferez boüillir à part, dans un pot de terre vernissé, une demie livre de raisins de damas coupés en deux, avec quatre pintes d'eau, jusqu'à la diminution de la moitié de la liqueur; puis l'ayant passée par un linge blanc en pressant un peu les raisins, vous la verserez dans la grande poële avec l'autre liqueur; & laissant encore le tout sur le feu, vous y enfoncerez une rôtie de pain trempée dans de la nouvelle levûre de bierre: après quoi, l'ayant écumée de nouveau, vous la tirerez du feu, & la laisserez reposer jusqu'au clair, que vous séparerez de son sédiment, pour la verser dans un baril de bois de chêne, sur une once de sel de tartre bien pur & bien blanc dissout

dans un verre d'esprit de vin, tant que ce
baril soit plein, que vous exposerez ensuite
tout débondé sur des tuilles à la chaleur du
Soleil de midi, en été, ou sur le four d'un
Boulanger, en hyver, tant que la liqueur
ne boüillant plus, elle ne jette plus d'écume.
Alors l'ayant rempli de la même liqueur
claire, vous le bonderez, & le mettrez à la
cave, pour le percer dans deux ou trois mois
après.

Que si l'on souhaite que cet hydromel
ait quelque odeur aromatique, vous mettrez cinq ou six gouttes d'essence de canelle
dans l'esprit de vin, qui sert à dissoudre le
sel de tartre, ou vous y mettrez infuser des
zestes d'écorce de citron nouvelle, ou bien
des fraises ou framboises, selon votre goût,
observant de passer cet esprit, & d'en séparer les fruits incontinent après l'infusion,
avant que d'y faire dissoudre le sel de tartre ; & par ce moyen, vous aurez un hydromel vineux d'un goût & d'une odeur
très-agréables, que l'expérience a fait connoître avoir les propriétés suivantes.

Cette liqueur étant prise à l'ordinaire au
lieu de vin, fortifie l'estomach, aide à la
digestion, purifie le sang, conserve l'embonpoint, fait cesser les douleurs de tête,
abaisse les vapeurs, guérit la pthisie,
l'asthme, & toutes les autres maladies des
poulmons, léve les obstructions du bas

ventre, & conserve tous les visceres dans
une si bonne constitution, que son usage
fait joüir long-tems d'une parfaite santé,
& d'une vie longue & tranquille.

II. *Quinte-essence de miel.*

Vous prendrez deux livres de miel blanc,
qui ait une bonne odeur & un bon goût.
Vous le mettrez en une grande cucurbite
de verre, dont les trois quarts soient vuides.
Vous la couvrirez de sa chape à bec bien lutée, à laquelle vous appliquerez un grand récipient pareillement luté. Faites un feu doux
de cendres, jusqu'à ce que vous voyez monter des vapeurs blanches ; & pour les condenser en esprit, vous appliquerez sur la
chape & sur le récipient des linges moüil-
lés en eau froide, & il en sortira une liqueur qui sera rouge comme sang. Après la
distillation, vous mettrez cette liqueur en un
vaisseau de verre bien bouché, tant que la
liqueur soit bien clarifiée & de couleur de
rubis. Après quoi vous distillerez sept ou
huit fois, jusqu'à ce que sa couleur rouge
soit convertie en un jaune doré, & prendra une odeur très-douce & très-agréable.
Cette quinte-essence dissout l'or en chaux,
& le rend potable. Deux ou trois dragmes
de cette liqueur prises intérieurement, font
revenir à eux ceux qui sont à l'extrêmité :
elle fortifie même ceux qui joüissent de la

fanté, guérit la toux, les catharres & la ratte ; appliquée fur les playes & ulcéres, elle les guérit incontinent. Fioraventi rapporte en avoir donné à des perfonnes dans les approches de la mort, & qu'il rappelloit ainfi à la vie, pour leur donner au moins le tems de mettre ordre à leurs affaires. Diftillée vingt fois avec argent fin, & donnée pendant quarante-fix jours à un paralitique, il en a été guéri : c'eft ce que Fioraventi marque avoir éprouvé lui-même. Surquoi ce Médecin fait une remarque fort fenfée à ce fujet, que Dieu n'a jamais promis dans l'Ecriture-fainte, ni fcammonée, ni caffe, ni turbith, ni rhubarbe ; mais bien du froment, du vin, de l'huile, du lait & du miel.

III. *Huile de miel.*

Vous prendrez ce que vous voudrez de bon miel blanc bien choifi, que vous mêlerez avec fon double poids de fable bien net. Mettez-le dans une retorte, ou en une cucurbite, diftillez à feu de dégrés. Il en fortira d'abord un flegme, puis une huile noire qui deviendra d'un beau rouge, après qu'elle aura été expofée au foleil trente ou quarante jours. Diftillez plufieurs fois cette huile, & elle devient couleur d'or.

IV. *Fermentation du miel, pour en faire vin,*
eau-de-vie & esprit.

Tous les Chymistes sçavent qu'il faut un
levain, pour la fermentation des matieres,
qui naturellement ne fermentent pas seules,
comme il en faut pour faire lever la pâte,
aussi-bien que pour la bierre. Mais quoique
tout levain végetable fasse fermenter un
autre végetable, il y a cependant de la différence d'un levain à l'autre. Tout levain
est une végetation de son espéce ; & par
conséquent un levain peut altérer la nature
& l'essence d'une autre espéce avec laquelle
il sera mêlé ; comme une autre qui est con-
fermentée avec le tronc sur lequel elle est
jointe, dont il vient des fruits mixtes, qui
participent des deux espéces. Ainsi les Ber-
gamotes d'Italie en font la preuve. Elles
ont la figure, la couleur & l'odeur d'une
poire ; & quand on les coupe, on y trouve
le dedans d'une orange.

Il faut donc que dans la fermentation,
rien ne puisse dégénerer, si on veut que la
vertu du mixte ne soit point altérée, &
qu'elle demeure dans son être pur, naturel
& seminal, autrement elle ne produira pas
l'effet qu'on en doit attendre. D'où il paroît
que les levains de Boulangers, de bierre,
de vin & de cidre, ne sont pas propres pour
faire la fermentation du miel, dont elles

S v

altérent la vertu, parce qu'ils font d'une efpéce différente. Il faut donc faire fermenter le miel par lui-même. C'eft une fubftance produite par l'efprit univerfel. C'eft un commencement de corporification & de coagulation des efprits de l'air & de l'eau, qui s'uniffent avec les vapeurs de la terre, d'où il fe tire une fubftance onctueufe, qui fert d'aliment aux végetaux, & qui leur donne le premier mouvement de fécondité.

Sur ce principe, faites diffoudre un poid de miel dans quatre poids d'eau chaude de riviere très-pure & très-claire. Vous tiendrez cette diffolution dans des étuves échauffées jour & nuit par un poële, qui foit au milieu de l'étuve. Le dégré de chaleur doit être tel, que l'on puiffe demeurer dans l'étuve fans en être incommodé. Au bout de trois ou quatre jours, fans avoir befoin d'aucun levain étranger, la diffolution du miel fe met en fermentation. Et quand elle eft en bonne fermentation, c'eft-à-dire, un jour ou deux après qu'elle eft commencée, on peut y ajoûter des raifins de damas écrafés, deux onces par livre de miel, avec un demi gros de canelle. Le tout étant bien mêlé, on laiffe finir la fermentation qui n'eft achevée, que quand vos raifins & votre canelle font tombée au fond. On les mêle encore une fois ou deux,

& s'ils retombent, la fermentation est entiérement finie.

Après cette fermentation, votre liqueur aura un goût vineux, & vous la pourrez garder dans des vaisseaux propres pour votre usage ; ou si vous la voulez pousser plus loin, vous en distillerez l'eau-de-vie au réfrigératoire, comme on distille l'eau-de-vie : pour cela, vous mettrez toute votre matiere, suc & marc, dans l'alembic. La distillation étant faite, on la rectifie plus ou moins, si l'on veut, pour en tirer un esprit qui tient lieu d'esprit de vin, & qui est un dissolvant bien plus naturel & plus homogène des plantes & des simples, que tout autre ; & par ce moyen, on pourra faire les opérations que nous allons marquer.

V. *Maniere de faire bonne eau de melisse par l'esprit de miel.*

Prenez une livre de miel blanc quatre livres, ou deux pintes d'eau claire de riviere, que vous ferez un peu chauffer, pour y dissoudre le miel, dans la proportion que nous marquons pour travailler en grand volume. Mettez le tout fermenter en lieu chaud dans un vaisseau de bois, comme un petit cuvier, que vous couvrirez légérement d'un linge.

Si au bout de quatre jours la matiere n'entroit pas en fermentation, on pourroit y ajoûter de la levûre de bierre pour la faire fermenter plus vîte. Quand elle commencera à fermenter, il faut y joindre de la melisse, coupée & bien broyée en un mortier, jusqu'à consistance de boüillie. La proportion est de mettre deux livres, ou la valeur d'une pinte de cette melisse, ainsi en marmelade, pour chaque livre de miel dissout ; & laissez fermenter, jusqu'à ce que toute la melisse soit tombée au fond du vaisseau.

Après quoi, il faut survuider la liqueur, qui forme un hydromel vineux, rempli de l'esprit de melisse. On peut en réserver une partie en bouteille ; mais il faut perfectionner le reste, pour en tirer encore l'esprit ; après néanmoins qu'on aura pressé le marc, qui est resté au fond du vaisseau, voici ce qu'il faut faire.

Broyez de rechef de la nouvelle melisse, & la mettez en une espéce de marmelade ; joignez-en la valeur d'une chopine dans chaque pinte de votre hydromel. Laissez-les digérer ensemble deux ou trois jours ; puis les mettez en alembic, pour en tirer une eau-de-vie de melisse faite par son hydromel. Cette eau-de-vie sera encore plus parfaite que ne l'est l'hydromel ; mais pour aller plus avant, faites ce qui suit.

Ayez de la melisse, que vous aurez fait un peu sécher à l'ombre cinq ou six jours, vous en joindrez environ une bonne poignée dans chaque pinte de votre eau-de-vie, avec la pelure d'un citron & le quart d'une noix muscade, que vous ferez digérer environ deux jours, après quoi vous en tirerez l'esprit par l'alembic, & vous aurez un esprit de melisse excellent, & qui est très-bon pour la conservation & le rétablissement de la santé.

Comme ce dernier esprit est trop fort pour être bû seul, on le peut mêler avec un sirop fait avec eau & sucre, & clarifié avec blanc d'œufs battus ; & pour lors, on la dose comme on juge convenable ; ou bien, on peut en mêler avec le premier hydromel que l'on a réservé. Mais pour s'en servir à l'extérieur, il faut prendre l'esprit sans le mêlanger, & en frotter les parties douloureuses ou affligées.

Tous les marcs que l'on a eus de la melisse, ne doivent pas être jettés ; mais il faut les calciner & réduire en cendre autant que l'on pourra. Etant bien calcinés, faites-en une lessive avec eau boüillante ; filtrez-la par le papier, puis l'évaporez, & il vous restera un sel, que vous ferez fondre dans de nouvelle eau chaude ; faites évaporer pour en tirer le sel, qui sera plus blanc que le premier. Mettez une demie once de ce sel dans chaque pinte de votre esprit de melisse, & sa force & vertu seront augmentées ; ou bien , au lieu de calciner la meliſſe , vous la prendrez & en joindrez de nouvelle , & la triturerez avec de l'eau clarifiée , ainſi que le pratique M. le Comte de Garraye dans la Chymie *Hydraulique.*

VI. *Maniere de faire la véritable eau de la Reine de Hongrie , par l'eſprit de miel.*

Cette eau qui a tant de réputation , ne ſe doit pas faire avec l'eſprit de vin de vignes, comme on le pratique ordinairement : mais avec l'eſprit de vin de romarin fermenté par le miel , qui multiplie la quantité & la vertu de la plante , ſans en altérer la ſimplicité.

Il faut donc pour faire cette eau , prendre une livre de miel blanc , quatre livres d'eau de riviere bien clarifiée , & les faire fermenter avec une livre de romarin, fleurs, feüilles & tige pilées , & broyées comme nous avons dit qu'il falloit pour l'eau de meliſſe. Le miel , qui eſt une ſubſtance homogêne aux fleurs & aux plantes , eſt un diſſolvant tiré de l'eſprit univerſel , & bien plus propre à en faire la quinte-eſſence, que ne ſeroit l'eſprit de vin, qui eſt d'une eſpéce différente. Quand la fermentation eſt finie , le marc tombe au fond , & il reſte une eſpéce d'hydromel vineux , qu'il faut tirer au clair , preſſer les féces pour en avoir ce qui s'en peut exprimer : ce premier travail ne dure pas plus de huit jours. Prenez de nouvelles fleurs de romarin, feüilles & tiges, pilez & mettez avec votre hydromel en une grande cucurbite, pour distiller à feu doux, comme on fait l'eau-de-vie : vous prendrez la liqueur distillée, & vous y joindrez quantité suffisante de fleurs de romarin ; laissez digérer & distillez à feu doux, & vous aurez la véritable eau de la Reine de Hongrie ; dans laquelle se trouve toute la substance de la plante, & qui se peut prendre intérieurement, en petite quantité cependant.

Mais pour l'usage extérieur, on pourroit fortifier cette eau par le propre sel de la plante calcinée, & dont on fait une lessive. On tire de cette lessive par évaporation le sel de la plante, que l'on joint avec son esprit, & que l'on fortifie même avec un huitiéme ou sixiéme d'esprit de sel ammoniac ; alors cette eau de la Reine de Hongrie est excellente pour les rhumatismes, gangrênes, ulcéres putrides, contusions & sang extravasé, en étuvant la partie plusieurs fois le jour : ce qui a été éprouvé plus d'une fois.

On peut tirer le même esprit & par la même voye de toutes les plantes aromatiques, comme sauge, rhue, lavande, impératoire, absinthe, hyssope, & de celles qui abondent en sels volatils, dont la

vertu est infiniment exaltée par cette opération.

VII. *Electuaire de grande consoude très-utile pris intérieurement, de Fioraventi.*

La grande consoude, est une herbe à laquelle on a imposé ce nom, pour la vertu
qu'elle a de consolider les playes & lieux
séparés en la chair : elle aide aussi beaucoup,
prise par la bouche, pour les ruptures
d'en bas ; elle est utile à toutes les playes,
qui pénétrent dans le corps, aux ulcéres du
poulmon, desséche la rate, & fait d'autres effets semblables. Mais afin qu'on puisse
s'en servir facilement, on en compose un
électuaire, qui est tel.

Prenez une livre de racine de grande
consoude, & la faites cuire en eau jusqu'à ce
qu'elle soit consommée ; & l'ayant bien
pilée en un mortier & passée par le tamis,
vous y ajoûterez autant de miel blanc que
vous avez de liqueur passée, & les ferez
boüillir à petit feu, jusqu'à ce qu'ils soient
cuits en forme d'électuaire ; & quand ils seront cuits, vous y ajoûterez ce qui s'ensuit.

Girofle.

Saffran, de chacun une dragme.

Canelle fine, deux dragmes.

Musc de Levant dissout en eau rose, un
carat.

Incorporez le tout, étant encore chaud,

& il fera fait. Voilà l'électuaire de confoude
fait, de la composition de Fioraventi, duquel avant que d'en ufer, il eft befoin que
le malade foit premiérement bien purgé,
& qu'il faffe grande diete, fi on veut en tirer du fecours. Il guérit toutes les maladies
internes, comme j'ai dit. On peut auffi
en faire emplâtres fur les bleffures & frac-
tures des os, en faire prendre par la bouche ; & ainfi le malade guérira en peu de
tems fans aucun dégoût, avec l'aide de
Dieu premiérement, & la vertu d'un tel
médicamment. Avec ce reméde, j'ai vû
guérir des hommes de grand âge, lefquels
étoient rompus en bas, ou qui avoient des
playes qui paffoient de part en part, des os
rompus, des meurtriffures & autres bleffures, qu'on ne croiroit pas, fi je les difois
même conformément à la vérité.

VIII. *Emplâtre excellent fait par le miel.*

L'onguent fuivant, eft pour fervir dans
les maux, qui ne fouffrent pas les chofes
graffes & onctueufes. Prenez quatre onces
de miel très-pur, douze onces de fuc de
plantin exprimé & dépuré, & deux onces
de vitriol doux de Vénus ; faites cuire doucement jufqu'à ce que le tout s'épaiffiffe ;
a'ors ajoûtez-y demie once de faffran oriental bien broyé ; & pour que le tout foit
plus efficace, ajoûtez-y un peu de baume

d'anthimoine. Les vertus de ces deux remédes, comme l'a éprouvé Juncken & moi-
même, l'emportent de beaucoup fur tout
autre reméde, dans les playes & les ulcéres
les plus mauvais : cela paroît même par le
fimple emplâtre de verd-de-gris, réduit en
emplâtre avec la cire qui amollit merveil-
leufement les tumeurs dures des mamelles.
De Saulx.

IX. *Sirop pectoral, qui convient dans toutes*
fortes de toux, où les crachats font vifqueux.

Prenez feüilles féches de bourrache, de
bugloffe, & fleurs de pas-d'âne, de chacune
une poignée ; meliffe, hyffope, aigremoi-
ne, de chacune une demie poignée, bien
épluchées & nettoyées ; des dattes, des figues, des jujubes, des febeftes, de chacun
deux onces ; écorce de citron fraîche, une
once. Faites boüillir le tout dans fix pintes
d'eau, réduites à la moitié ; ajoûtez-y fur
la fin une once de réglife battue ; retirez
le coquemar du feu ; paffez le tout par une
étamine, avec expreffion : clarifiez cette
décoction avec le blanc d'œuf, & mettez
enfuite dans la colature une livre de fucre
candi brun. Faites-le boüillir de rechef,
jufqu'à ce qu'il foit réduit en confiftance de
firop.

Le malade en prendra de trois heures en
trois heures une demie cuillerée, battue

dans un verre d'eau chaude, & le continuera jusqu'à ce que la toux soit appaisée. Ce sirop est universellement bon dans toutes sortes de rhumes, & de toux invétérées.

Le malade en peut faire sa boisson ordinaire, mêlant trois ou quatre cuillerées de ce sirop dans une pinte d'eau boüillante, & ensuite la laissant refroidir.

Quand on ne peut recouvrer ces différens ingrédiens, on augmente à proportion de ceux qui manquent, la quantité de ceux qu'on employe. Avec les mêmes simples, on peut faire toutes sortes de ptisanes & de boüillons.

Les personnes les moins aisées, au lieu de sucre, peuvent user de miel commun blanc, & bien choisi : elles peuvent s'en servir par tout, où le sucre est nécessaire. *Méthodes d'Helvetius.*

X. *Pour faire le sirop laxatif de Fioraventi par le miel, & la maniere de le pratiquer en plusieurs maladies.*

Les sirops laxatifs faits par décoction, sont fort salutaires, surtout contre les crudités des humeurs ; parce qu'ils disposent la matiere, & l'évacuent avec une très-grande facilité, sans fatiguer le patient. Ainsi, qu'on fasse prendre de ce sirop laxatif à qui on voudra, cela n'empêchera point que ce

jour-là, il ne puiſſe ſortir ſans aucun dan-
ger, & il ne laiſſera pas de bien opérer,
ce qui eſt fort commode aux malades qui
ont beſoin de ces fortes de ſirops.

Or la maniere de le faire, eſt de prendre :

De la Sauge.
Rue.
Romarin.
Alornier.
Cichorée.
Chardon bénit.
Ortie.
Origan.
} De chacune de ces herbes une poignée.

Figues.
Dattes.
Amandes douces.
Sel gemme.
Coloquinte.
} De chacun quatre onces.

Aloës hépatique.
Canelle.
Mirabolans citrins.
} De chacun deux onces.

Miel commun deux livres.

Toutes ces choſes ſoient pilées groſſiérement, & miſes enſemble en infuſion en
dix - huit livres d'eau commune : puis
boüillies tant qu'elle reviennent à la moitié ; preſſez la décoction, qu'il faut clarifier par le filtre, & l'aromatiſer avec deux
karats de muſc & une livre d'eau roſe, &
il ſera fait.

Il faut garder cette décoction dans un

vaisseau de verre bien bouché. Elle sert à toutes maladies comme j'ai dit, en prenant de quatre jusqu'à six onces assez chaud, l'hyver : l'automne & le printems, tiéde ; & l'été, froid. Elle purge les humeurs grossieres, & ne corrompt point la viande. On peut continuer à en prendre pour les fiévres, quatre ou cinq jours de suite, & elles seront guéries. Mais pour les maladies qui sont causées par des humeurs crues, & même au mal de Naples, gouttes, catharres, douleurs de jointures, & autres semblables qui sont sans fiévre, on en pourra prendre dix ou quinze jours durant ; car il ne peut faire aucun mal, & purge le corps parfaitement. Il se peut prendre pour la toux, flux d'urine, douleur de tête, pour la carnosité de la verge, pour les hémorrhoïdes ; enfin, il est bon pour toutes les maladies causées par des humeurs corrompues, étant de telle vertu, qu'il purge les parties externes, & évacue aussi les humeurs internes du corps. J'ai fait une infinité d'expériences de ce sirop, sur des personnes presque abandonnées des Médecins, & qui avoient perdu l'appétit, qui en ont incontinent été rétablies.

XI. *Elixir de propriété de Paracelse.*

Prenez *mirrhe d'Alexandrie, Aloës hépatique, safran Oriental*, ana, quatre onces.

Pulvérifez enfemble, & les mettez après dans un vaiffeau de verre, les humectant de bon efprit de vin alkoholifé : cela fait, il faut y ajoûter l'huile de foufre rectifié, & fait par la cloche. Je dis néanmoins en paffant, que pour avoir plus d'huile de foufre, il la faut diftiller en tems de pluye, ayant choifi le plus jaune ou grisâtre. Il faut que ladite huile furnage le refte à l'éminence de trois ou quatre doigts, & incontinent vous mettrez le tout en digeftion l'efpace de deux jours, le circulant fouvent, & la teinture ne manque point à fe faire, laquelle il faut féparer par inclination.

Quant à la matiere qui refte au fond, elle doit être arrofée avec de bon efprit de vin, & laiffée en digeftion l'efpace de deux mois, la circulant tous les jours, afin qu'elle rende toute fa teinture, laquelle fera retirée & mêlée avec la premiere, pour la diftiller lentement. Les féces doivent auffi être diftillées ; & ce qui en fort le premier, mêlé à la premiere teinture ; & par ce moyen, il ne fentira pas fi fort le feu qu'à la façon ordinaire de diftiller.

Il faut prendre garde d'arrofer la matiere avec l'efprit de vin, afin qu'elle fe puiffe mettre en pâte ; après quoi, il faut y mettre de l'huile de foufre ; car fans cela, toute la matiere fe brûleroit & deviendroit noire comme charbon, ce que Paracelse a caché fort subtilement.

Ses forces & son usage.

C'est le baume des Anciens, selon le rapport de Paracelse, échauffant les parties foibles, & les conservant de putréfaction.

C'est enfin un élixir très-parfait ; car en lui sont toutes les vertus du baume naturel, avec la vertu conservatrice, principalement pour ceux que l'âge a amenés jusqu'à la cinquantiéme ou soixantiéme année.

Il fait des merveilles aux affections de l'estomach & des poulmons.

Contre la peste & l'air envenimé.

Il chasse les humeurs diverses du ventricule.

Il conforte l'estomach & les intestins, & les préserve de douleur.

Il mondifie la poitrine, & soulage les hétiques, catarreux, & ceux qui sont oppressés de la toux.

Il n'est pas moins profitable au refroidissement de la tête & de l'estomach.

Il guérit de l'hémicranie, ou migraine, & même les étourdissemens, qui arrivent souvent aux personnes foibles.

Il est utile contre la chassie des yeux.

Il fortifie le cœur & la mémoire.

Il soulage dans les douleurs de côtés, &

peu à peu la démangeaison, qui souvent arrive au corps.

Il rompt le calcul des reins.

Guérit la fiévre quarte.

Il préserve de la paralysie & goute.

Il subtilise & épure l'entendement, & tous les autres sens naturels.

Il chasse la mélancolie & procure la joye.

Il résiste à la vieillesse, & empêche que l'homme ne devienne si-tôt vieux, & décrépite.

Il prolonge la vie, qui par débauches de boire & manger excessivement, auroit été racourcie.

Il guérit les playes & ulcéres internes en peu de tems.

Et enfin toutes les infirmités, tant chaudes que froides, reçoivent du soulagement & même la santé désirée.

Dose dudit sel liquide.

La dose est depuis six, à dix ou douze goutte, selon la nécessité du malade, jettées dans le vin, ou eaux convenables.

Fin du Tome premier.

TABLE

TABLE

Des Matieres pour le Tome premier.

A

Tome I.
T

G.

H.

I.

L.

M.

V.

Z.

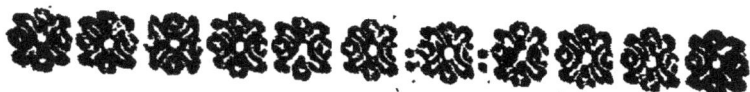

LISTE ALPHABETIQUE

Des maladies & infirmités dont les remedes sont indiqués dans le I. Volume de la Chimie.

A.

Y.

Fin des Tables du tome premier.

www.ingramcontent.com/pod-product-compliance
Lightning Source LLC
Chambersburg PA
CBHW052058230326
41599CB00054B/3063